长输管道焊工培训教程

主　编　尹长华

副主编　吕向阳

参　编　李颂宏　闫　臣　靳海成

　　　　付桂英　郭瑞杰

机械工业出版社

本书主要结合长输管道工程实际，介绍了电弧焊基础知识、长输管道焊接设备、常用焊接方法、长输管道工程用材料、典型电弧焊操作技术、长输管道工程常见缺欠成因及预防、焊缝质量检验、焊接安全与防护等内容。附录中给出了钢材的牌号、性能及热处理基础知识、长输管道工程焊工考试管理规定和焊工考试样卷。

本书可作为从事长输管道工程施工的焊工培训教材，还可作为长输管道工程施工管理人员和焊接质量控制人员的参考用书。

图书在版编目（CIP）数据

长输管道焊工培训教程/尹长华主编. —北京：机械工业出版社，2016.12

ISBN 978-7-111-55385-4

Ⅰ.①长…　Ⅱ.①尹…　Ⅲ.①长输管道-管道焊接-技术培训-教材　Ⅳ.①TG457.6

中国版本图书馆 CIP 数据核字（2016）第 276411 号

机械工业出版社（北京市百万庄大街 22 号　邮政编码 100037）
策划编辑：吕德齐　责任编辑：吕德齐　责任校对：张玉琴
封面设计：陈 沛　责任印制：李 洋
河北鑫宏源印刷包装有限责任公司印刷
2017 年 1 月第 1 版第 1 次印刷
169mm×239mm·15.5 印张·307 千字
0001—3000 册
标准书号：ISBN 978-7-111-55385-4
定价：49.00 元

前　言

　　和公路、铁路、水运以及航空相比，采用管道输送石油和天然气是最经济、最安全的运输方式。随着人类对能源需求的日益增长，世界各国的管道建设量正在迅速增加。我国无论是从宏观规划还是微观进度来看，油气管道建设都在逐渐步入高峰期。据统计，截至 2013 年 10 月，我国油气管道总里程达 10.6 万 km，按照规划，到 2025 年前后，我国油气管道总长度将达到 20 万 ~ 25 万 km。随着长输管道向着高钢级、大口径、高压力方向发展，保障管道的安全逐渐引起了各方的重视，其中长输管道焊接质量的好坏尤其受到关注。

　　本书是为了适应长输管道焊接技术发展需要而编写的。在编写过程中，编者在总结多年来长输管道焊接技术实践经验基础上，从工程建设对高素质劳动者的实际需求出发，注重以"必需和够用"为原则进行了取材编改和撰写，主要介绍了电弧焊基础知识、长输管道焊接设备、常用焊接方法、长输管道工程用材料、典型电弧焊操作技术、长输管道工程常见缺欠成因及预防、焊缝质量检验、焊接安全与防护等内容。附录中给出了钢材的牌号、性能及热处理基础知识、长输管道工程焊工考试管理规定和焊工考试样卷等内容。

　　本书由中国石油天然气管道科学研究院尹长华高级工程师组织编写。第一、第二、第三章及附录由尹长华编写，第四章由吕向阳、付桂英共同编写，第五章由李颂宏、吕向阳共同编写，第六章由靳海成编写，第七章由闫臣编写，第八章由郭瑞杰编写。全书由尹长华进行统稿。

　　全书由中国石油天然管道科学研究院王鲁君教授级高级工程师、隋永莉教授级高级工程师审阅。

　　本书适用于从事长输管道工程施工的焊工，还可作为长输管道工程施工管理人员和焊接质量控制人员的参考用书。

　　由于编者的水平有限，加之时间较紧，书中定有不当之处，敬请广大读者及同行专家批评指正。

编　者

目　　录

第一章

电弧焊基础知识

第一节 焊 接 电 弧

一、电弧的特性

电弧焊时，熔化金属的热源是焊接电弧。电弧是电荷通过两电极间气体空间的一种导电过程，是一种气体放电现象。通常情况下气体是不导电的，为了使其导电，必须在气体中形成足够数量的自由电子和正离子。

焊接电弧是能量比较集中的热源，用于熔化母材和填充金属。焊接电弧电压在整个弧长上的分布是不均匀的，明显地分为三个区域。靠近阴极（负极）一段极小的长度（约 $10^{-6} \sim 10^{-5}$ cm）为阴极压降区，靠近阳极（正极）一段极小的区域（约 $10^{-3} \sim 10^{-4}$ cm）为阳极压降区，中间部分为弧柱区，弧柱区的长度可以近似代表整个弧长，如图 1-1 所示。

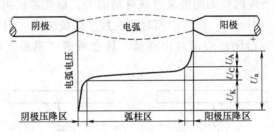

图 1-1 电弧各区域的电压分布示意图

U_A—阳极区电压降 U_K—阴极区电压降 U_C—弧柱区电压降 U_a—电弧电压

燃烧过程中，在电极和母材上形成的活性斑点是电极和焊件的最热点，电弧电流都由此通过。阴极上的活性斑点，称为阴极斑点，阳极上的活性斑点称为阳极斑点，如图 1-2 所示。电弧阴、阳两极的最高温度接近于材料的沸点。一般情况下，阳极斑点温度略高于阴极斑点温度，而在焊接电弧中，弧柱区是电子和离子移动最频繁的地方，因而温度最高。焊条电弧焊时，电弧的温度可达 $6000 \sim 7000℃$。

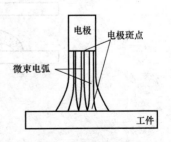

图 1-2 电极斑点示意图

随着焊接电流的增大，弧柱的温度也增高。焊接电弧各区产生的热量与电压分布有着直接的关系，在阴极和阳极区域，有较大的电压降（$10^5 \sim 10^7 V/cm$），产生较多的热量。在弧长较短的情况下，弧柱只有几伏的压降（10V/cm），其产生的热量，只占电弧产生热量的较小部分。由此可见，两个极区对焊条（丝）与母材的加热和熔化起主要作用。

对于电极斑点，具有以下特性：

1）发射（阴极）和接收（阳极）导电粒子（电子）。

2）有自动寻找氧化膜（阴极斑点）和避开氧化膜的特性（阳极斑点）。

3）具有游动性，影响电弧稳定性。

4）产生斑点压力（反作用力），阻止熔滴过渡，导致飞溅，也影响稳定性。其中阴极斑点力大于阳极斑点力。

对于电弧各区产热，主要作用对象：

1）两极区产热用于电极（工件）的加热、熔化和散热损失。

2）弧柱区产热用于平衡弧柱区的散热损失。

一般来讲：对于熔化极焊接方法，阴极区产热大于阳极区产热；而对于非熔化极焊接方法，阴极区产热小于阳极区产热。

这里要重点提及的是，阴极斑点的形成要求一定的条件，首先该点应具有可能发射电子的条件，其次是电弧通过该点时弧柱能量消耗较小，即 IEL_c 较小（I 为电弧电流，E 为弧柱电场强度，L_c 为弧柱长度）。凡具备上述条件的点便产生新的阴极斑点，失去上述条件的点则阴极斑点就自动消失，由此形成阴极斑点的高速跳动（其速度可达 $10^4 \sim 10^5 cm/s$）或可能同时存在数个阴极斑点。阴极斑点的形成条件决定了阴极斑点不能沿阴极表面自由移动，具有所谓"黏着"特性。图 1-3 表明了这种特性。

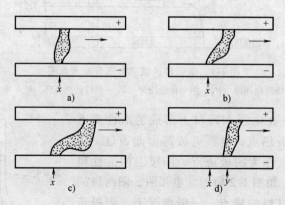

图 1-3　阴极斑点黏着作用

x—原斑点位置　y—新斑点位置

对于阳极斑点，一般在低熔点材料作为阳极时而发生，阳极斑点的条件是，首先该点有金属的蒸发，其次是电弧通过该点时弧柱消耗能量较低，即 IEL_c 较小。若焊条（焊丝）为阴极，工件为阳极，当阴极（焊条）相对于阳极（工件）移动时，阳极斑点在工件上也不能连续移动，只能产生跳动。如图 1-4 所示。

二、电弧的温度分布

电弧温度的轴向分布是弧柱的温度较高，而两个电极上温度较低，如图 1-5 所示，这是因为电极温度的升高受到电极材料导热性能、熔点和沸点限制的结果。从图 1-5 还可以看出，阴极区和阳极区的电流密度和能量密度均高于弧柱区。一般电弧焊时，阴极和阳极产生的热量相近，但由于阴极发射电子消耗的能量较多，故其温度比阳极低一些。

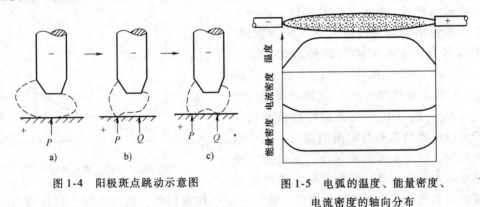

图 1-4　阳极斑点跳动示意图　　　　图 1-5　电弧的温度、能量密度、
　　　　　　　　　　　　　　　　　　　　　　电流密度的轴向分布

焊接电弧温度沿径向的分布是不均匀的，电弧中心轴温度最高，离开中心轴的温度逐渐降低，这主要是由于外围散热快造成的。

在相同的产热情况下，电极的温度受电极材料的种类、导热性、电极的几何尺寸影响较大。一般来说，材料的沸点越低、导热性越好、电极的尺寸越大，电极的温度越低；反之，则越高。弧柱区的温度受电流大小、电极材料、气体介质、弧柱的压缩程度等因素的影响较大。焊接电流增大，弧柱区的温度增加，在常压下，当电流由 1A 至 1000A 变化时，弧柱区的温度可在 5000～30000℃ 之间变化。金属蒸气的电离电压一般比较低，当电极材料不同时，其蒸气的电离电压不同，因而对弧柱区温度的影响不同，其电离电压越低，弧柱的温度也越低。当电弧周围有高速气流流动时（如等离子弧），由于气流的冷却作用，使弧柱区电场强度提高，温度上升。当气体介质中有较多易电离的物质（如碱金属、碱土金属的蒸气等）时，虽然能提高电弧的稳定性，但弧柱区的温度有所降低；反之，如果介质中含有电离能较高（不易电离）的物质，特别是存在负电性元素氟时，能显著地提高弧柱区的温度。例如，用含氟的焊剂进行埋弧焊时，弧柱区的温度可高达 7577℃。含氟越多，温度越高。其原因是，氟易与电子在电弧周边结合形成负离子 F^-，使得电弧周边难以导电，电弧电流主要从电弧中心流过，这相当于对电弧产生了压缩作用，因而使弧柱的温度提高。

三、焊接电弧的静态伏安特性

电弧燃烧时，两极间稳态的电压和电流关系曲线称为电弧静特性，表示变化状态电流与电压之间关系的曲线称为电弧的动特性。

1. 电弧静特性曲线的形状

电弧静特性曲线形状一般如图 1-6 所示，有三个不同的区域。当电流较小时（图中 A 区），电弧是下降特性，随着电流的增加电压减小；当电流增大时（图中 B 区），电压几乎不变，电弧呈平特性；当电流更大时（图中 C 区），电压随电流的增加而升高，电弧呈上升特性。各种工艺因素使电弧静特性曲线有不同的数值，但都有如图 1-6 那样的趋势。电弧电压 (U_a) 是由阴极压降 (U_K)、弧柱压降 (U_C) 和阳极压降 (U_A) 三部分组成，即 $U_a = U_K + U_C + U_A$。电弧静特性就是这三部分电压降的总和与电流的关系。在小电流区间，因为电弧电流较小，弧柱的电流密度基本不变，弧柱断面将随电流的增加

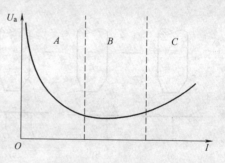

图 1-6　电弧的静特性

而按比例增加。若电流增加四倍，弧柱断面也增加四倍，而弧柱周长却只增加两倍，使电弧向周围空间散失热量也只增加两倍。减少了散热，提高了电弧温度及电离程度，因电流密度不变，必然使电弧电场强度下降，U_a 有下降趋势，因此在小电流区间，电弧静特性呈负阻特性。

当电流稍大时，焊丝金属产生的金属蒸气将发射等离子流。金属蒸气以一定速度发射要消耗电弧的能量，等离子流也将对电弧产生附加的冷却作用，此时电弧的能量不仅有周边上的散热损失，而且还与金属蒸气与等离子流消耗的能量相平衡。这些能量消耗将随电流的增加而增加，因此在某一电流区间，可以保持 E 不变，即 U_a 不变来保证产热与散热的平衡，因此呈平特性。钨极氩弧焊时，在小电流区间电弧为下降特性，对埋弧焊、焊条电弧焊和大电流钨极氩弧焊时，因电流密度不太大，电弧呈平特性。

当电流进一步增大时，特别用细丝熔化极惰性气体保护焊（MIG 焊）焊时，金属蒸气的发射和等离子流冷却作用进一步加强，同时因电磁力的作用，电弧断面不能随电流的增加成比例地增加，电弧的电导率将减小，要保证一定的电流则要求较大的电场强度 E，所以在大电流区间，随着电流的增加，电弧电压 U_a 升高，呈上升特性。

2. 影响电弧静特性的因素

（1）电弧长度的影响　电弧长度改变时，主要是弧柱长度发生变化，整个弧

柱的压降 EL_c（L_c 为弧柱长度）增加时，电弧电压增加，电弧静特性曲线的位置将提高，如图 1-7 所示。另外，电流一定时，电弧电压随弧长的增加而增加，对熔化极和钨极都有类似的情况。

（2）周围气体种类的影响　气体介质对电弧静特性有显著的影响，这种影响也是通过对弧柱电场强度的影响表现出来的。主要有两方面原因，一是气体电离能不同；二是气体物理性能不同。第二个原因往往是主要的。气体的导热系数、解离程度及解离能等对电弧电压都有决定性的影响。双原子气体的分解吸热以及导热系数大的气体对电弧冷却作用的加强，即热损失的增加，使电弧单位长度上要求有较大的 IE 与之平衡。当 I 为定值时，E 必然要增加，从而使

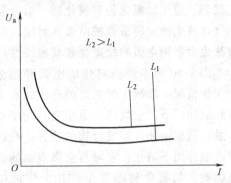

图 1-7　电弧长度对电弧静特性的影响
L_1、L_2—电弧长度

电弧电压升高。图 1-8 给出了不同保护气体电弧电压的比较，50% Ar + 50% H$_2$ 的混合气体电弧电压比纯 Ar 气的电弧电压高得多。这是因为 H$_2$ 的高温解离吸热及导热系数比 Ar 大得多（图 1-9），对电弧的冷却作用很强所致，使电弧电压显著升高。

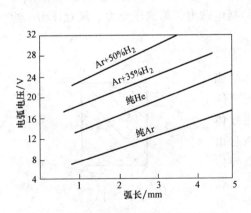

图 1-8　不锈钢钨极氩弧焊时弧压与弧长
的关系（$I=100$A）

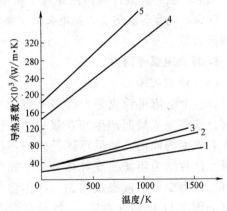

图 1-9　不同气体导热系数与温度的关系
1—Ar　2—N$_2$　3—CO$_2$　4—He　5—H$_2$

（3）周围气体介质压力的影响　其他参数不变，气体介质压力的变化将引起电弧电压的变化，即引起电弧静特性的变化。气体压力增加，意味着气体粒子密度的增加，气体粒子通过散乱运动从电弧带走的总热量增加，因此气体压力越大，冷却作用就越强，电弧电压就越升高。

四、电弧和熔池的保护

在电弧高温下，金属与空气中的主要成分氧和氮发生化学反应，熔池金属与空气接触，也生成氧化物和氮化物，熔池凝固后就可能导致接头性能变坏，因此必须用气体或熔渣来覆盖保护电弧和熔池，以阻碍或减少熔池金属与空气的接触。保护方法也会影响电弧的稳定性和其他特性。

图 1-10 示出焊条对焊接电弧和熔池的保护情况。涂覆于焊条外的药皮，在电弧热的作用下产生气体，阻止空气与熔池接触。药皮中还含有混合物的成分，在电弧高温作用下熔化，它可与金属表面的有害物质，如氧化物等发生作用，生成熔渣，浮于熔池表面，并在新凝固的金属表面结成渣壳，对其起保护作用，以防止凝固了的金属与空气接触。

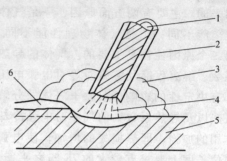

图 1-10　焊条电弧焊时电弧和熔池的保护
1—焊芯　2—药皮　3—气体
4—电弧　5—焊件　6—熔渣

五、电弧力及其影响因素

在焊接过程中，电弧不仅是个热源而且也是一个力源。电弧产生的机械作用力与焊缝的熔深、熔池搅拌、熔滴过渡、焊缝成形等都有直接关系。如果对电弧力控制不当它将破坏焊接过程，使焊丝金属不能过渡到熔池而形成飞溅，甚至形成焊瘤、咬肉、烧穿等缺陷。焊接电弧力主要包括电磁力、等离子流力、斑点压力、短路爆破力等。

1. 焊接电弧作用力

（1）电磁收缩力　当电流在一个导体中流过时，整个电流可看成是由许多平行的电流线组成，这些电流线间产生相互吸引力，使导体断面有收缩的倾向。如果导体是固态不能自由变形，此收缩力不能改变导体外形，如果导体是可以自由变形的液态或气态，导体将产生收缩（如图 1-11 中的液态段），这种现象称为电磁收缩效应，由此而产生的力称为电磁收缩力或电磁力。在流体中各方向的压力相同，径向压力等于轴向压力，故而在焊接电弧中，轴向压力 F 同时作用于焊条和工件上。

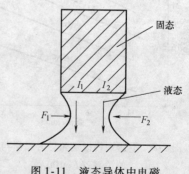

图 1-11　液态导体中电磁
力引起的收缩效应

实际上焊接电弧不是圆柱体，而是断面直径变化的圆锥状。因为焊条直径限制了导电区的扩展，而在工件上电弧可以扩展得比较宽，所以接近焊条端电弧断面直径小，而接近工件端电弧断面直径较大，这样因直径不同引起压力差，从而产生由焊条指向工件的推力。电弧中电流密度的分布是不均匀的，特别在大电流情况下，弧柱中心区域温度很高，电导率很大，故弧柱中心区域电流密度高于其外缘区。

（2）等离子流力　焊接电弧呈锥形，使电磁收缩力在电弧各处分布是不均匀的，具有一定的压力梯度，靠近焊条（焊丝）处的压力大，靠近工件处的压力小，形成沿轴线的推力 $F_推$。电弧中的压力差将使靠近焊条处的高温气体向工件方向流动（图1-12），高温气体流动时要求从焊条上方补充新的气体，形成有一定速度的连续气流进入电弧区。新加入的气体被加热和部分电离后，受 $F_推$ 作用继续冲向工件，对熔池形成附加的压力。在电弧中由于电弧推力引起高温气流的运动所形成的力称为等离子流力。熔池这部分附加压力是由物质的高速运动（等离子体流动）引起的，所以称为电弧的电磁动压力。电弧中等离子气流具有很大的速度和加速度，可以达到每秒数百米，其速度分布如图1-13所示。等离子流产生的动压力分布应与等离子流速度分布相对应，这种动压力在电弧中心线上最强。电流越大，中心线上的动压力幅值越大，而分布的区间越小。熔池轮廓主要由静压力决定时的焊缝形状，如图1-14a所示。当钨极氩弧焊的钨极锥角较小，电流较大，或熔化极氩弧焊采用射流过渡规范时，这种电弧的动压力皆较显著，容易形成如图1-14b所示的焊缝。

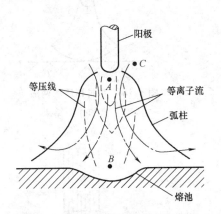

图1-12　电弧中等离子流力示意图

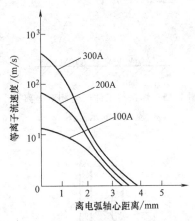

图1-13　等离子流速度的径向分布

事实上不但产生从焊条指向工件的等离子流，也可能产生从工件指向焊条的等离子流。由于从焊条指向工件的等离子流比从工件指向焊条的等离子流强，其结果是向下的等离子流将向上的等离子流完全压制下去，如图1-15、图1-16所示。

（3）斑点力　当电极上形成斑点时，由于斑点上导电和导热的特点，在斑点上将产生斑点力。如图1-17所示，此斑点力在一定条件下将阻碍焊条熔化金属的过渡。斑点力也称斑点压力，它可由下面几种力组成：

1）正离子和电子对电极的撞击力。阳极接受电子的撞击，阴极接受正离子的撞击。由于正离子的质量远远大于电子的质量，同时一般情况下阴极压降 U_k 大于阳极压降 U_A，故通常这种斑点力在阴极上表现较大，在阳极上表现较小。

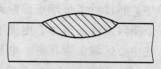

a) 一般电弧形成的焊缝

2）电磁收缩力。当电极上形成熔滴并出现斑点时，焊丝、熔滴及电弧中电流线的分布如图 1-18 所示，熔滴和电弧空间的电流线都在斑点处集中。根据前述电磁收缩力产生的原理，电磁力的合力方向是由小断面指向大断面，所以斑点处将产生向上的电磁收缩力，阻碍熔滴下落。通常阴极斑点比阳极斑点的收缩程度大，所以阴极斑点力也大于阳极斑点力。

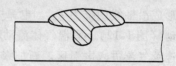

b) 较强等离子流形成的焊缝

图 1-14　焊缝熔深示意图

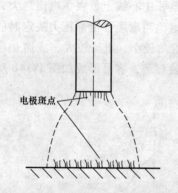

图 1-15　焊条与工件产生相对等离子
流机构的示意图

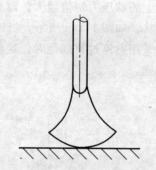

图 1-16　方向相反的两股等
离子流的作用结果

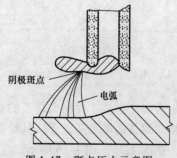

图 1-17　斑点压力示意图

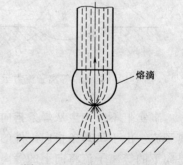

图 1-18　斑点的电磁收缩力

3）电极材料蒸发的反作用力。由于斑点上的电流密度很高，局部温度很高而产生强烈的蒸发，使金属蒸气以一定速度从斑点发射出来，它将施加给斑点一定的反作用力。由于阴极斑点的电流密度比阳极斑点的高，发射要更强烈，因此阴极斑点力也比阳极斑点力大。

（4）爆破力　熔滴短路时电弧瞬时熄灭，如图 1-19 所示，因短路时电流很大，短路金属液柱中电流密度很高，在金属液柱内产生很大的电磁收缩力，使缩颈变细，电阻热使金属液柱小桥温度急剧升高，使液柱汽化爆断，此爆破力可能使液体金属形成飞溅。液柱爆断后电弧重新点燃，电弧空间的气体突然受高温加热而膨胀，局部压力骤然升高对熔池和焊丝端头的液态金属会形成较大的冲击力，严重时也会造成飞溅。

（5）细熔滴的冲击力　富 Ar 气体保护焊的射流过渡焊接时，熔化金属形成连续细滴沿焊丝轴向射向熔池，每个熔滴的重量只有几十毫克，这些熔滴在等离子流力作用下，以很高的加速度（可达重力加速度的 50 倍以上）冲向熔池，到达熔池时其速度可达每秒几百米。这些细滴带有很大的动能，再加上电磁力及等离子流力的作用，使焊缝极易形成指状熔深，如图 1-20 所示。

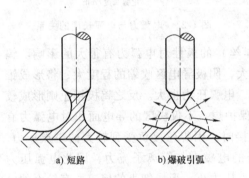

a) 短路　　　　b) 爆破引弧

图 1-19　熔滴短路形成的爆破力

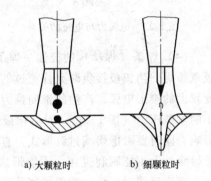

a) 大颗粒时　　　b) 细颗粒时

图 1-20　细熔滴的冲击力

2. 影响因素

产生及影响电弧力的因素较多，电弧形态及焊接参数与电弧力大小有直接关系。

（1）气体介质　导热性强或多原子气体皆能引起弧柱收缩，导致电弧压力的增加（图 1-21）。气体流量或电弧空间气体压力增加，也会引起电弧收缩并使电弧压力增加，同时引起斑点收缩进一步加大了斑点压力。这将阻止熔滴过渡，使熔滴颗粒增大，过渡困难。CO_2 气体保护焊时这种现象特别明显。

（2）电流和电弧电压　电流增大时电磁收缩力和等离子流力皆增加，故电弧力也增大（图 1-22）。电弧电压升高，即电弧长度增加时，使电弧压力降低（图 1-23）。

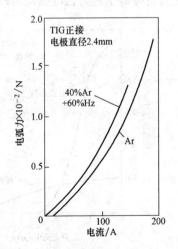

图 1-21　电弧力与气体
介质的关系

（3）焊条（焊丝）直径　焊条（焊丝）直径越细，电流密度越大，电磁力越大，造成电弧锥形越明显，则等离子流力越大，使电弧的总压力增大。

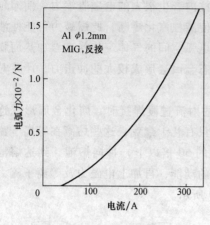

图1-22　电弧力与电流的关系

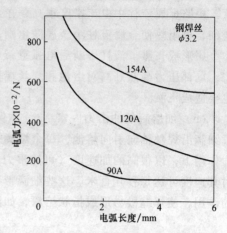

图1-23　电弧力与电弧长度的关系

（4）焊条（焊丝）的极性　焊条（焊丝）的极性对电弧力有很大的影响。钨极氩弧焊，当钨极接负时允许流过的电流大，阴极导电区收缩的程度大，将形成锥度较大的锥形电弧，产生的锥向推力较大，电弧压力也大。反之钨极接正则形成较小的电弧压力（图1-24）。对熔化极气体保护焊，不仅极区的导电面积对电弧力有影响，同时要考虑熔滴过渡形式，直流正接时，因焊丝接负受到较大的斑点压力，使熔滴长大不能顺利过渡，不能形成很强的电磁力与等离子流力，因此电弧压力小。直流反接时，焊丝端部熔滴受到的斑点压力小，形成细小的熔滴，有较大的电磁力与等离子流力，电弧压力较大，如图1-25所示。

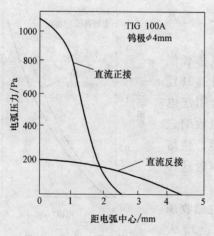

图1-24　TIG焊时电弧压力与
钨极性的关系

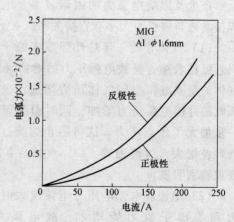

图1-25　MIG焊时电弧压力与
极性的关系

（5）钨极端部的几何形状　钨极端部的几何形状与电弧作用在熔池上的力有密切关系。钨极端头角度越小，则电弧力越大（图1-26）。因为角度小时，电极上的导电区缩小，加大了电磁收缩力。另外焊条端头有尖角可减少补充气流的阻力，有利于提高等离子流的流速，从而提高电弧的电磁动压力，因此随着 θ 角度的减小，电弧压力增加。

（6）电流的脉动　当电流以某一规律变化时，电弧压力也变化，TIG焊时交流电弧压力低于直流正接，高于直流反接。

高频钨极脉冲氩弧焊时，当脉冲电流频率高于几千赫兹时，在同样平均电流的条件下，由于高频电磁效应，随着电流脉冲频率的增加，电弧压力增大，如图1-27所示。

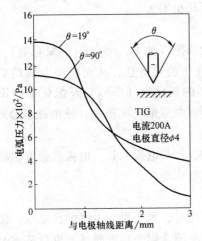

图1-26　电弧压力与钨极角度的关系

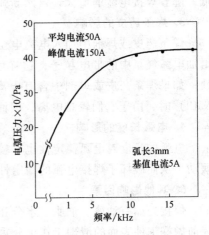

图1-27　直流高频TIG焊时电弧
压力与频率的关系

六、电弧燃烧的稳定性

电弧燃烧的稳定性是指焊接电弧保持稳定燃烧（不产生断弧、漂移和偏吹等）的程度。电弧的稳定燃烧是保证焊接质量的一个重要因素，因此维持电弧燃烧的稳定性是非常重要的。电弧不稳定的原因除焊工操作技术不熟练外，还与下列因素有关。

1. 焊接电源的影响

（1）焊接电源的特性　焊接电源的特性是指焊接电源是以哪种形式向电弧供电，如焊接电源的特性符合电弧燃烧的要求，则电弧燃烧稳定；反之，则电弧燃烧不稳定。

（2）焊接电源的空载电压　具有较高空载电压的焊接电源不仅引弧容易，而且电弧燃烧也稳定。这是因为焊接电源的空载电压较高，电场作用强，电场作用下的电离及电场发射就强烈，所以电弧燃烧稳定。但空载电压太大会带来安全问题，因此 GB/T 8118 规定弧焊变压器的最大空载电压为 80V，弧焊整流器的最大空载电压为 90V，弧焊发电机的最大空载电压为 100V。

2. 焊接电流的影响

（1）焊接电流的种类 采用直流电源焊接时，电弧比交流电源稳定。这是因为采用交流电源焊接时，电弧的极性是以 50Hz 的频率周期性变化的，就是每秒钟内电弧的燃烧和熄灭要重复 100 次，因此交流电源焊接时电弧没有直流电源焊接时稳定。

（2）焊接电流的大小 焊接电流越大，电弧燃烧越稳定。这是因为焊接电流大，电弧的温度就增高，则电弧气氛中的电离程度和热发射作用就增强，电弧燃烧就越稳定。实验测定的结果表明：随着焊接电流的增大，电弧的引燃电压随之降低；随着焊接电流的增大，自然断弧的最大弧长也增大。

3. 焊条药皮的影响

焊条药皮或焊剂中加入电离电位比较低的物质（如 K、Na、Ca 的氧化物），能增加电弧气氛中的带电粒子，这样就可提高气体的导电性，从而提高电弧的稳定性；如果焊条药皮或焊剂中含有电离电位较高的氟化物（CaF_2）及氯化物（KCl、NaCl）时，由于它们较难电离，因而降低了电弧气氛的电离程度，使电弧不稳定。

4. 电弧长度的影响

电弧的长度对电弧稳定性也有较大的影响，如果电弧太长，电弧就会发生剧烈摆动，从而破坏了焊接电弧的稳定性，而且飞溅也增大。

5. 其他影响因素

焊接处如有油漆、油脂、水分和锈层等存在时，也会影响电弧的稳定性，因此焊前做好工件表面的清理工作十分重要。焊条受潮或焊条药皮脱落，也会造成电弧不稳定。此外风大、气流、电弧偏吹等均会造成电弧不稳定。

6. 电弧偏吹

电弧作为一种柔性导体在自身磁场的作用下，具有抵抗外界干扰，力求保持沿电极轴向燃烧的性能，这种性能即为电弧的刚直性，如图 1-28 所示。然而在焊接过程中，因气流的干扰、磁场的作用或焊条偏心的影响，会出现电弧中心偏离电极轴线的现象，即电弧偏吹现象，电弧偏吹现象会引起电弧强烈的摆动甚至熄弧，不

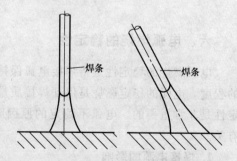

图 1-28 焊条倾斜时电弧挺度的表现

但使焊接过程困难，而且影响了焊缝成形和焊接质量，因此焊接时应尽量减少或防止电弧偏吹现象。

（1）电弧偏吹的产生原因

1）焊条偏心度过大。焊条的偏心度是指焊条药皮沿焊芯直径方向偏心的程

度。焊条偏心度过大时，焊条药皮厚薄不均匀，焊接时较厚的一边熔化慢，较薄的一边熔化快，迫使电弧向药皮薄的方向偏吹。在焊接时遇到这种情况通常采用调整焊条角度的方法来解决。

2）电弧周围气流的干扰。电弧周围气体的流动也会把电弧吹向一侧而造成偏吹。造成电弧周围气体剧烈流动的原因是多方面的，有时是大气中的气流影响，有时是热对流的影响。例如：在露天大风中操作或在狭窄焊缝处焊接时，电弧偏吹情况严重，甚至使焊接过程困难；在管子焊接时，易形成所谓穿堂风使电弧发生偏吹；在开坡口的第一层焊缝的焊接时，如果接头间隙较大，往往由于热对流的影响使电弧发生偏吹现象。

3）磁偏吹。焊接电弧是电极和熔池间的柔性气体导体。焊接过程中，在电极和电弧周围及被焊金属中产生磁场。如果这些磁场不对称地分布在电弧周围，就会使电弧偏斜，使焊接过程发生困难，这种现象称之为磁偏吹（图1-29）。磁偏吹易发生在采用直流焊机焊接且其电流为300～400A和大零件（比较大的铁磁物质）焊接的场合。焊接电流越大，磁偏吹的现象越严重。在焊接过程中，当焊接易导磁的金属时，由于金属件的导磁性比空气要好得多，因而改变了磁力线的分布，电弧将偏向此金属，好像金属件将电弧吸引过去一样（图1-30）。另外，焊接过程中，当电弧靠近工件的一端时，由于电弧周围磁场强度的差异性，也会出现电弧偏吹现象，如图1-31所示。图1-32的偏吹是由于焊接电缆接到工件的位置偏于一侧，产生了一定方向的磁偏吹。

另外，外加磁场也会改变电弧周围的磁场分布，从而引起偏吹。

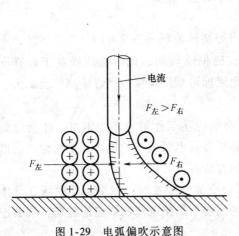

图1-29 电弧偏吹示意图　　图1-30 电弧一侧有铁磁物质引起的偏吹

在进行大的结构件焊接时，磁偏吹主要来自工件的剩磁场。当工件有较大的剩磁场时，它与电弧磁场叠加，从而改变了电磁周围磁场的均匀性，迫使电弧向磁场

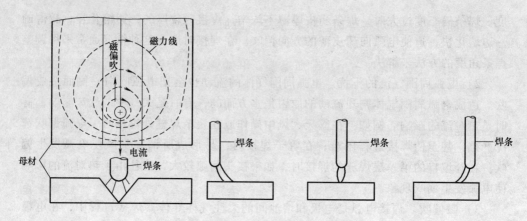

图 1-31　电弧在钢板端部产生的磁偏吹

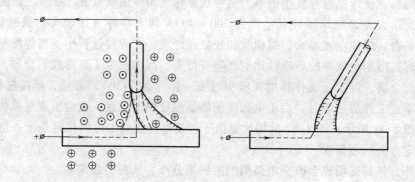

图 1-32　导线接线位置产生的偏吹

较弱一方偏移，形成磁偏吹。测试表明：当焊接部位剩磁在 $2 \times 10^{-3} T$ 以下时，不会影响正常操作；在 $(3 \sim 5) \times 10^{-3} T$ 时，磁偏吹较弱，此时将地线置于焊缝下方，同时将焊条顺着磁偏吹方向倾斜一个角度即可维持焊接；当焊接部位剩磁大于 $5 \times 10^{-3} T$ 时，磁偏吹较严重。

（2）电弧偏吹的防止　焊接电弧偏吹会给焊接工作带来不少困难，还会使焊缝产生气孔、未焊透和焊偏等缺陷。因此必须根据电弧偏吹的规律，采取相应的措施加以克服或减少。常用的防止电弧偏吹的方法有：

1）采用交流电代替直流电焊接。当采用交流电焊接时，因变化的磁场在导体中产生感应电流，而感应电流所产生的磁场削弱了焊接电流所引起的磁场，从而控制了磁偏吹。

2）加强防风措施。在露天操作时，如果有大风则必须用挡板遮挡，对电弧进行保护。在管子焊接时必须将管口堵住，以防止气流对电弧的影响。

3）气体保护焊时，在不引起缺陷前提下增大气流量。

4）间隙较大的对接焊时，可在接缝下面加垫板，以防止热对流引起的电弧偏吹。

5）在焊缝两端各加一小块附加钢板（引弧板及引出板），使电弧两侧的磁力线分布均匀并减少热对流的影响，以克服电弧偏吹。

6）采用短弧焊接。因为短弧时电弧受气流的影响较小，而且在产生磁偏吹时，也能减小磁偏吹程度，因此采用短弧焊接是减少电弧偏吹的较好方法。

7）在操作时，适当调整焊条角度，使焊条偏吹的方向转向熔池，这种方法在实际工作中的应用较为广泛。

8）避免周围铁磁物质的影响，或安放产生对称磁场的铁磁材料，且尽量使电弧周围的铁磁物质分布均匀。

9）适当地改变工件上的接地线部位，尽可能使电弧周围的磁力线分布均匀，长、大工件两边接地，如图 1-33 所示，图中虚线表示克服磁偏吹的接线方法。

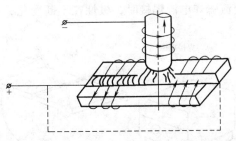

图 1-33　改变工件接地线位置克服偏吹

10）减少工件上的剩磁。工件上的剩磁主要是原子磁畴排列整齐有序而造成的。为紊乱工件的磁畴排列达到减少或防止磁偏吹的目的，可对工件上存在剩磁的部位，进行局部加热，加热温度为 250~300℃。经生产使用去磁效果良好。此外在工件的剩磁部位外加磁铁平衡磁场。

11）用反消磁法。即让工件产生相反磁场来抵消工件上的剩磁，从而克服和消除磁偏吹对焊接电弧的影响。

12）采用脉动频率高的弧焊电源。

第二节　弧焊电源相关特性

一、常用弧焊电源分类

常用弧焊电源分类如下：

弧焊电源
├─交流弧焊电源（埋弧焊 SAW）
├─直流弧焊电源（药芯焊丝电弧焊 FCAW、埋弧焊 SAW）
├─脉冲弧焊电源（熔化极气体保护电弧焊 GMAW、非熔化极气体保护电弧焊 GTAW）
└─逆变式弧焊电源（药芯焊丝电弧焊 FCAW、埋弧焊 SAW、焊条电弧焊 SMAW、熔化极气体保护电弧焊 GMAW、非熔化极气体保护电弧焊 GTAW）

二、电弧焊基本焊接电路

1. 正接与反接

这里以焊条电弧焊为例进行阐述。焊条电弧焊的基本电路由交流或直流弧焊电源、焊钳、电缆、焊条、电弧、工件及地线等组成，如图1-34a所示。

焊条电弧焊的电源可以采用直流弧焊电源或交流弧焊电源。用直流弧焊电源焊接时，工件与直流电源正极（＋）相连接，焊条与负极（－）相连接时，称正接或正极性；工件与直流电源负极（－）相连接，焊条与正极（＋）相连接时，称反接或反极性，如图1-34所示。无论采用正接还是反接，主要从电弧稳定燃烧的条件来考虑。不同类型的焊条要求不同的接法，一般在焊条说明书上都有规定。用交流弧焊电源焊接时，极性在不断变化，所以不用考虑极性接法。

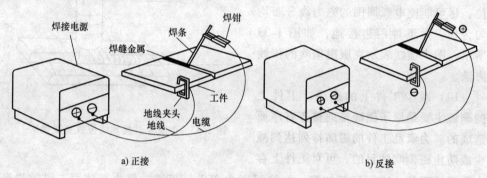

图1-34 直流电弧焊的正接与反接图

2. 极性选择

众所周知，根据电弧的产热机理及能量平衡理论，熔化电极（焊条、焊丝）和工件的热量主要来自于阴阳两极区的产热，而弧柱区的产热主要用于平衡弧柱区的热损失，其对电极（焊条、焊丝）和工件辐射的热量仅约10%。对于非熔化极电弧焊，阴极区产热（$Q_阴$）小于阳极区产热（$Q_阳$）；对于熔化极电弧焊，阴极区产热（$Q_阴$）大于阳极区产热（$Q_阳$）。

一般焊接时，要求母材获得更多的热量，以得到足够的熔深，减小变形；薄板焊接时要求得到较少的热量，以防烧穿。

结合前述理论，对长输管道安装用焊接方法，采用直流电源，极性选择原则如下：

1）对于非熔化极焊接方法手工钨极氩弧焊，从减小钨极烧损的角度考虑，宜采用直流正接（钨极接负极）。

2）对于熔化极焊接方法（自保护药芯焊丝半自动焊和高纤维素型焊条根焊时除外），宜采用直流反接（焊丝或焊条接正极）。另外，采用直流反接还有电弧稳定、焊缝氢含量低等特点，这里不再赘述。

3）自保护药芯焊丝半自动焊采用直流正接（焊丝接负极），其主要考虑的是获得较大焊丝熔敷速度进而提高施工效率。国内外开发的相应焊接设备也依此前提而开发研制并生产。在这种情况下，焊丝因其电流密度大也有足够的熔深能力，碱性的药芯成分可获得氢含量较低的焊缝。事实上采用自保护药芯焊丝焊接的焊缝氢含量较低。纤维素焊条根焊时宜采用直流正接（焊条接负极），其主要考虑的是获得较大焊条熔敷速度和较大的电弧吹力，进而获得良好的背面成形和一定的焊肉厚度利于防止烧穿。

三、弧焊电源的特性要求

焊接过程中，电弧能否稳定燃烧是获得优质焊接接头的主要影响因素之一。对弧焊电源的要求如下。

1. 具有合适的外特性

在稳定的工作状态下，弧焊电源输出端电压与输出电流之间的关系称为电弧焊电源的外特性。外特性可用曲线来表示。外特性曲线与纵坐标交点为弧焊电源的空载电压，外特性曲线与横坐标的交点为弧焊电源的短路电流。弧焊电源外特性曲线有若干种，主要有下降特性和平特性，可供不同的焊接方法及工作条件选用。其中下降特性又细分为垂直下降（恒流）特性、恒流带外拖特性、缓降特性三种，平特性又细分为恒压特性和微上升特性两种，如图 1-35 所示。

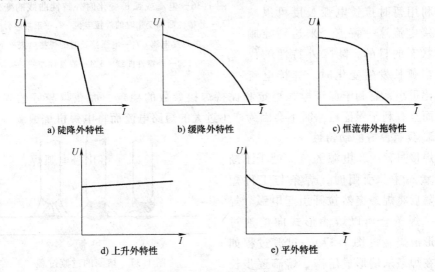

a) 陡降外特性　　b) 缓降外特性　　c) 恒流带外拖特性

d) 上升外特性　　e) 平外特性

图 1-35　电源外特性曲线

1）陡降外特性，适于钨极氩弧焊。

2）缓降外特性，适于焊条电弧焊、粗丝 CO_2 焊和粗丝埋弧焊 SAW（变速式）。

3）恒流带外拖特性，适于焊条电弧焊。

4）上升外特性，一般电源均不开发这种电源外特性。

5）平外特性，适于细丝熔化极气体保护焊和细丝（焊丝直径小于 3mm）埋弧焊。

对于目前管道自动焊和半自动焊方法，有的采用了脉冲焊接电源和波控焊接电源，其外特性不再是简单的平特性或下降特性输出曲线，读者可自行查阅相关书籍进行了解和掌握，这里不再赘述。

至于为什么不同的焊接方法需要不同的电源外特性，这里仅以焊条电弧焊要求电源具有陡降的外特性的内在机理进行阐释。

图 1-36 为电流或弧长变化时外特性曲线的变化（图中 I_1 和 I_2 分别与外特性曲线 2 和曲线 1 相对应）。正常焊接过程中，若电弧静特性为曲线 3，外特性曲线为曲线 1，则运行工作点为 A 点。当拉长电弧时，则电弧电压增高，焊接电流下降，运行工作点变为 B 点，这时焊缝熔深减小，熔宽增大；反之，焊缝熔深增大，熔宽减小。焊工操作时，有时利用暂时拉长电弧长度可以减小焊接电流这一特点，来达到控制熔池状态的目的。陡降外特性的优点是当弧长发生变化时，焊接电流的变化很小，有利于保证电弧稳定和保持焊接参数的稳定，而获得较好的焊缝质

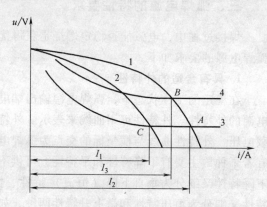

图 1-36　电流或弧长变化时外特性曲线的变化
I_1—外特性曲线变化时的焊接电流　I_2—正常运行时的焊接电流　I_3—电弧拉长时的焊接电流
1,2—外特性曲线　3,4—静特性曲线

量，而且有利于保证短路时不会因为产生过大的短路电流而将电焊机烧毁。

2. 具有良好的动特性

焊接过程中，电源的负荷处于不断变化状态中。引弧时，焊条与工件短路，随后将焊条突然拉开引起电弧。焊接时，焊条金属以熔滴形式向熔池过渡，形成焊缝（图 1-37）。过渡过程如下：在焊条末端形成熔滴，熔滴逐步长大，使焊条和工件短路，熔滴过渡到熔池，随后焊条与工件又分离，重复上述过程。这些情况会引起弧焊电源的负荷

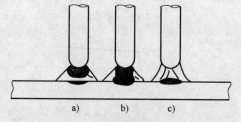

图 1-37　熔滴的过渡过程
a）焊条金属熔滴逐渐向熔池方向伸长　b）焊条金属熔滴伸长到一定程度，将焊条与工件接通而短路
c）熔滴落到熔池，焊条与工件分开

发生急剧变化。由于在焊接回路中总有一定的感抗存在，弧焊电源的输出电流和输出电压不可能迅速地依照外特性曲线来变化，而要经过一个过渡过程才能在外特性

曲线上的某一点稳定下来。对于不同类型的弧焊电源，这种过渡过程的性能也不同。弧焊电源的这种过渡过程的性能称为动特性，也就是焊接电源适应焊接电弧变化的特性。

弧焊电源的动特性是决定其使用性能，特别是弧焊的工艺性能的重要特征。它主要包括以下三项内容：

1）短路之后再引燃电弧，空载电压恢复速度。要求迅速建立起电弧，短路后再引燃电弧时，电源电压在短时间内应恢复到一定数值，电压恢复越快对稳弧越有利。

2）短路电流峰值与额定电流的关系。当焊条或熔滴与熔池短路时，焊接电流迅速增大，在电磁力与表面张力共同作用下，熔滴形成缩颈，在大电流作用下缩颈爆断，形成电弧，缩颈爆断瞬间的电流数值，称为短路电流峰值。其值大小决定了熔滴小桥爆破力大小，它对飞溅、焊缝成形及焊接过程稳定性都有很大影响。因此对不同额定容量电流的弧焊电源都加以限制，使短路电流与额定电流保持一定关系。

3）短路电流上升速度。焊条或熔滴与熔池或工件短路时，电流要增加，电流变化速度的快慢称短路电流上升速度。这个数值对不同焊接方法，要求在一定范围内变化，过大或过小都影响焊接过程的稳定性。

如电源其他方面都合乎要求，而动特性不适当时，其使用性能也不好。动特性良好的弧焊电源，很容易引弧，引弧电流适当，不会感到电弧"冲力"不足或"冲力"过大将工件烧穿，焊接过程飞溅小，电弧突然拉长也不易熄灭。使用这种电源焊接时，电弧很"柔软"，富有弹性，焊接过程很"安静"。用动特性不好的电源焊接，引弧时焊条容易粘在工件上，焊条拉开距离稍大一些，就不能引弧，只有拉开距离很小时，才能起弧。焊接过程飞溅较严重，容易熄弧。使用这种电源焊接时，使人感到电弧"硬"和"暴躁"。

在设计、制造和选择弧焊电源时，对此都要加以注意。在我国有关焊机标准中，对特性指标做出了明确的规定。例如合适的短路电流应不大于工作电流的1.25 ~ 2 倍。

3. 具有宽泛的调节特性

在焊接中，根据焊接材料的性质、厚度、焊接接头的形式、位置以及焊条直径等不同，需要选择不同的焊接电流。这就要求弧焊电源能在一定范围内，对焊接电流作均匀、灵活的调节，以便有利于保证焊接接头的质量。

对焊条电弧焊来说，弧焊电源的下降外特性曲线与电弧静特性曲线的交点中，只有一个电弧稳定燃烧点，因此为了获得一定范围所需的焊接电流，就必须要求弧焊电源具有很多条可以均匀改变的外特性曲线族，以便与电弧静特性曲线相交，得到一系列的稳定工作点，这就是弧焊电源的调节特性。图 1-38 所示为空载电压不变的情况下，仅改变其外特性曲线的斜率。最理想的弧焊电源调节特性是可改变其空载电压。焊条电弧焊的焊接电流变化范围一般在 50 ~ 400A 之间。

四、电源的负载持续率

电源允许输出多大功率（可粗略看成输出多大电流），是由其发热情况来决定的。发热严重，温升过高，内部绝缘受损，会导致电源的寿命降低，过于严重会使电源烧毁。因而对温升必须加以限制。按国标规定，允许温升相对于环境温度为 +40℃，故环境温度加 40℃即为允许温度。

焊条电弧焊时，每焊完一根焊条就要更换新焊条，这就决定弧焊电源处于周期性断续负载的连续工作负荷状态。焊接时，电源处于负荷状态，各部分温度升高；更换焊条时，电源处于空载状态，温度降低。所以电源的温升不仅取决于焊接电流的大小，同时也取决于断续通电的方式。焊接时间长，停焊时间短，电源的温升就高，反之则低。电源的这种负荷状态以负载持续率来表示。所谓负载持续率就是负载工作的持续时间与全工作周期时间的比值，可用百分数表示，即：

$$负载持续率 = \frac{负载时间}{负载时间 + 空载时间} \times 100\% = \frac{负载时间}{工作周期} \times 100\%$$

弧焊电源的工作状态示于图 1-39。

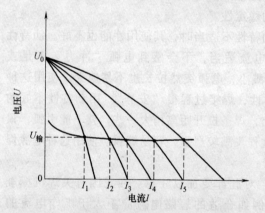

图 1-38　焊条电弧焊焊接电源的调节特性

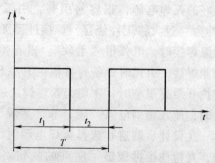

图 1-39　弧焊电源的工作状态
t_1—负载时间　t_2—空载时间　T—工作周期

当电源连续通电时，负载持续率为 100%。焊条电弧焊时，断续通电，其负载持续率总是小于 100%。按国标规定，焊条电弧焊时，工作周期定为 5min，额定负载持续率为 60%，即在每个工作周期中，负载时间为 3min，空载时间为 2min。对于便携式弧焊电源，一般额定负载持续率为 20%。铭牌上规定的额定电流是在额定负载持续率和额定输出电压负荷状态下，允许长期使用的焊接电流。按额定值使用焊机是最为经济合理、安全可靠的，既充分利用了设备，又保证了设备的正常使用寿命。工作时间周期按有关标准规定为 5min、10min、20min 与连续焊接。对于容量为 500A 以下的弧焊电源，以 5min 作为一个工作周期。

如果焊缝都很短，电源空载次数增多，则实际负载持续率比额定负载持续率低，允许使用的焊接电流可比额定电流大。相反，若电源作自动焊电源用，则实际负载持续率比额定负载持续率大，此时，允许使用的焊接电流，应比额定电流小。特别是在使用便携式弧焊电源时，因其额定负载持续率只有 20%，而实际焊接时，往往会超过额定负载持续率，故极易使其过热而烧毁。目前国产的这类电源，有些未设置热保护装置，因而使用时应特别注意，不能连续施焊太久，一般在焊完几根焊条后，应停置数十分钟后再用。

不同负载持续率的允许长期运行电流可按相等发热条件予以换算，其计算式为：

$$允许焊接电流 = 额定焊接电流 \times \sqrt{\frac{额定负载持续率}{负载持续率}}$$

五、电源的空载电压及电流调节范围

电源外电路开路时，其输出端电压称为电源空载电压。从引弧和电弧的稳定性考虑，电源的空载电压越高越好，但是从安全和降低弧焊电源成本的角度考虑，则要求空载电压越低越好。因为空载电压高不仅不利于焊工人身安全，而且设备体积大，质量大，功率因子低，效率低，不经济。国标对焊条电弧焊空载电压的规定为：交流电压不得超过 80V，直流电压不得超过 100V。目前国产交流弧焊电源的空载电压多在 70 ~ 80V 之间，直流弧焊电源的空载电压在 60 ~ 70V 之间。生产实践证明，交流弧焊电源的空载电压低于 65V 时，会给焊接过程造成困难。按工艺要求，若要采用更高的空载电压，则需加装空载自动降压装置。在不施焊的间隙时间内，该装置能自动降低弧焊电源的输出电压，进行焊接时，又能自动恢复至未降低时的电压值。

为了获得各种焊接参数及适用于几种不同规格焊条的焊接，要求电源能灵活调节焊接电流，并保证一定的调节范围。一般情况下，能调出的最大电流应不小于最小电流的 4 ~ 5 倍，即能满足使用要求。

六、电弧焊电源的选择

电弧焊要求电源具有合适陡降的外特性、良好的动特性和合适的电流调节范围。不同电弧焊方法选择电源应主要考虑以下因素：

1. 焊接电流的种类

电流的种类有交流或直流，主要是根据所使用的焊材类型、所要焊接的焊缝形式和母材金属进行选择。如低氢钠型焊条（E5015）必须选用直流弧焊电源，低氢钾型焊条（E5016）可选用直流电源或交流电源，以保证电弧稳定燃烧。酸性焊条虽然交、直流均可使用，但一般选用结构简单且价格较低的交流弧焊电源。埋弧焊

时，即使采用酸性焊剂，如条件许可，应尽量选用直流电源，以保证电弧稳定和焊缝成形良好。钨极氩弧焊时，要根据工件材料的材质来进行选用，如焊接低碳钢、低合金高强度钢时，选用直流电源；焊接铝及铝合金时应选用交流电源。某些磁偏吹较为严重的钢材材质的焊接，可以考虑使用交流电源。

2. 弧焊电源的功率和电流范围

需用的电流范围取决于使用焊材的类型和规格，但电源是否能在所要求的范围内供给电流与电源的功率有很大关系。根据焊接时所需的焊接电流范围和实际负载持续率来选择弧焊电源的容量，即弧焊电源的额定电流。焊接过程中使用的焊接电流值如果超过这个额定焊接电流值，就要考虑更换额定电流值大些的弧焊电源或者降低弧焊电源的负载持续率。

3. 工作条件和经济性等

在一般生产条件下，尽量采用单站弧焊电源；在大型焊接车间，可以采用多站弧焊电源。弧焊电源用电量较大，应尽可能选用高效节能的电源，如逆变弧焊机，其次是弧焊整流器、弧焊变压器。

另外，必须考虑焊接现场一次电源的情况，如果可以利用电力网，则应查明电源是单相还是三相。如果不能利用电力网，就必须使用发动机驱动的直流或交流发电机电源。在野外长输管道的焊接施工时，主要采用柴油或汽油发动机驱动的直流弧焊电源。

第三节　焊丝加热、熔化及熔滴过渡

一、焊丝的加热与熔化特性

熔化极电弧焊时，焊丝熔化作为填充金属形成焊缝。焊丝的熔化主要靠阴极区（正接）或阳极区（反接）所产生的热量，弧柱区产生的热量对焊丝熔化居次要地位。

在电弧焊情况下，若弧柱温度为 5727℃ 左右时，弧柱区压降小于 1V。当电流密度较大时，阳极区压降近似为零，故有，阴阳两极区产热为：

$$Q_k = I(U_k - U_w)$$
$$Q_A = IU_w$$

式中　Q_k——阴极区产热；

　　　Q_A——阳极区产热；

　　　U_k——阴极区压降；

　　　U_w——材料的逸出电压。

用同一材料即相同电流情况下，焊丝为阴极的产热将比焊丝为阳极时产热多。因散热条件相同，所以焊丝接负时比焊丝接正时熔化快。

焊丝除了受电弧的加热外，在自动和半自动焊时，从焊丝与导电嘴接触点到电弧端头的一段焊丝有焊接电流流过，所产生电阻热对焊丝有预热作用，从而影响焊丝的熔化速度。特别是焊丝比较细和焊丝金属的电阻系数比较大时（如不锈钢），这种影响更为明显。

材料不同时，焊丝伸出部分产生的电阻热 Q_R 也不同。如熔化极气体保护焊时，通常伸出长度为 $10 \sim 30mm$，对于导电良好的铝和铜等金属，Q_R 与 Q_k 或 Q_A 相比是很小的，可忽略不计。而对钢和钛等材料，电阻率高。当伸出长度较大时，Q_R 与 Q_k 及 Q_A 相比较大，才有重要的作用。

二、影响焊丝熔化速度的因素

焊丝的熔化速度与焊接条件有密切的关系。极性对熔化速度的影响，对不同材料表现有不同特征。焊接参数如焊接电流、电压、气体介质、电阻热及焊丝表面状态等都影响焊丝的熔化速度，简述如下。

1. 电流和电压对熔化速度的影响

随着焊接电流的增大，焊丝的电阻热与电弧热增加，焊丝的熔化速度加快。电弧电压较高时，电弧电压对焊丝熔化速度影响不大，在电弧电压较低范围内弧压变小反而使得熔化速度增加，这种现象是由于弧长变短时，电弧空间的热量向周围散失减少，提高了电弧的热效率，使焊丝的熔化系数增加所致。同时，由于熔滴的加热温度因电弧长度的变化而变化，单位重量熔化金属过渡时从焊丝带走热量也发生变化的结果。如图1-40所示，电弧较长（图1-40a），电弧向空间散热较多，弧根集中在熔滴的端头，电弧的集中加热使熔滴过热程度增加，熔滴的温度较高，带走的热量多，故熔化系数较小。当电弧较短时（图1-40b），电弧空间散热减少，弧根扩展到熔滴上部使熔滴受热均匀，熔滴温度较低，过渡时带走的热量较少，故熔化系数提高。当进一步降低电弧长度，则产生潜弧现象（图1-40c），这时电弧可见长度为负值，电弧热量向周围空间散失得很少，周围的熔化金属也向焊丝端部辐射热量，则使上述倾向更显著，熔化系数进一步增高。另外当弧长减小时，可能出现短路过渡现象，如果短路熄弧时间极短，熔滴过热程度进一步减小，也促使熔化

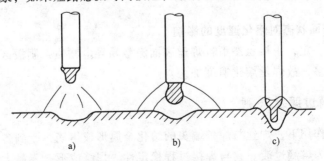

图 1-40　弧长变化与焊丝端部弧根长度的关系

系数进一步加大。当电弧长度过小，使电弧短路熄弧时间较长，电弧对熔滴加热过分减少，则熔化系数降低。

2. 电流极性对熔化速度的影响

在其他条件相同的情况下，由于熔化焊丝的热量主要来自于阴（阳）极区的产热，而阴极区产热要大于阳极区产热，故正接时焊丝熔化速度要大于反接时焊丝熔化速度。

3. 保护气体介质对熔化速度的影响

不同气体介质直接影响阴极压降的大小和焊接电弧产热多少，进而影响焊丝的熔化速度。熔化极气体保护焊时，Ar 和 CO_2 气体不同混合比对焊丝熔化速度的影响如图 1-41 所示。焊丝为阴极时的熔化速度总是大于焊丝为阳极时的熔化速度，并因气体混合比不同而变化。焊丝为阳极时，其熔化速度基本不变。因为混合气体成分变化时，将主要引起阴极区压降 U_k 的变化，阴极产热与阴极区压降 U_k 有关，而阳极产热与 U_A 有关，所以焊丝为阴极时，气体成分对焊丝熔化速度有很大的影响。另外，不同气体混合比还影响熔滴过渡形式，这也影响熔滴的加热及焊丝熔化，所以正极性时混合气体成分对焊丝熔化速度的影响呈现出一条复杂的曲线。

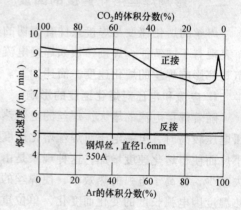

图 1-41　Ar 和 CO_2 混合比对不同极性焊丝熔化速度的影响

4. 电阻热对熔化速度的影响

熔焊时，由于采用的电流密度较大，所以在焊丝伸出长度上产生的电阻热对焊丝起着预热作用，可以影响到焊丝的熔化速度。特别是当焊丝金属的电阻率比较大时（如不锈钢焊丝），这种电阻热对焊丝熔化速度的影响就更为明显，即随着焊接电流或焊丝伸出长度的增大，导致电阻热的增加和预热温度的升高从而使焊丝的熔化速度增大。

5. 焊丝表面状态对熔化速度的影响

其他条件一定，正接状态下，焊丝表面涂敷易导电物质，阴极区产热增加，焊丝获得热量增多，故焊丝熔化速度加快。

三、熔滴过渡及飞溅

在电弧热作用下，焊丝与焊条端头的熔化金属形成熔滴，受到各种力的作用向母材过渡，称为熔滴过渡。它与焊接过程稳定性、焊缝成形、飞溅大小有直接的关系。熔滴过渡的特点和规律及熔滴过渡的控制一直是人们关心和研究的问题。

1. 熔滴上的作用力

焊条端头的金属熔滴受以下几个力的作用：表面张力、重力、电磁收缩力、斑点压力、等离子流力和其他力。

（1）表面张力 表面张力是在焊条端头上保持熔滴的主要作用力，如图 1-42 所示。

在熔滴上具有少量的表面活化物质时，可以大幅地降低表面张力系数。在液体钢中最大的表面活化物质是氧和硫，如纯铁被氧饱和后其表面张力系数降低到 $1030 \times 10^{-3} N/m$，因此影响这些杂质含量的各种因素（金属的脱氧程度、渣的成分等）将会影响熔滴过渡的特性。

增加熔滴温度，会降低金属的表面张力系数，从而减小熔滴尺寸。

平焊时，液态熔滴表面张力会阻碍熔滴过渡；而仰焊时，熔滴表面张力可使其不易滴落，有利于向熔池过渡。熔池液态金属表面张力使熔池力求趋于保持平面，可在一定程度上阻止重力所引起的表面凹陷。同时，在熔滴与熔池短路接触时，熔池表面张力可将熔滴拉入熔池，加速熔滴的短路过渡。

（2）重力 当焊丝直径较大而焊接电流较小时，在平焊位置的情况下，使熔滴脱离焊丝的力主要是重力，其大小为：

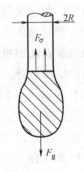

$$F_g = mg = \frac{4}{3}\pi r^3 \rho g$$

式中 r——熔滴半径；

ρ——熔滴的密度；

g——重力加速度。

重力使物体始终具有下垂的倾向。平焊时，熔滴的重力会促进熔滴过渡；仰焊时，重力阻碍熔滴向熔池过渡，采用短弧焊可以克服重力的影响。

图 1-42 熔滴承受重力和表面张力示意图

（3）电磁力 电流通过熔滴时，导体的截面是变化的（在熔化极焊接的情况下，指焊丝—熔滴—电极斑点—弧柱之间），将产生电磁力的轴向分力，其方向总是从小截面指向大截面，如图 1-43 所示。这时产生的电磁力可分解为径向和轴向的两个分力。

电流在熔滴中的流动路线可以看作圆弧形，这时电磁力对熔滴过渡的影响可以按不同部位加以分析。若 $d_C < d_D$ 时，形成的合力向上构成斑点压力的一部分，会阻碍熔滴过渡。若 $d_C > d_D$ 时，形成的合力向下会促进熔滴过渡。由此可见，电磁力对熔滴过渡的影响决定于电弧形态。若弧根直径笼罩整个熔滴，此处的电磁力促进熔滴过渡；若弧根直径小于熔滴直径，此处的电磁力形成斑点压力的一部分会阻碍熔滴过渡，CO_2 气体保护焊时大滴排斥过渡属于这种情况。

（4）等离子流力　从电弧的力学特点可知，自由电弧的外形通常呈圆锥形，不等断面电弧内部的电磁力是不一样的，上边的压力大，下边的压力小，形成压力差，使电弧产生轴向推力。由于该力的作用，造成从焊丝端部向工件的气体流动，形成等离子流力。电流较大时，高速等离子流将对熔滴产生很大的推力，使之沿焊丝轴线方向运动。这种推力的大小与焊丝直径和电流大小有密切的关系。

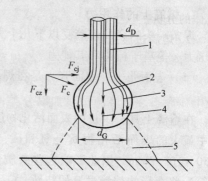

图 1-43　电磁分布与弧根面积的关系
1—焊丝　2、4—电弧轴向分力
3—电流线　5—电弧

（5）斑点压力　电极上形成斑点时，由于斑点是导电的主要通道，所以此处也是产热集中的地方。同时该处将承受电子（反接）或正离子（正接）的撞击力。又因该处电流密度很高，将使金属强烈地蒸发，金属蒸发时对金属表面产生很大的反作用力，对电极造成压力。如果考虑电磁力的作用，则斑点压力对熔滴过渡的影响十分复杂。当斑点面积较小时（如 CO_2 焊），斑点压力常常是阻碍熔滴过渡的力，而当斑点面积很大，笼罩整个熔滴时（如 MIG 焊喷射过渡的情况），斑点压力常常促使熔滴过渡。

（6）爆破力　当熔滴内部含有易挥发金属或由于冶金反应而生成气体时，都会使熔滴内部在电弧高温作用下气体积聚和膨胀而造成较大的内力，从而使熔滴爆炸而过渡。当短路过渡焊接时，在电磁力及表面张力的作用下形成缩颈，且其中流过较大电流，会使小桥爆破形成熔滴过渡，同时会造成飞溅。

（7）保护气体的吹力　气体保护焊时，一定流速的保护气体，沿焊丝的轴线方向形成稳定的气流，给熔滴过渡施加一定的作用力。在任何焊接位置，气体吹力都有助于熔滴过渡。

通过上述可以看到，影响熔滴过渡的力有六七种之多。除重力、表面张力和气体吹力外，电磁收缩力、等离子流力和斑点压力等都与电弧形态有关。各种力对熔滴过渡的作用，根据不同的工艺条件应做具体的分析。如重力在平焊时是促进熔滴过渡的力，而当立焊和仰焊时，重力则使过渡的金属偏离电弧的轴线方向而阻碍熔滴过渡。

在长弧焊时，表面张力总是阻碍熔滴从焊丝端部脱离，但当熔滴与熔池金属短路并形成液体金属过桥时，由于熔池界面很大，这时表面张力 $F_σ$ 有助于把液体金属拉进熔池，而促进熔滴过渡。电磁力 F_C 也有同样的情况，当熔滴短路使电流线呈发散形（图 1-44），也会促进液态小桥金属向熔池过渡。

综上所述，熔化极气体保护焊时，作用于熔滴的力对熔滴过渡的影响，应从焊缝的空间位置、熔滴过渡形式、电弧形态、采用的工艺条件及规范参数等方面进行具体的分析。

2. 熔滴过渡主要形式

熔滴过渡现象十分复杂，当规范条件变化时各种过渡形态可以相互转化，因此必须按熔滴过渡的形式及电弧形态，对熔滴过渡加以分类，分别讨论各种熔滴过渡形式的特点。

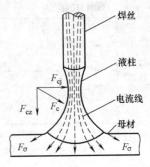

图 1-44　熔滴上的表面张力

熔滴过渡形式大体上可分为三种类型，即自由过渡、接触过渡和渣壁过渡。所谓自由过渡，是指熔滴经电弧空间自由飞行，焊丝端头和熔池之间不发生直接接触。

接触过渡是焊丝端部的熔滴与熔池表面通过接触而过渡。在熔化极气体保护焊时，焊丝短路并重复地引燃电弧，这种接触过渡也称为短路过渡，也有称为搭桥过渡的。TIG 焊时，焊丝作为填充金属，它与工件间不引燃电弧。

渣壁过渡与渣保护有关，常发生在埋弧焊时，熔滴是从熔渣的空腔壁上流下的。

几种典型的熔滴过渡形式，其分类及形态特征见表 1-1。

表 1-1　熔滴过渡分类及形态特征

熔滴过渡类型		形态	焊接条件
自由过渡	1. 滴状过渡 （1）大滴过渡 　1）大滴滴落过渡 　2）大滴排斥过渡 （2）细颗粒过渡		高电压小电流 MIG 焊 高电压小电流 CO_2 焊接及正接时大电流 CO_2 气体保护焊
	2. 喷射过渡 （1）射滴过渡 （2）射流过渡 （3）旋转射流过渡		铝 MIG 焊及脉冲焊 钢 MIG 焊 特大电流 MIG 焊
	3. 爆炸过渡		焊丝含挥发成分的 CO_2 焊

(续)

熔滴过渡类型		形态	焊接条件
接触过渡	4. 短路过渡		CO_2 气体保护焊
	5. 搭桥过渡		非熔化极填丝焊
渣壁过渡	6. 沿熔渣内壁过渡		埋弧焊
	7. 沿套筒过渡		焊条电弧焊

（1）滴状过渡　电流较小和电弧电压较高时，弧长较长，使熔滴不易与熔池短路。因电流较小，弧根面积的直径小于熔滴直径，熔滴与焊丝之间的电磁力不易使熔滴形成缩颈，斑点压力又阻碍熔滴过渡。随着焊丝的熔化，熔滴长大，最后重力克服表面张力的作用，而造成大滴状熔滴过渡。在氩气介质中，由于电弧电场强度低，弧根比较扩展，并且在熔滴下部弧根的分布是对称于熔滴的，因而形成大滴滴落过渡。

CO_2 气体保护焊时，CO_2 气体高温分解吸热对电弧有冷却作用，使电弧电场强度提高，电弧收缩，弧根面积减小，增加了斑点压力而阻碍熔滴过渡，并形成大滴排斥过渡。熔化极气体保护焊直流正接时，由于斑点压力较大，无论用 Ar 还是 CO_2 气体保护，焊丝都有明显的大滴排斥过渡现象。

应当指出的是，中等电流参数 CO_2 气体保护焊时，因弧长较短，同时熔滴和熔池都在不停地运动，熔滴与熔池极易发生短路过程，所以 CO_2 气体保护焊除大滴排斥过渡外，还有一部分熔滴是短路过渡。正因为这种过渡形式易形成飞溅，所以在焊接回路中应串联大一些的电感，使短路电流上升速度慢一些，这样可以适当地减少飞溅。

CO_2 气体保护焊时，随着焊接电流的增加，斑点面积也增加，电磁力增加，熔滴过渡频率也增加，如图 1-45 所示。虽然由于电流增加使熔滴细化，熔滴尺寸一般也大于焊丝直径。当电流再增加时，它的电弧形态与熔滴过渡形式没有突然变化，这种过渡形式称为细颗粒过渡。因飞溅较少，电弧稳定，焊缝成形较好，在生产中广泛应用。

（2）喷射过渡　用氩气或富氩气体保护焊时，会出现喷射过渡形式。根据不同工艺条件，这类过渡形式可分为射滴、亚射流、射流、旋转射流等过渡形式。

1）射滴过渡。过渡时，熔滴直径接近于焊丝直径，脱离焊丝沿焊丝轴向过渡，加速度大于重力加速度。此时焊丝端部的熔滴大部分或全部被弧根所笼罩，钢焊丝脉冲及铝合金熔化极氩弧焊经常是这种过渡形式。从大滴过渡转变为射滴过渡的电流值称为射滴过渡临界电流。该电流大小与焊丝直径、焊丝材料、焊丝伸出长度和保护气体成分有关。

2）射流过渡。钢焊丝 MIG 焊电流较小时，电弧与熔滴状态如图 1-46a 所示，电弧近似呈圆柱状。这时电磁收缩力较小，熔滴在重力作用下呈大滴过渡。随着电流的增加，电弧阳极斑点笼

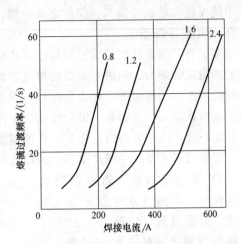

图 1-45　焊接电流与熔滴过渡频率的关系

罩的面积逐渐扩大，可以达到熔滴的根部，如图 1-46b，这时熔滴与焊丝间形成缩颈。全部电流在缩颈流过，该处电流密度很高，细颈被过热，其表面将产生大量的金属蒸气，细颈表面具备产生阳极斑点的有利条件。

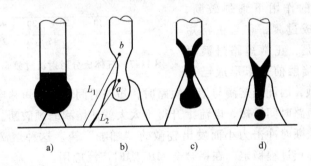

图 1-46　射流过渡形成机理示意图

电弧在富氩气体中燃烧时，一旦缩颈表面上温度达到金属沸点，电弧的阳极斑点将瞬时从熔滴的根部扩展到缩颈的根部，这一现象称为跳弧现象。跳弧之后变为图 1-46c 的形状。当第一个较大熔滴脱落之后，电弧呈图 1-46d 所示的圆锥状，这就容易形成较强的等离子流使焊丝端部的液态金属呈"铅笔尖"状。焊丝端部液体金属直径很细，熔滴的表面张力很小，再加上等离子气流的作用，细小的熔滴从焊丝尖端一个接一个地向熔池过渡，过渡速度很快，脱离焊丝端部的熔滴加速度可以达到重力加速度的几十倍，这种过渡形式称为射流过渡。发生这种跳弧现象的最小电流称为射流过渡临界电流。当电流达到某一数值后会突然发生电弧形态及过渡形式的变化，所以临界电流的区间比较窄。

在 Ar 中加入 O_2 的混合气中，当 O_2 含量小于 5% 时，由于加入 O_2 使钢表面张力降低，减少过渡阻力，故可以减小临界电流。但是加入量增大时，由于解离吸热

作用使弧柱电场强度提高，促使电弧收缩，难以实现跳弧条件，所以临界电流反而提高，如图 1-47 所示。

当钢焊丝伸出长度较大，焊接电流比临界电流高很多时，焊丝端部的电流产生强大的电磁收缩力，使液态金属的长度增加，射流过渡的细滴高速喷出，同时它对焊丝端部产生反作用力。此力作用在较长的液柱上，一旦反作用力偏离焊丝轴线，则金属液柱端头产生偏斜，继续作用的反作用力将使金属液柱旋转，产生所谓的旋转射流过渡，由于离心力的作用，将使熔滴从金属液柱端头向四周甩出，电弧不稳定，焊缝成形不良，飞溅严重等，所以没有使用价值。

3）亚射流过渡。通常铝合金 MIG 焊时，熔滴过渡可以分为大滴过渡、射滴过渡、短路过渡及介于短路与射滴之间的亚射滴过渡。亚射滴过渡习惯称为亚射流过渡。因其弧长较短，在电弧热作用下形成熔滴并长大，形成缩颈在即将以射滴形式过渡脱离之际与熔池短路，在电磁收缩力的作用下细颈破断，并重燃电弧完成过渡。它与正常短路过渡的差别是：正常短路过渡时在熔滴与熔池接触前并未形成已达

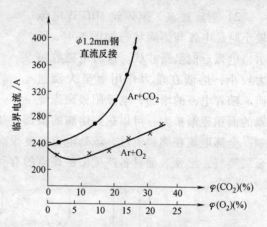

图 1-47　气体成分对射流过渡临界电流的影响

临界状态的缩颈，因此当熔滴与熔池短路时，短路时间较长，短路电流很大；而亚射流过渡时，短路时间极短，电流上升得不太大就使熔滴缩颈破断。因短路峰值电流很小，所以破断时冲击力小而发出轻微的"啪啪"声。这种熔滴过渡形式的焊缝成形美观，焊接过程稳定，在铝合金 MIG 焊时广泛应用。

（3）短路过渡　在较小电流低电压时，熔滴未长成大滴就与熔池短路，并在表面张力及电磁收缩力的作用下，熔滴向母材过渡的过程称为短路过渡。这种过渡形式电弧稳定，飞溅较小，熔滴过渡频率高，焊缝成形较好，广泛用于薄板和全位置焊接过程。

1）短路过渡过程。细丝（$\phi 0.8 \sim \phi 1.6mm$）气体保护焊时，常用短路过渡形式。这种过渡过程的电弧燃烧是不连续的，焊丝受到电弧的加热作用后形成熔滴并长大，而后与熔池短路熄弧，在表面张力及电磁收缩力的作用下形成缩颈小桥并破断，再引燃电弧，完成短路过渡过程。

2）短路过渡的稳定性。为保持短路过渡焊接过程稳定进行，不但要求焊接电源有合适的静特性，同时要求电源有合适的动特性，它主要包括以下三个方面。

① 对不同直径的焊丝和规范，要保证合适的短路电流上升速度，保证短路"小桥"柔顺地断开，达到减少飞溅的目的。

② 要有适当的短路电流峰值 I_m，短路焊接时 I_m 一般为平均电流 I_a 的 2 ~ 3 倍。I_m 值过大会引起缩颈小桥激烈爆断造成飞溅；过小则对引弧不利，甚至影响焊接过程的稳定性。

③ 短路完了之后，空载电压恢复速度要快，以便及时引燃电弧，避免熄弧现象。短路电流上升速度及短路电流峰值主要通过焊接回路的感抗来调节。

短路过渡时，过渡熔滴越小，短路频率越高，焊缝波纹越细密，焊接过程越稳定。在稳定的短路过渡的前提下，要求尽量高的短路频率。短路频率大小常常作为短路过渡过程稳定性的标志。

3）影响短路过渡频率的因素。短路过渡时，电弧长度即电弧电压数值对焊接过程有明显的影响，为获得最高短路频率，有一个最佳的电弧电压数值。对于 $\phi 0.8mm$、$\phi 1.0mm$、$\phi 1.2mm$、$\phi 1.6mm$ 直径焊丝，该值大约为 20V 左右。这时短路周期比较均匀，焊接时发出轻轻的"啪啪"声。

如果电弧电压高于最佳值较多时（如 30V 以上），这时熔滴过渡频率降低，无短路过程。若电弧电压低于最佳值时，弧长很短，熔滴很快与熔池接触，燃弧时间很短，短路频率较高。如果电压过低，可能熔滴尚未脱离焊丝时，焊丝未熔化部分就插入熔池，造成焊丝固体短路，如图 1-48 所示。这时由于短路电流很大，焊丝很快熔断如图 1-48b 所示。熔断后的电弧空间比原来的电弧长度更大，使短路频率下降，甚

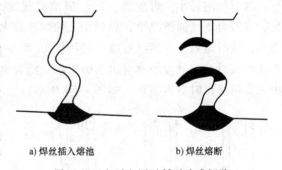

a) 焊丝插入熔池　　　　b) 焊丝熔断

图 1-48　电弧电压过低时造成短路

至造成熄弧。由于焊丝突然爆断以及电弧再引燃，使周围气体膨胀，从而冲击熔池，产生严重的飞溅，使焊接过程无法进行。

（4）渣壁过渡　渣壁过渡是指在焊条电弧焊和埋弧焊时的熔滴过渡形式。使用焊条电弧焊时，可以出现四种过渡形式：渣壁过渡、大颗粒过渡、细颗粒过渡和短路过渡。过渡形式决定于涂料成分和药皮厚度、焊接参数、电流种类和极性等。

用厚皮涂料焊条焊接时，焊条端头形成带一定角度的药皮套筒，它可以控制气流的方向和熔滴过渡的方向。套筒的长短与涂料厚度有关，通常涂料越厚，套筒越长，吹送力也越大。但涂料层厚度应适当，过厚和过薄都不好，均会产生较大的熔滴。当涂料层厚度为 1.2mm 时，熔滴的颗粒最小。用薄皮焊条焊接时，不生成套筒，熔渣很少，不能包围熔化金属，而成为大滴或短路过渡。

对于碱性焊条，在很大电流范围内均为大滴过渡或短路过渡。这种过渡特点首先是因为液体金属与熔渣的界面有很大的表面张力，不易产生渣壁过渡，同时由于电弧气氛中含有 30%（体积分数）以上的 CO_2 气体，与 CO_2 气体保护焊相似，在

低电压时弧长较短，熔滴还没有长大就发生短路，而出现短路过渡；当弧长增加时，熔滴自由长大，将呈大滴过渡，如图1-49a所示。

使用酸性焊条焊接时为细颗粒过渡。这是因为熔渣和液态金属都含有大量的氧，所以在金属与熔渣的界面上表面张力较小。焊条熔化时，熔滴尺寸受电流影响较大。部分熔化金属沿套筒内壁过渡，部分直接过渡，如图1-49b、c所示。若进一步增加电流，将提高熔滴温度，同时降低表面张力。在高电流密度时，将出现更细的熔滴过渡，如图1-49d所示。这时电弧电压在一定范围内变化时，对熔滴过渡影响不大。当熔渣与液体金属生成的气体较多时（CO_2、H_2等），由于气体的膨胀，造成熔渣和液体金属爆炸，如图1-49e所示，飞溅增大。

埋弧焊时电弧是在熔渣形成的空腔（气泡）内燃烧。这时熔滴是通过渣壁流入熔池，只有少数熔滴是通过气泡内的电弧空间过渡。

埋弧焊熔滴过渡与焊接速度、极性、电弧电压和焊接电流有关。在直流反接时，若电弧电压较低，焊丝端头呈尖锥状，其液体锥面大致与熔池的前方壁面相平行。这时气泡较小，焊丝端头的金属熔滴较细，熔滴将沿渣壁以小滴状过渡。相反，在直流正接的情况下，焊丝端头的熔滴较大，在斑点压力的作用下，熔滴不停摆动，这时熔滴呈大滴状过渡，每秒仅10滴左右，而直流反接时每秒可达几十滴。焊接电流对熔滴过渡频率有很大的影响。随着电流的增加，熔滴过渡频率增加，其中以直流反接时更为明显，如图1-50所示。

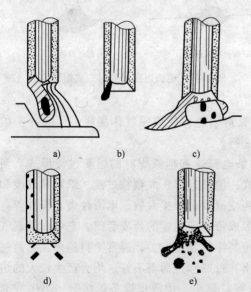

图1-49 厚皮焊条电弧焊熔滴过渡形式

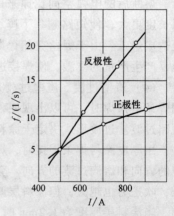

图1-50 埋弧焊电流对熔滴过渡频率的影响

3. 飞溅

电弧焊过程中，焊丝（条）金属并没有全部过渡到焊缝中去，其中一部分要以飞溅、蒸发、氧化等形式损失掉。我们称过渡到焊缝中的金属重量与使用焊丝（条）重量之比为熔敷效率。焊接过程中，大部分焊丝熔化金属可过渡到熔池，一般情况下，焊条电弧焊熔敷效率为 55% ~ 60%，药芯焊丝电弧焊熔敷效率为 75% ~ 85%，熔化极混合气体保护焊、钨极氩弧焊及埋弧焊熔敷效率为 90% ~ 95%，CO_2 气体保护焊熔敷效率为 80% ~ 90%。

飞到熔池之外的金属，即飞溅，是影响熔敷效率的主要形式，特别是粗焊丝 CO_2 气体保护焊大规范焊接时，飞溅更为严重，飞溅率可达 20% 以上，这时就不能进行正常焊接工作了。飞溅是有害的，它不但降低焊接生产率，影响焊接质量，而且使劳动条件变差。

由于焊接方法及焊接规范不同，有不同的熔滴过渡形式，飞溅也有不同特点。主要可分为短路过渡时和自由飞落过渡时所发生的飞溅。

（1）短路过渡飞溅的特点　焊接过程中，当熔化金属与熔池接触形成短路到又引燃电弧的过程，总会产生飞溅，其大小取决于焊接条件，可在很大范围内变化。当熔滴与熔池接触时，由熔滴把焊丝与熔池连接起来，形成液体小桥。随着短路电流的增加，使缩颈小桥金属迅速加热，最后导致小桥金属发生汽化爆断，同时引燃电弧，也引起金属的飞溅。飞溅的多少与爆炸能量有关，此能量主要是在小桥爆断之前的 100 ~ 150μs 短时间内聚集起来的，并由这个时间内短路电流大小所决定。所以减少飞溅的主要途径是改善电源的动特性，限制短路峰值电流。在细丝小电流 CO_2 气体保护焊时，飞溅率较小，通常在 5% 以下。如果短路峰值电流较小，飞溅率可降低到 2% 左右（图 1-51a）。当提高电弧电压、增大电流，用中等规范焊接时，短路小桥缩颈位置对飞溅的影响极大。所谓缩颈位置是指缩颈出现在焊丝与熔滴之间，还是出现在熔滴与熔池之间。如果是前者，小桥的爆炸力将推动熔滴向熔池过渡（图 1-51b），此时飞溅较小；若是后者，缩颈在熔滴与熔池之间爆炸，则爆破力会阻止熔滴过渡并形成大量飞溅（图 1-51c），最高飞溅率可达 25% 以上。为此必须在焊接回路中串入较大的不饱和电感以减小短路电流上升速度，使熔滴与熔池接触处不能瞬时形成缩颈，在表面张力作用下，熔化金属向熔池过渡，最后使缩颈发生在焊丝与熔滴之间，将显著减小飞溅。可见在短路过渡焊接过程中飞溅大小主要决定于电源的动态特性，为了减小短路过渡飞溅，应该减小短路峰值电流；对大滴排斥过渡的短路过程，应通过适当的电感来控制短路电流上升速度，以便控制缩颈位置，使缩颈发生在焊丝与熔滴之间，同时也减小了短路峰值电流。

焊接规范不合适时，如送丝速度过快而电弧电压过低，焊丝伸出长度过大或回路电感过大时，都会发生固体短路如图 1-51d 所示。这时固体焊丝可以成段直接被抛出，同时熔池金属也被抛出，而造成大量的飞溅。

在大电流 CO_2 潜弧焊接情况下，如果偶尔发生短路再引燃电弧时、由于气动冲击作用，几乎可以将全部熔池金属因冲出而成为飞溅，如图 1-51e 所示。

在大电流细颗粒过渡时，由于电流很大，如果再发生短路就立刻产生强烈的飞溅。这是因为此时的短路电流很大，这种飞溅如图1-51f所示。

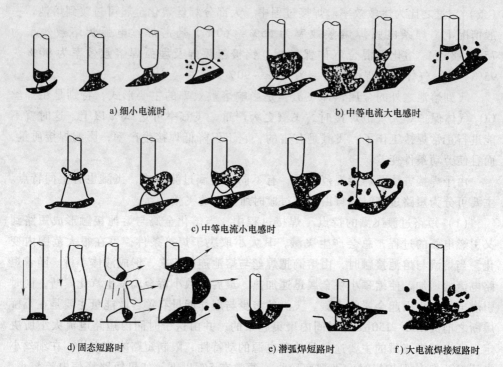

a) 细小电流时　　　　　　　　　　　b) 中等电流大电感时

c) 中等电流小电感时

d) 固态短路时　　　　　　e) 潜弧焊短路时　　　　　f) 大电流焊接短路时

图1-51　短路过渡时的主要飞溅形式

（2）颗粒状过渡飞溅的特点　　当用 CO_2、$CO_2 + O_2$、N_2、$Ar + CO_2$ ［φ（CO_2）大于30%］或 $Ar + H_2$ ［φ（H_2）> 33%］等活性气体进行保护焊的情况下，熔滴在斑点压力的作用下而上挠，易形成大滴状飞溅，如图1-52a所示。这种情况经常出现在较大电流焊接时，如用 ϕ1.6mm 焊丝，电流为 300～350A，电弧电压较高时就会产生。

如果再增加电流，将成为细颗粒过渡，这时飞溅减少，主要产生在熔滴与焊丝之间的缩颈处，该处通过的电流密度较大使金属过热而爆断，形成颗粒细小的飞溅，如图1-52b所示。

图1-52c表示在细颗粒过渡焊接过程中，可能由熔滴或熔池内抛出小滴飞溅。这是由于焊丝或工件清理不良或焊丝碳含量较高，在熔化金属内部大量生成 CO 等气体，这些气体聚积到一定体积，压力增加而从液体金属中析出，造成小滴飞溅。

大滴状过渡时，如果熔滴在焊丝端头停留时间较长，加热温度很高，熔滴内部发生强烈的冶金反应或蒸发，同时猛烈地析出气体，使熔滴爆炸而造成的飞溅，如图1-52d所示。

大滴过渡时，偶尔还能出现如图1-52e所示的飞溅，因为熔滴从焊丝脱落进入电弧中，在熔滴上出现串联电弧，并在电弧力的作用下，熔滴可能落入熔池，也可

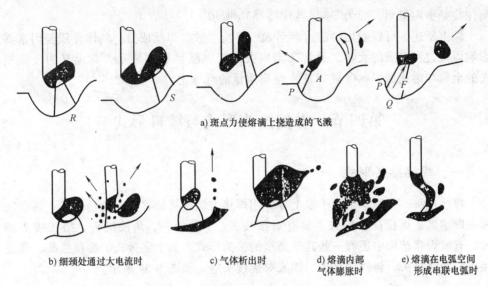

a) 斑点力使熔滴上挠造成的飞溅

b) 细颈处通过大电流时　　c) 气体析出时　　d) 熔滴内部　　e) 熔滴在电弧空间
　　　　　　　　　　　　　　　　　　　　　　　气体膨胀时　　　形成串联电弧时

图 1-52 颗粒状过渡时的主要飞溅形式

能被抛出熔池面形成飞溅。

（3）喷射过渡飞溅的特点 在富氩气体中进行气体保护焊时会形成喷射过渡。熔滴沿焊丝轴线方向以细滴状过渡，对钢焊丝为射流过渡，焊丝端头呈"铅笔尖"状，它又被圆锥形电弧所笼罩，如图 1-53a 所示。在细颈断面 *I-I* 处，焊接电流不但通过细颈流过，同时将通过电弧流过。这样，由于电弧的分流作用，从而减弱了细颈处的电磁收缩力与爆破力，这时促使细颈破断和熔滴过渡的原因主要是等离子流力机械拉断的结果，因不存在小桥过热问题，所以飞溅极少。在正常射流过渡情况下，飞溅率仅在 1% 以下。

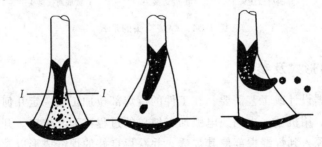

a) 射流过渡形态　　　　　　　b) 旋转射流过渡时的飞溅

图 1-53 射流过渡时的飞溅特点

在焊接规范不合理情况下，如电流过大，同时电弧电压较高和焊丝伸出长度过大时，焊丝端头熔化部分变长，而它又被电弧包围着，则焊丝端部液体金属表面都能产生金属蒸气，随着电流的提高，蒸发更强烈。当受到某一扰动后，该液柱就发生弯曲，在金属蒸气的反作用力推动下，将发生旋转，形成旋转射流过渡。此时熔滴往往是横向抛出，成为飞溅，如图 1-53b 所示。

综上所述，可以看出熔滴过渡形式、焊接参数、焊丝成分、气体介质等因素都影响焊接过程飞溅的大小。通常飞溅损失常用飞溅率 ψ 来表示，其定义为飞溅损失的金属与熔化的焊丝（或焊条）金属重量的百分比。

第四节　焊接接头形式与坡口形式

一、焊接接头形式

焊接接头，指两个或两个以上零件用焊接方法连接的接头，包括焊缝、熔合区和热影响区。焊接接头形式主要有对接接头、T 形接头、角接接头、搭接接头四种。有时焊接结构中还有一些其他类型的接头形式，如十字接头、端接接头、卷边接头、套管接头、斜对接接头、锁底对接接头等，如图 1-54 所示。

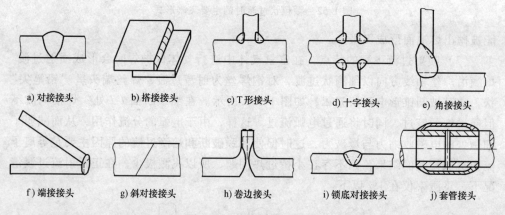

a) 对接接头　　b) 搭接接头　　c) T 形接头　　d) 十字接头　　e) 角接接头

f) 端接接头　　g) 斜对接接头　　h) 卷边接头　　i) 锁底对接接头　　j) 套管接头

图 1-54　焊接接头的形式

二、坡口形式及参数

坡口是根据设计或工艺需要，在工件的待焊部位加工成一定几何形状并经装配后构成的沟槽。用机械、火焰或电弧加工坡口的过程称为开坡口。开坡口的目的是为保证电弧能深入到焊缝根部使其焊透，并获得良好的焊缝成形以及便于清渣。对于合金钢来说，坡口还能起到调节母材金属和填充金属比例的作用。

坡口形式取决于焊接接头形式、工件厚度以及对接头质量的要求，国家标准 GB/T 985.1—2008 对此作了详细规定。

1. 坡口选择应遵循原则

选择坡口时应遵循以下原则：

1）能够保证工件焊透（焊条电弧焊熔深一般为 2 ~ 4mm），且便于焊接操作。

如在容器内部不便焊接的情况下，要采用单面坡口在容器的外面焊接。

2）坡口形状应容易加工。

3）尽可能提高焊接生产率和节省焊材。

4）尽可能减小焊后焊件的变形。

2. 坡口的形式

按坡口形状，坡口分为以下形式：

（1）V 形坡口　是最常用的坡口形式。这种坡口便于加工，焊接时为单面焊，不用翻转工件，但焊后焊件容易产生变形。常用于中厚板对接焊缝的焊接。

（2）X 形坡口　是在 V 形坡口基础上发展起来的。采用 X 形坡口后，在同样厚度下，能减少焊缝金属量约 1/2，并且是对称焊接，所以焊后焊件的残余变形较小。但缺点是焊接时需要翻转工件。

（3）U 形坡口　在工件厚度相同的条件下 U 形坡口的空间面积比 V 形坡口小得多。对易产生焊接裂纹、淬硬倾向较大、厚度较大、只能单面焊接的工件，为提高生产率，可采用 U 形坡口。但这种坡口由于根部有圆弧，加工比较复杂，特别是在圆筒形工件的筒壳上加工更加困难。

另外，还有双 U 形、单边 V 形、J 形、I 形等坡口形式。

3. 坡口间隙和钝边

（1）间隙　焊前，在焊接接头根部之间预留的空隙叫根部间隙。根部间隙的作用在于根焊时能保证根部可以焊透。

（2）钝边　焊件开坡口时，沿工件厚度方向未开坡口的端面部分叫钝边。钝边的作用是防止焊缝根部焊穿。钝边尺寸要保证第一层焊缝焊透。

4. 长输管道常用坡口形式及参数

长输管道对接、角接推荐的坡口形式及参数见表 1-2、表 1-3。

三、坡口加工与清理

1. 坡口加工

坡口的加工方法，可根据构件的尺寸、形状与本单位加工条件选用。一般有以下几种方法：

1）剪切。I 形接头的较薄钢板，可用剪板机剪切。

2）刨削与车削。对有角度要求的坡口，可以在钢板下料后，采用刨床或刨边机对钢板边缘进行刨削；对圆形工件或管子开坡口，可以采用车床或管端坡口整形机、电动车管机等对其边缘进行车削。采用刨削与车削方法，可加工各种形式的坡口。

3）铲削。用风铲铲坡口或挑焊根。

4）氧乙炔焰切割。这是应用较广的坡口加工方法。采用此方法可得到直线形与曲线形的任何角度的各类形坡口。通常有手工切割、半自动切割及自动切割三种。手工切割的边缘尺寸及角度不太平整，应尽量采用自动切割和半自动切割。

5）碳弧气刨。利用碳弧气刨枪对工件坡口加工或挑焊根，与风铲相比能改善劳动条件且效率较高。特别是在开 U 形坡口时更为显著。缺点是要用直流电源，刨割时烟雾大，应注意通风。

2. 坡口清理

对已加工好的坡口边缘上的油、锈、水垢等污物，焊前应清除掉，以利于焊接并获得质量较好的焊缝。清理时可根据污物种类及具体条件选用钢丝刷、电动或风动钢丝刷轮、气焊火焰、铲刀、锉刀等，有时要用除油剂（汽油、丙酮、四氯化碳等）清洗。

表 1-2　碳钢、低合金钢和不锈钢对接、角接推荐坡口形式及尺寸

序号	坡口形式图	坡口尺寸	适用工艺
1		α—坡口面角度,22°~35° P—钝边高度,1.0~1.8mm b—对口间隙,2.5~4.0mm δ—钢管壁厚(mm)	1）焊条电弧焊根焊、填充和盖面 2）钨极氩弧焊根焊、填充和盖面 3）钨极氩弧焊根焊 + 焊条电弧焊填充和盖面 4）钨极氩弧焊根焊 + 自保护药芯焊丝填充盖面焊 5）焊条电弧焊根焊 + 自保护药芯焊丝填充盖面焊 6）焊条电弧焊根焊 + 埋弧焊填充盖面 7）表面张力过渡根焊 + 埋弧焊填充盖面
2		α—下坡口面角度,25°~30° β—上坡口面角度,10°~16° P—钝边高度,1.0~1.8mm b—对口间隙,1.5~3.5mm δ—钢管壁厚(mm) H—取决于壁厚 δ(mm) δ/mm：15~19；19~21.5 H/mm：7±0.5；8.0±0.5 δ/mm：21.5~26；26.0~32.0 H/mm：0±0.5；12.0±0.5	1）焊条电弧焊根焊 + 自保护药芯焊丝填充盖面焊 2）表面张力过渡根焊 + 自保护药芯焊丝填充盖面焊 3）熔敷金属控制根焊 + 自保护药芯焊丝填充盖面焊 4）表面张力过渡根焊 + 气保护药芯焊丝填充盖面焊 5）熔敷金属控制根焊 + 气保护药芯焊丝填充盖面焊
3		α—下坡口面角度,45° β—上坡口面角度,5°~15° γ—内坡口面角度,37.5° h—内坡口高度,1.2~1.5mm H—变坡口拐点距内壁的高度,4.3~4.5mm P—钝边高度,0.8~1.0mm b—对口间隙,0~0.5mm δ—钢管壁厚(mm)	内焊机根焊 + 气体保护实心焊丝填充盖面焊

（续）

序号	坡口形式图	坡口尺寸	适用工艺
4		α—上坡口面角度,5°~15° R—下坡口 1/4 圆弧的半径,2.4mm H—变坡口拐点距内壁的高度,3.7±0.2mm P—钝边高度,1.0~1.5mm b—对口间隙,0~0.5mm δ—钢管壁厚(mm)	外焊机根焊 + 气体保护实心焊丝填充、盖面焊
5		α—上坡口面角度,10°~16° R—下坡口 1/4 圆弧的半径,3.2mm H—变坡口拐点距内壁的高度,5.2~5.7mm P—钝边高度,0.8~1.0mm b—对口间隙,0~0.5mm δ—钢管壁厚(mm)	内焊机根焊 + 自保护药芯焊丝填充盖面焊
6		P—钝边高度,0.8~1.0mm δ—钢管壁厚(mm)	双联管埋弧焊
7		δ—钢管壁厚(mm)	—
8		δ—钢管壁厚(mm)	—
9		δ—钢管壁厚(mm) L—削薄长度,1.5δ(mm) α—坡口面角度44°~60° P—钝边高度,1.0~2.0mm b—对口间隙,2.5~4.0mm	—
10		δ—钢管壁厚(mm) L—削薄长度,1.5δ(mm) α—坡口面角度44°~60° P—钝边高度,1.0~2.0mm b—对口间隙,2.5~4.0mm	—

（续）

序号	坡口形式图	坡口尺寸	适用工艺
11		δ—钢管壁厚（mm） b—对口间隙，2.5～4.0mm	—
12		δ_1、δ_2—钢管壁厚（mm） α—坡口面角度45°～50° P—钝边高度，1.0～2.0mm b—对口间隙，1.5～3.5mm	—
13		δ_1、δ_2—钢管壁厚（mm） α—坡口面角度45°～50° P—钝边高度，1.0～2.0mm b—对口间隙，1.5～3.5mm	—

注：当厚度差小于或等于3.0mm的不等壁厚钢管对接焊时，可直接进行焊接。当厚度差大于3.0mm且 δ_2/δ_1 不大于1.5的不等壁厚钢管对接焊时，可在厚度大的管子上进行削薄处理（序号7）。当 δ_2/δ_1 大于1.5的不等壁厚钢管对接焊时可采用序号9、序号10的形式。

表1-3　不锈钢复合管推荐坡口形式及尺寸

序号	坡口形式图	坡口尺寸	适用工艺
1		δ—钢管壁厚（mm） α—坡口面角度32.5°～37.5° P—钝边高度，0.5～1.5mm b—对口间隙，0.5～1.5mm	不锈钢复合管用V形坡口
2		δ—钢管壁厚（mm） α—坡口面角度10°～15° P—钝边高度，0.5～1.5mm b—对口间隙，0.5～1.5mm R—下坡口1/4圆弧的半径	不锈钢复合管用U形坡口

第五节　焊缝形状尺寸与焊接位置

一、焊缝和熔池的形状尺寸及焊缝成形

1. 焊缝形状尺寸及其与焊缝质量的关系

图1-55是对接接头和角接接头焊缝形状和尺寸。对接接头焊缝最重要的尺寸是熔深 H，它直接影响到接头的承载能力。另一重要尺寸是焊缝宽度 B。B 与 H 之

比（B/H）叫作焊缝的成形系数 Φ。Φ 的大小会影响到熔池中气体逸出的难易、熔池的结晶方向、焊缝中心偏析严重程度等。因此焊缝成形系数的大小要受焊缝产生裂纹和气孔的敏感性，即熔池合理冶金条件的制约。如埋弧焊焊缝的焊缝成形系数一般要求大于 1.25。堆焊时为了保证堆焊层材料的成分和高的堆焊生产率，要求熔深浅，焊缝宽度大，成形系数可达到 10。

焊缝的另一个尺寸是余高 a。余高可避免熔池金属凝固收缩时形成缺陷，也可增大焊缝截面，提高承受静载荷能力。但余高过大将引起应力集中或疲劳寿命的下降，因此要限制余高的尺寸。通常，对接接头的 $a=0\sim3mm$ 或者余高系数（B/a）大于 $4\sim8$。当工件的疲劳寿命是主要问题时，焊后应将余高去除。理想的角焊缝表面最好是凹形的（图 1-55），可在焊后除去余高，磨成凹形。

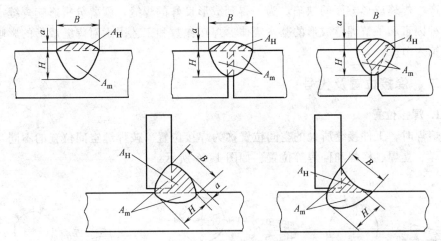

图 1-55　对接接头和角接接头的焊缝形状和尺寸

焊缝的宽度、熔深和余高确定后，基本确定了焊缝横断面的轮廓。焊缝的轮廓形状可通过焊缝断面的粗晶腐蚀显示出来。焊缝的熔合比 γ 决定于母材金属在焊缝中的横断面面积与焊缝横断面面积之比。

$$\gamma = \frac{A_m}{A_m + A_H}$$

式中　A_m——母材金属在焊缝横断面中所占面积；

　　　A_H——填充金属在焊缝横断面中所占的面积。

坡口和熔池形状改变时，熔合比都将发生变化。用电弧焊焊接中碳钢、合金钢和有色金属时，可通过改变熔合比的大小来调整焊缝的化学成分，降低裂纹的敏感性和提高焊缝的力学性能。

2. 焊缝与熔池的关系及焊缝形成

母材金属和焊丝金属在电弧作用下被熔化而且混合在一起形成熔池，电弧正下方的熔池金属在电弧力的作用下克服重力和表面张力被排向熔池尾部。随着电弧前移，熔池尾部金属冷却并结晶形成焊缝。焊缝的形状决定于熔池的形状，熔池的形状又与接头的形式和空间位置、坡口和间隙的形状尺寸、母材边缘、焊丝金属的熔化情况及熔滴的过渡方式（这与熔滴金属对熔池冲击力的大小有关）等有关。

接头的形式和空间位置不同，则重力对熔池的作用不同，焊接工艺方法和焊接参数不同，则熔池的体积和熔池的长度等都不同。平焊位置时熔池处于最稳定的位置，容易得到成形良好的焊缝。在生产中常采用焊接翻转机或焊接变位机等装置来回转或倾斜工件，使接头处于水平或船形位置进行焊接。在空间位置焊接时，由于重力的作用使熔池金属有下淌的趋势，因此要限制熔池的尺寸或采取特殊措施控制焊缝的成形。例如在气电立焊和电渣焊时采用强迫成形装置来控制焊缝的成形。

当坡口和间隙、焊接参数等不合适时，除了可能产生裂纹和气孔等缺陷外，还可能产生焊缝成形方面的缺陷。为了得到成形良好的焊缝，就要分析影响焊缝成形的各种因素和了解焊缝成形的基本规律。焊接参数和工艺因素对焊缝成形的影响见本章第六节。

二、焊接位置及代号

1. 焊接位置

熔焊时，工件接缝所处的空间位置称为焊接位置。按焊缝空间位置的不同可分为平焊、立焊、横焊和仰焊等位置，如图 1-56 所示。

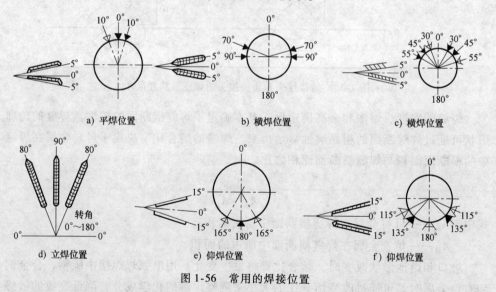

a) 平焊位置　　　　b) 横焊位置　　　　c) 横焊位置

d) 立焊位置　　　　e) 仰焊位置　　　　f) 仰焊位置

图 1-56　常用的焊接位置

（1）平焊位置　焊缝倾角 0°～5°，焊缝转角 0°～10°的焊接位置称为平焊位置，如图 1-56a 所示。在平焊位置的焊接称为平焊。

（2）横焊位置　对接焊缝时的横焊位置为：焊缝倾角 0°～5°，焊缝转角 70°～90°，如图 1-56b 所示。角焊缝横焊位置为：焊缝倾角 0°～5°，焊缝转角 30°～55°。

在横焊位置进行的焊接称为横焊，如图 1-56c 所示。

（3）立焊位置 焊缝倾角 80°～90°，焊缝转角 0°～180°的焊接位置称为立焊位置。如图 1-56d 所示。在立焊位置进行的焊接称为立焊。

（4）仰焊位置 当进行对接焊缝焊接时，焊缝倾角 0°～15°，焊缝转角 165°～180°的焊接位置（图 1-56e）；当进行角焊缝焊接时，焊缝倾角 0°～15°，焊缝转角 115°～180°的焊接位置，称为仰焊位置，如图 1-56f 所示。在仰焊位置进行的焊接称为仰焊。

（5）船形焊。T 形、十字形和角接接头处于平焊位置进行的焊接，称为船形焊，如图 1-57 所示。这种焊接位置相当于在 90°角 V 形坡口内的水平对接焊。

此外，水平固定管的对接焊缝，包括了平焊、立焊和仰焊等焊接位置，类似这样的焊接位置施焊时，称为全位置焊接，如图 1-58 所示。

在平焊位置施焊时，熔滴可借助重力落入熔池。熔池中气体、熔渣容易浮出表面。因此平焊可以用较大电流焊接，生产率高，焊缝成形好，焊接质量容易保证，劳动条件较好。因此一般应尽量在平焊位置施焊。当然，在其他位置施焊，也能保证焊接质量，但对焊工操作技术要求较高，劳动条件较差。

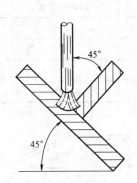

图 1-57 船形焊

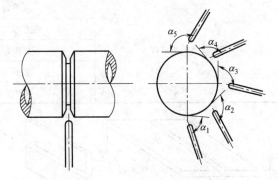

图 1-58 水平固定管全位置焊接

2. 焊接位置代号

焊工考试时的试件类别、位置与焊接位置代号见表 1-4、图 1-59～图 1-63。

表 1-4 试件类别、位置与代号

试件类别	试件位置	代号
板材对接焊缝试件	平焊试件	1G
	横焊试件	2G
	立焊试件	3G
	仰焊试件	4G
板材角焊缝试件	平焊试件	1F
	横焊试件	2F
	立焊试件	3F
	仰焊试件	4F

（续）

试件类别	试件位置		代号
管材对接焊缝试件	水平转动试件		1G（转动）
	垂直固定试件		2G
	水平固定试件	向上焊	5G
		向下焊	5GX（向下焊）
	45°固定试件	向上焊	6G
		向下焊	6GX（向下焊）
管材角焊缝试件（分管-板角焊缝试件和管-管角焊缝试件两种）	45°转动试件		1F（转动）
	垂直固定横焊试件		2F
	水平转动试件		2FR（转动）
	垂直固定仰焊试件		4F
	水平固定试件		5F
管-板角接头试件	水平转动试件		2FRG（转动）
	垂直固定平焊试件		2FG
	垂直固定仰焊试件		4FG
	水平固定试件		5FG
	45°固定试件		6FG

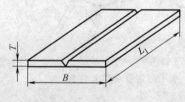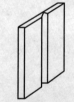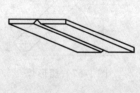

a) 平焊试件 代号1G　b) 横焊试件 代号2G　c) 立焊试件 代号3G　d) 仰焊试件 代号4G

图1-59　板-板对接焊缝焊接位置及代号

a) 平焊试件 代号1F　b) 横焊试件 代号2F　c) 立焊试件 代号3F　d) 仰焊试件 代号4F

图1-60　板-板角焊缝焊接位置及代号

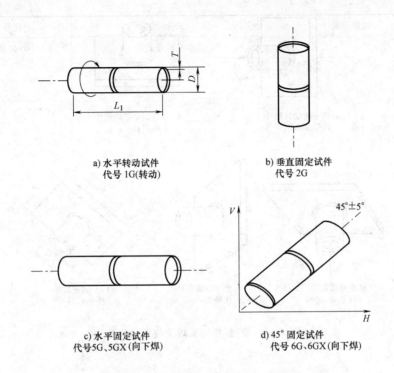

a) 水平转动试件
代号 1G(转动)

b) 垂直固定试件
代号 2G

c) 水平固定试件
代号5G、5GX(向下焊)

d) 45°固定试件
代号 6G、6GX(向下焊)

图 1-61　管-管对接焊缝焊接位置及代号

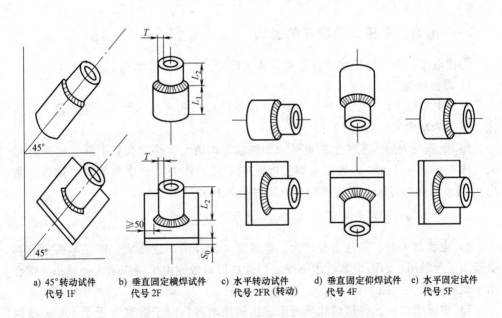

a) 45°转动试件
代号 1F

b) 垂直固定横焊试件
代号 2F

c) 水平转动试件
代号 2FR(转动)

d) 垂直固定仰焊试件
代号 4F

e) 水平固定试件
代号 5F

图 1-62　管-管和管-板角焊缝焊接位置及代号

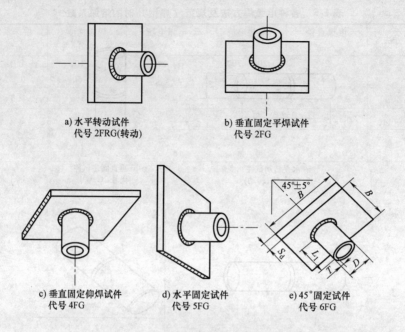

a) 水平转动试件
代号 2FRG(转动)

b) 垂直固定平焊试件
代号 2FG

c) 垂直固定仰焊试件
代号 4FG

d) 水平固定试件
代号 5FG

e) 45°固定试件
代号 6FG

图 1-63　管-板角接头焊接位置及代号

第六节　焊接参数和工艺因素对焊缝成形的影响

一、电流、电压、焊速等的影响

焊接电流、电弧电压和焊接速度是决定焊缝尺寸的主要参数。

1. 焊接电流

焊接电流增大时（其他条件不变），焊缝的熔深和余高均增大，熔宽没多大变化（或略为增大）。这是因为：

1）电流增大后，工件上的电弧力和热输入均增大，热源位置下移，熔深 H 增大（图 1-64、图 1-65）。熔深与焊接电流近于成正比关系，比例系数（熔深系数 K_m）与电弧焊的方法、焊丝直径、电流种类等有关（表 1-5）。

$$H = K_m I$$

2）电流增大后，弧柱直径增大，电弧潜入工件的深度增大，但是电弧斑点移动范围受到限制，因而熔宽近于不变。焊缝成形系数则由于熔深增大面减小。熔合比 γ 也有所增大（图 1-65）。

3）电流增大后，焊丝熔化量近于成比例地增多，由于熔宽 B 近于不变，所以余高 a 增大（图 1-65）。

表1-5 各种电弧焊方法及规范（焊钢）时的熔深系数

电弧焊方法	电极直径 /mm	焊接电流 /A	电弧电压 /V	焊接速度 /（m/h）	熔深系数 K_m /（mm/100A）
埋弧焊	2	200 ~ 700	32 ~ 40	15 ~ 100	1.0 ~ 1.7
	5	450 ~ 1200	34 ~ 44	10 ~ 60	0.7 ~ 1.3
钨极氩弧焊	3.2	100 ~ 350	10 ~ 16	6 ~ 18	0.8 ~ 1.8
熔化极氩弧焊	1.2 ~ 2.4	210 ~ 550	24 ~ 42	40 ~ 120	1.5 ~ 1.8
CO_2 电弧焊	2 ~ 4	500 ~ 900	35 ~ 45	40 ~ 80	1.1 ~ 1.6
	0.8 ~ 1.6	70 ~ 300	16 ~ 23	80 ~ 150	0.8 ~ 1.2

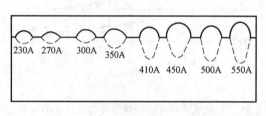

图 1-64 焊接电流对熔深的影响

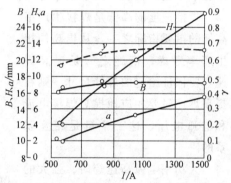

图 1-65 交流埋弧焊电流对焊缝尺寸的影响
弧压：36 ~ 38V 焊速：40m/h 丝径：5mm

2. 电弧电压

电弧电压增大后，电弧功率加大，工件热输入有所增大，同时弧长拉长，分布半径 R 增大，工件表面电弧轴线上的比热流值 q_m 减小，因此熔深略有减小而熔宽增大（图1-66、图1-67）。余高减小（图1-67）是因为熔宽增大的同时焊丝熔化量却稍有减小所致。母材的熔合比有所增大。

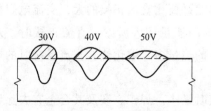

图 1-66 电弧电压对熔宽的影响

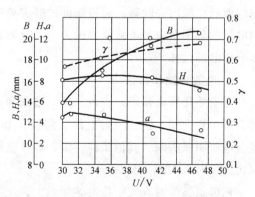

图 1-67 交流埋弧焊弧压对焊缝尺寸的影响
电流：800A 焊速：40m/h 丝径：5mm

由于各种电弧焊方法的焊接材料及电弧气氛的组成不同，它们的阴极压降、阳极压降以及弧柱电位梯度的大小各不相同，电弧电压的选用范围也不一样。为了得到合适的焊缝成形，通常在增大电流时，也要适当地提高电弧电压，也可以说电弧电压要根据焊接电流来确定。

3. 焊接速度

焊速提高时热输入（q/v）减小，熔宽和熔深都减小，余高也减小，因为单位长度焊缝上的焊缝金属熔敷量与焊速 v 成反比，而熔宽则近似于与$\sqrt{v}$成反比。熔合比近乎不变，如图 1-68 所示。

焊接速度的高低是焊接生产率高低的重要指标之一。从提高焊接生产率考虑，措施之一是提高焊速。要保证给定的焊缝尺寸，则在提高焊速时要相应地提高焊接电流和电弧电压，这三个量是相互联系的。

大功率电弧高速焊时，强大的电弧力把熔池金属猛烈地排到尾部，并在那里迅速凝固，熔池金属

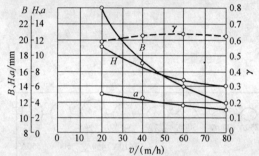

图 1-68　交流埋弧焊时焊接速度对焊缝尺寸的影响
电弧电压：36～38V　焊接电流：800A　焊丝直径：5mm

没有均匀分布在整个焊缝宽度上，形成咬边。这种现象限制了焊速的提高。采用双弧焊或多弧焊可进一步提高焊速，并可防止上述现象的产生。

二、电流的种类和极性以及电极尺寸等的影响

电流的种类和极性影响工件上热量输入的大小，也影响熔滴过渡的情况以及熔池表面氧化膜的去除等。钨极端部的磨尖角度和焊丝的直径及焊丝伸出长度等，影响电弧的集中系数和电弧压力的大小，也影响焊丝的熔化和熔滴的过渡，因此都会影响焊缝的尺寸。

1. 电流种类和极性

对于熔化极电弧焊，直流反接时熔深和熔宽都要比直流正接的大，交流电焊接时介于两者之间，这是因为工件（阴极）析出的能量较大所致。直流正接时，焊丝与电源阴极关联，其他条件一定，焊丝获得的热量多，熔化快。直流反接时的熔深比正接时大 40%～50%。

钨极氩弧焊时直流正接时熔深最大，反接时最小。焊铝、镁及其合金有去除熔池表面氧化膜的问题，用交流为好，焊薄件时也可用反接。焊其他材料一般都用直流正接。

2. 钨极端部形状、焊丝直径和伸出长度的影响

钨极的磨尖角度等对电弧的集中系数和电弧压力的影响前面已经提过，q_m 的增大和电弧压力的增大都使熔深增大。

熔化极电弧焊时，如果电流不变，焊丝直径变细，则焊丝上的电流密度变大，工件表面电弧斑点移动范围减小，加热集中，因此熔深增大，熔宽减小，余高也增大。

焊丝伸出长度加大时，焊丝电阻热增大，焊丝熔化量增多，余高增大，熔深略有减小，熔合比也减小。焊丝的电阻率越高、越细、伸出长度越大时，这种影响越大。所以可利用加大焊丝伸出长度来提高焊丝金属的熔敷效率。为了保证得到所需焊缝尺寸，在用细焊丝，尤其是不锈钢焊丝（电阻率高）焊接时，必须限制焊丝伸出长度的允许变化范围。

三、其他工艺因素对焊缝尺寸的影响

除上述因素外，其他工艺因素：加工坡口尺寸和间隙大小、焊丝和工件的倾角、接头的空间位置等都对焊缝成形有影响，下面作简要的叙述。

1. 坡口和间隙

焊对接接头时可根据板厚不留间隙、留间隙、开 V 形坡口或 U 形坡口。其他条件不变时，坡口或间隙的尺寸越大，余高越小，相当于焊缝位置下沉（图1-69），此时熔合比减小。因此留间隙或开坡口可用来控制余高的大小和调节熔合比。留间隙和不留间隙开坡口相比，两者的散热条件有些不同，一般来说开坡口的结晶条件较为有利。

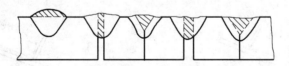

图 1-69　坡口和间隙对焊缝形状的影响

2. 焊丝倾角

焊丝倾斜时，电弧轴线也相应偏斜。当焊丝顺向焊接方向倾斜时为后倾，如图1-70a 所示；当焊丝逆着焊接方向倾斜时为前倾，如图 1-70b 所示。焊丝前倾时，电弧力对熔池金属向后排出的作用减弱，熔池底部的液体金属层变厚，熔深减小，所以电弧潜入工件的深度减小，电弧斑点移动范围扩大，熔宽增大，余高减小，α 角越大，这一影响越明显（图 1-70）。焊丝后倾时，情况相反，α 角增大，会使熔深增大，熔宽减小，余高增大。焊条电弧焊或半自动焊时，多采用后倾焊，后倾角度为 $10° \sim 25°$。

3. 工件倾角和焊缝的空间位置

焊接倾斜的工件时，熔池金属在重力作用下有沿斜坡下滑的倾向。焊接方法可

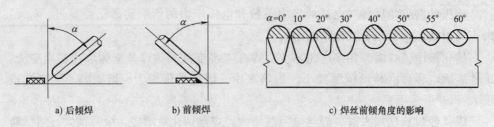

a) 后倾焊   b) 前倾焊   c) 焊丝前倾角度的影响

图 1-70　焊丝倾角对焊缝成形的影响

分两种，从低处往高处焊叫上坡焊，如图 1-71a 所示；从高处往低处焊叫下坡焊，如图 1-71b 所示。当进行上坡焊时，熔池液体金属在重力和电弧力的作用下流向熔池尾部，电弧能深入到加热熔池底部的金属，因而熔深大，熔宽窄，余高大。上坡角度 $\beta > 6° \sim 12°$ 时，余高过大，且两侧易产生咬边，如图 1-71c 所示。下坡焊的情况正好相反，这种作用阻止熔池金属排向熔池尾部，电弧不能深入加热熔池底部的金属，熔深减小，电弧斑点移动范围扩大，熔宽增大，余高减小。倾角过大会导致熔深不足和焊缝流溢，如图 1-71d 所示。

　　焊接结构上的焊缝往往在各个空间位置，空间位置不同时，焊接时重力对熔池金属的影响不同，有时对焊缝成形带来不良影响，需要采取措施来削弱这种不良影响。如管水平固定向下焊时，为克服重力的影响，保障良好的焊缝成形，平焊位根焊时，可通过焊条（枪）摆动来防止根部烧穿或背面焊瘤；立焊时可增大焊条（丝）后倾角和提高焊速来防止焊缝呈山脊形；仰焊位盖面焊时，焊条（丝）可从后倾逐渐过渡到前倾，或者减小热输入等来防止仰焊位余高过高。

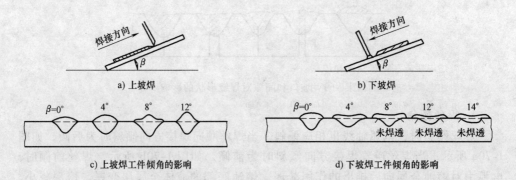

a) 上坡焊   b) 下坡焊

c) 上坡焊工件倾角的影响   d) 下坡焊工件倾角的影响

图 1-71　工件斜度对焊缝成形的影响

4. 工件材料和厚度

　　熔深与电流成正比，熔深系数 K_m 的大小还与工件的材料有关。材料的比定容热容 c_V 越大，则单位体积金属升高同样的温度需要的热量越多，因此熔深和熔宽都小。材料的密度越大，则熔池金属的排出越困难，熔深也减小。工件越厚，熔池冷却加快且构建的熔池减小，熔宽和熔深都减小，但当熔深超出板厚的 0.6 倍时，焊缝根部出现热饱和现象而使熔深增加。

5. 焊剂、焊条药皮和保护气体

焊剂的成分影响到电弧极区压降和弧柱电位梯度的大小。稳弧性差的焊剂使焊缝熔深较大。当焊剂的密度小、颗粒度大或堆积高度小时，电弧四周的压力低，弧柱膨胀，电弧斑点移动范围大，所以熔深较小，熔宽较大，余高小。用大功率电弧焊接厚件时，用浮石状焊剂可降低电弧压力，减小熔深，增大熔宽，改善焊缝的成形。熔渣应有合适的黏度，黏度过高或熔化温度较高使渣透气不良，在焊缝表面形成许多压坑，成形变差。焊条药皮成分的影响与焊剂有相似之处。

保护气体（如 Ar、He、N_2、CO_2 等）的成分也影响电弧的极区压降和弧柱的电位梯度。热导率大的气体和高温分解的多原子气体，使弧柱导电截面减小，电弧的动压力和比热流分布等都不同，这些都影响到焊缝的成形（图 1-72）。

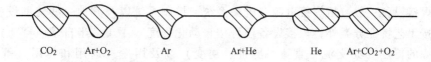

CO_2 Ar+O_2 Ar   Ar+He   He   Ar+CO_2+O_2

图 1-72 保护气体成分对焊缝成形的影响

总之，影响焊缝成形的因素很多，要获得良好的焊缝成形，就得根据工件的材料和厚度、接头的形式和焊缝的空间位置，以及工作条件对接头性能和焊缝的尺寸要求等选择适宜的焊接方法和焊接规范才行，否则就可能出现这样那样的缺陷。

思 考 题

1. 电极斑点具有哪些特性？
2. 焊接电弧上的作用力有哪些？
3. 简述焊接方法的极性选择原则。
4. 简述电弧力的影响因素及作用。
5. 电弧偏吹的形式有哪些？如何防止电弧偏吹？
6. 弧焊电源的特性要求有哪几个方面？
7. 简述影响焊丝熔化速度的因素及作用。
8. 简述熔滴上的作用力及其作用。
9. 熔滴过渡的主要形式有哪些？简述目前长输管道常用焊接方法的熔滴过渡形式。
10. 焊接接头的形式有哪几种？
11. 简述开坡口、留钝边和间隙的作用。
12. 简述"5GX""6FG"代号的接头形式与试件位置。
13. 简述焊接参数和工艺因素对焊缝成形的影响规律。

第二章
长输管道焊接设备

大部分的焊接设备都可以用于长输管道的焊接。目前长输管道焊接常用的焊接设备主要有手工电弧焊机、熔化极气体保护焊机、非熔化极气体保护焊机、自保护药芯焊丝半自动焊机、埋弧焊机和管道自动焊机等。

第一节　焊接设备的分类及型号

焊接设备一般包括焊接电源、机械系统、控制系统以及其他一些辅助设备等。除了按工艺特征分类外，焊接设备还可按自动化程度（手工、半自动、自动）、焊接电源的特点（如交流、直流、脉冲、逆变）以及用途（通用和专用）等进行分类。

一、焊接设备的分类

我国国家标准 GB/T 10249—2010《电焊机型号编制方法》将电焊机产品分为10 大类，即电弧焊机、电渣焊机、电阻焊机、螺柱焊机、摩擦焊接设备、电子束焊机、光束焊接设备、超声波焊机、钎焊机、焊接机器人等。

其中，电弧焊机按焊接工艺方法可分为手工金属电弧焊机、熔化极气体保护弧焊机 [包括活性气体保护弧焊机（简称 MAG 焊机）、熔化极惰性气体保护弧焊机（简称 MIG 焊机）、二氧化碳弧焊机（CO_2 弧焊机）]、钨极惰性气体保护弧焊机（简称 TIG 焊机）、埋弧焊机、等离子弧焊机、等离子弧切割机、气电立焊机、旋转电弧焊机、带极堆焊机等。按焊接电源结构可分为交流弧焊机、直流弧焊机、交直流两用弧焊机、机械驱动式弧焊机等。

二、我国电焊机产品型号的编制方法

我国电焊机产品型号按 GB/T 10249—2010《电焊机型号编制方法》进行编制，电焊机产品型号由汉语拼音字母及阿拉伯数字组成，其编排说明如下：

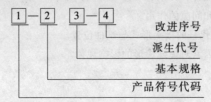

1）型号中2、4项用阿拉伯数字表示。

2）型号中3项用汉语拼音字母表示。

3）型号中3、4项如不用时，可空缺。

4）改进序号按产品改进程序用阿拉伯数字连续编号。

5）对于电弧焊机，型号中基本规格表示额定焊接电流，基本单位为安培（A）。

6）型号中1为产品符号代码，按以下编制原则进行：

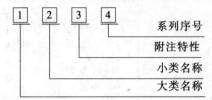

1）产品符号代码中1、2、3各项用汉语拼音字母表示。

2）产品符号代码中4项用阿拉伯数字表示。

3）附注特征和系列序号用于区别同小类的各系列和品种，包括通用和专用产品。

4）产品符号代码中3、4项如不需表示时，可只用1、2项。

5）可同时兼作几大类焊机使用时，其大类名称的代表字母按主要用途选取。

6）如果产品符号代码的1、2、3项的汉语拼音字母表示的内容不能完整表达该焊机的功能或有可能存在不合理的表述时，产品的符号代码可以由该产品的产品标准规定。

常用电弧焊机产品符号代码的代表字母及序号的编制实例见表2-1。

表2-1　常用电弧焊机产品的符号代码说明一览表

第一字母		第二字母		第三字母		第四字母	
代表字母	大类名称	代表字母	小类名称	代表字母	附注特征	数字序号	系列序号
B	交流弧焊机（弧焊变压器）	X	下降特性	L	高空载电压	省略 1 2 3 4 5 6	磁放大器或饱和电抗器式 动铁心式 串联电抗器式 动线圈式 晶闸管式 交换抽头式
		P	平特性				
A	机械驱动的弧焊机（弧焊发电机）	X	下降特性	省略 D Q C T H	电动机驱动 单纯弧焊发电机 汽油机驱动 柴油机驱动 拖拉机驱动 汽车驱动	省略 1 2	直流 交流发电机整流 交流
		P	平特性				
		D	多特性				

（续）

第一字母		第二字母		第三字母		第四字母	
代表字母	大类名称	代表字母	小类名称	代表字母	附注特征	数字序号	系列序号
Z	直流弧焊机（弧焊整流器）	X	下降特性	省略	一般电源	省略	磁放大器或饱和电抗器式
				M	脉冲电源	1	动铁心式
						2	
						3	动线圈式
		P	平特性	L	高空载电压	4	晶体管式
						5	晶闸管式
						6	交换抽头式
		D	多特性	E	交直流两用电源	7	变频式
M	埋弧焊机	Z	自动焊	省略	直流	省略	焊车式
						1	
		B	半自动焊	J	交流	2	横臂式
		U	堆焊	E	交直流	3	机床式
		D	多用	M	脉冲	9	焊头悬挂式
N	MIG/MAG焊机（熔化极惰性气体保护弧焊机/活性气体保护弧焊机）	Z	自动焊	省略	直流	省略	焊车式
						1	全位置焊车式
		B	半自动焊			2	横臂式
				M	脉冲	3	机床式
		D	点焊			4	旋转焊头式
		U	堆焊			5	台式
				C	二氧化碳保护焊	6	焊接机器人
		G	切割			7	变位式
W	TIG焊机	Z	自动焊	省略	直流	省略	焊车式
						1	全位置焊车式
						2	横臂式
		S	手工焊	J	交流	3	机床式
						4	旋转焊头式
		D	点焊	E	交直流	5	台式
						6	焊接机器人
		Q	其他	M	脉冲	7	变位式
						8	真空充气式

第二节　焊接设备的特点及应用

在各种焊接设备中，目前应用最广的是电弧焊设备，包括手工电弧焊设备、埋弧焊设备、气体保护电弧焊设备（TIG、MIG、MAG、CO_2 等）和等离子弧焊设备等。而电子束、激光束等高能束焊接设备，因其自身所具有的优点，在一些尖端领域获得了广泛的应用。电阻焊、摩擦焊、超声波焊等压焊设备在各自的应用领域也发挥着重要作用。下面仅对管道常用的焊接设备的特点和应用情况做一概括介绍。

一、手工电弧焊焊机

手工电弧焊设备是我国目前生产最多、应用最广的一类设备，其主要组成是额定电流在 600A 以下、具有下降外特性的弧焊电源。这类弧焊电源（焊机）大致可分为三类，即交流弧焊电源、直流弧焊电源和逆变式弧焊电源。

1. 交流弧焊电源

主要包括弧焊变压器和矩形波弧焊电源两种。

弧焊变压器具有结构简单、易于维修、成本低、效率高等优点，因而在国内外得到了广泛应用。国内目前应用较广的是动铁式和抽头式弧焊变压器。国外交流弧焊电源一般采用梯形动铁式结构，并且多数产品都可以加装防触电装置、遥控装置和功率因数补偿装置。

弧焊变压器电弧稳定性较差，功率因数低，不适于低氢钠型焊条电弧焊。而矩形波交流弧焊电源电弧稳定性好，可调参数多，功率因数高，可代替直流弧焊电源用于碱性焊条电弧焊。

2. 直流弧焊电源

这类电源输出脉动小，焊接性能好，可用作各种弧焊方法的电源。

直流弧焊发电机曾在生产中获得广泛应用，它的突出优点是过载能力强。但由于其空载损耗大、效率低、噪声大、造价高、维修困难，我国自 1993 年已禁止生产电动机驱动的弧焊发电机。以内燃机等驱动的弧焊发电机主要用于野外无电源场合。

与直流弧焊发电机相比，整流式弧焊电源具有结构简单、制造方便、噪声小、节约电能等优点，而且大多数可以远距离调节，能自动补偿电网电压波动对输出电流和电压的影响。整流式弧焊电源目前仍有较重要的地位。

3. 逆变弧焊电源

逆变弧焊电源具有体积小、重量轻、高效节能、功率因数高等独特优点，可应用于包括焊条电弧焊在内的各种电弧焊。

逆变弧焊电源所用开关元件主要有 SCR、GTR、MOSFET、IGBT 等，逆变频率自 3kHz 左右到 20kHz 甚至更高（100kHz），控制方式多为脉冲宽度调制（PMW）。

晶闸管（SCR）逆变器工作频率较低（3kHz 左右），焊接时产生的噪声较大。但由于 SCR 过载能力强、性能稳定、价格较低，故目前国内外均有大量生产。大功率、高频率的晶体管（GTR）动态性能好、波形容易控制。MOSFET 单管容量小，一般用于额定电流在 200A 以下的较小容量弧焊电源。

IGBT 兼有 MOSFET 和 GTR 的优点，具有输入阻抗高、动态响应快、通态电压低、耐高压和承受电流大的特点，故一出现就被用于弧焊电源，并得到迅速发展，现已广泛用于焊条电弧焊、气体保护焊等场合。

二、气体保护焊焊机

气体保护焊焊机是一种发展最快、应用广泛的焊接设备。气体保护焊机具有以下特点：

1）高度组合化和多功能。以标准型的弧焊电源为主体，配以各种功能装置，实现多种用途。如 Miller 公司的 XMT304 逆变弧焊电源，具有恒流功能和多种特性，配以不同控制器可进行 TIG 或脉冲 TIG 焊接、MIG/MAG 或脉冲 MIG/MAG 焊接以及焊条电弧焊和碳弧气刨等。

2）采用同步脉冲焊接以实现最优焊接参数控制。将微机、逆变技术用于 MIG/MAG/CO_2 焊机，通过精确控制输出脉冲，使每个脉冲产生一个熔滴过渡，减少飞溅，从而实现同步脉冲最优控制。

3）应用微机实现焊机自适应控制。利用微机控制弧焊电源的动态和静态特性，自动调节焊接参数，改善焊接性能，保证焊缝的一致性，获得高质量焊缝。

4）实现气体保护焊机的模糊控制。模糊控制技术已应用于 MIG 和 MAG 自动焊机中。

近年来，国内气体保护焊设备得到了较快发展。优质、高效、节能的 CO_2 气体保护焊设备，通过我国电焊机行业的开发设计、引进技术和合资生产，其技术水平和生产能力均有较大提高。目前，国内已成功研制出 CO_2 焊机、微机控制 CO_2 焊机等通用焊接设备，并开始探讨模糊控制技术的应用。但与国外相比，我国气体保护焊设备的应用还不够广泛。

三、埋弧焊机

埋弧焊机具有熔敷速度高、焊缝成形美观、质量好、无弧光辐射、操作容易等优点，是目前广泛采用的一种自动电弧焊设备，主要用于焊接低碳钢、低合金钢及不锈钢等金属材料。

窄间隙埋弧焊设备是 20 世纪 80 年代初为提高大型构件厚板焊接的生产率而开发的一种焊接设备，焊接坡口宽度一般为 18～24mm。与一般 V 形坡口比，窄间隙焊的坡口容积大幅度减小，所需的熔敷金属量少，再加以高度自动化操作，使焊接时间减少了一半，焊接质量也大幅度提高。

四、电阻焊焊机

电阻焊生产效率高，焊接质量容易得到保证，并且容易实现生产的机械化和自动化，因此在大规模自动化流水线生产中得到极为广泛的应用。电阻焊焊机在我国工业部门中的应用仅次于电弧焊设备。

次级整流电阻焊焊机功率因数高、焊接质量好，可以用于各种金属材料的焊接，因而在国外得到了大力发展和推广应用。国内目前使用的电阻焊机主要是功率因数低、耗能高的单相工频焊机。

逆变式电阻焊焊机具有工作频率高（一般为 600~1000Hz）、动态响应快、电流精度高、输出容量小、功率因数高以及变压器体积小等优点，特别适用于悬挂式点焊机。国外逆变式电阻焊焊机已开始进入工业实用阶段，主要用于汽车工业、焊接低碳钢板和特种钢板。

五、焊接机器人

机器人的形状不一定像人，而是对可编程控制的多功能机器的总称。机器人与自动化设备没有一个明确的界限，人们把功能和自动控制的能力都很强，几乎可以完全独立于人进行各种操作，完成人们赋予它任务的系统称为机器人。

焊接机器人与自动化焊接设备也没有一个明确的界限，人们把高度自动化的焊接设备，能够独立地完成一项或几项焊接工作的系统称为焊接机器人。焊接机器人的应用日益广泛。就焊接机器人使用工艺来看，目前应用最多的是气体保护焊，其次是点焊，其他还有埋弧焊、螺柱焊、激光焊接与切割等。

六、专用成套焊接设备

专用成套焊接设备是为特定的工件形状、特定的焊接工艺而设计的，机械化、自动化程度较高的专用焊机，配备转胎、滚轮架、传送机构和其他辅助机械而构成的成套焊接设备。专用成套焊接设备具有生产效率高、生产成本低、接头质量高、工作环境好等优点，世界各先进工业国都致力于开发新型的技术性能完备的、采用最现代化的自动控制技术的专用成套焊接设备。专用焊机的类型已从单机、组合机、焊接中心、焊接生产线、焊接机器人、焊接机器人组合专用机发展到现代的柔性焊接制造系统。

近年来，我国相继开发制造了用于汽车、电站、锅炉、化工、石油、冶金、航空、航天及家电工业的一大批专用、成套焊接设备。但从总体水平看，我国在开发研制功能齐全、结构复杂、微机控制、自动化程度较高的专用和成套焊接设备方面仍较落后。随着我国焊接机械化、自动化水平的不断提高，专用与成套焊接设备的需求量将与日俱增，其发展和应用前景十分广阔。

七、管道全位置自动焊机

管道全位置自动焊机是为了实现管道焊接的效率、质量，减轻操作人员的劳动强度而开发研制的一类特殊、专业自动焊设备。

管道全位置自动焊机的形式多种多样，从特点分主要有管道全位置自动内焊机和管道全位置自动外焊机。采用的焊接方法主要是熔化极气体保护焊。

管道全位置自动内焊机的特点：在管道内部实施焊接，有多个焊枪同时工作，并且其在管道内部的行走、定位、固定、焊接采用气、电、机一体化控制方式，自动化程度较高，焊接效率很高，但对管道尤其是管口的尺寸精度、坡口精度、对口质量、气体质量要求也较高。最大的弱点：每台焊机所能适用的管径范围有限，不同的管径要用不同规格的焊机。

管道全位置自动外焊机的特点：主要由焊接小车、轨道、控制系统、焊接电源构成。焊接小车沿轨道围绕相对固定的管道外壁作圆周运动，进行焊接，现在多为单焊枪。一般为机、电一体化控制，通过程序控制和工艺控制可实现一机完成根焊、填充、盖面全部管道焊口焊接内容，自动化程度较高，焊接效率较高，通过调整或更换轨道能满足不同管径的焊接要求。

第三节　典型焊接设备介绍

自保护药芯焊丝半自动焊因其野外抗风能力强、成形美观、缺陷概率低、焊接效率高和易于操作等优点，目前广泛应用于长输管道焊机施工当中。适于自保护药芯焊丝半自动焊的代表性焊接设备有美国林肯电气公司生产的 DC—400 焊接电源匹配 LN—23P 送丝机，四川熊谷电器工业有限公司生产的 MPS—500 焊接电源匹配 XG—90LN 送丝机等，这里仅介绍美国 DC—400 焊机和 LN—23P 送丝机相关特性。

一、DC—400 焊接电源

美国林肯 DC—400 焊接电源（图 2-1）是一个晶闸管式直流弧焊电源，它由一个单一范围的电位器控制。其有两种特性，即恒压（CV）特性和恒流（CC）特性，位于前端控制板上的模式开关可选择焊条电弧焊（STICK）、钨极惰性气体保护焊（GTAW）、碳弧切割（CAC-A）、自保护药芯焊丝焊接（FCAW）、熔化极气体保护焊（GMAW）、埋弧焊（SAW）等焊接模式。

1. DC—400 焊接电源的输出

如果超过负载持续率，温控器将关闭焊机的输出，黄色指示灯亮，直到焊机降到正常的温度为止。DC—400 焊接电源的负载持续率见表 2-2。

图 2-1　DC—400 焊接电源外形

表 2-2 DC—400 焊接电源负载持续率

负载持续率(%)	焊接电流/A	电弧电压/V
100	400	36
60	450	38
50	500	50

2. DC—400 焊接电源的操作和设定

所有的操作和设定都在焊接电源的控制面板（图 2-2）上进行。

（1）电源指示灯 此灯亮表示电源接通，可以工作。

（2）电源开关 位置"1"为开，位置"0"为关。

（3）输出控制旋钮 在 CV 模式下可改变输出电压和在 CC 模式下可改变输出电流。

（4）本机/遥控选择开关 该开关的功能是控制模式选择，在本机位置（开关搬向上方）时，由控制面板上的调节旋钮来调整电流、电压；在遥控位置（开关搬向上方）时，由送丝机上的旋钮或通过遥控操作装置来控制电流、电压。

（5）输出端控制开关：当开关在本机控制位置（开关搬向上方）时，电源输出端处于带电状态。当在遥控位置（开关搬向上方）时，焊接电源输出端是否有输出由外部控制，如该焊接电源作为自保护药芯焊丝半自动焊的电源时，其电源的输出由焊枪上的扳机开关控制，扳机开关接通时，电源输出端才处于带电状态。

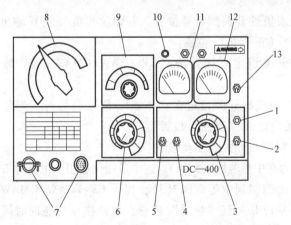

图 2-2 DC—400 焊接电源的控制面板

1—电源指示灯 2—电源旋钮开关 3—输出控制旋钮 4—本机/遥控选择开关 5—输出端控制开关
6—电弧力选择器 7—外接口 8—焊接方法选择开关 9—电弧控制旋钮 10—热保护指示灯
11—直流电源表 12—直流电压表 13—正负极开关

（6）电弧力选择器 焊接工艺和在恒流模式时允许选择理想的电弧力。当电极与工件短路时它能控制短路电流。在最小设定时，短路电流较小，电弧柔顺且飞溅少；在最大设定时，电弧力较大但飞溅多。

（7）外接口　用于送丝机构和其他设备的辅助电源和遥控操作的连接（115V和42V）。14针插座可提供115V或42V交流电。用螺纹连接的接线端子位于控制板的后面，接线端子用于送丝控制。在接线端子上仅有115V交流可用。电缆入口有一个应力释放连接器。

（8）焊接方法选择开关　可在CV FCAW/GMAW和CV埋弧（仪表红色范围）、焊条电弧焊/TIG焊恒定电流（仪表蓝色范围）之间转换。

（9）电弧控制旋钮　当处在CV-FCAW/GMAW模式下时，将旋钮调节到5个不同的位置可改变电弧效果。它可控制飞溅率、流动性、熔滴形状。要设定最佳控制效果依赖于工艺、位置和电极。顺时针旋转旋钮增大收缩效果。焊机开动时也能调整。

（10）热保护指示灯　指示灯呈黄色时，表示焊机达到警戒温度。此时将关闭焊机的输出，但输入电源仍连接在焊机上。

（11）直流电流表　该表在焊接时显示输出电流。

（12）直流电压表　该表在焊接时显示输出电压。

（13）正负极开关　该开关的作用是设定焊丝的正、负极。当用自动或半自动送丝机时，开关的设定应与焊丝的极性相一致。

3. DC—400焊接电源的操作步骤

（1）本机控制　在开焊机前，确保所需材料足以完成工作。要熟知安全警示。按以下步骤工作。

1）闭合主AC输入电源。

2）设定电压表极性开关到合适位置。若焊丝与负（正）输出端连接，则设定此开关到"电极负（正）极"位置。

3）焊接模式开关设定焊接方法（CV FCAW/GMAW，CV埋弧焊，焊条电弧焊/TIG焊）。

4）将本机/遥控选择开关设定在"本机"位置（另外，当使用自动或半自动送丝机时，此开关设定在"遥控"位置）。

5）设定输出端控制开关到需要模式。

6）设定电弧力在中等范围（5~6）。这个范围仅适用于恒流焊条电弧焊或TIG焊。

7）设定电弧力控制到中等范围（3），仅供CV-FCAW/GMAW焊。

8）设定电源旋钮开关至"导通"位置，电源指示灯亮同时风扇起动。

9）设定输出控制旋钮到合适的电压或电流。用$\phi 3.2mm$焊条根焊时，焊接电流一般设为70~110A，填充盖面时一般设为100~130A；用$\phi 4.0mm$焊条根焊时，一般设为160~200A；用$\phi 2.0mm$自保护药芯焊丝焊接时，电压一般设为18~22V。调整输出控制旋钮时，要注意观察电流表和电压表的显示。

10）施焊。

（2）遥控操作　将本机/遥控选择开关旋至"遥控"端。有遥控操作能力或遥控操作装置的送丝机构必须连到焊机上。

（3）焊接工艺建议　根据焊接方法选择开关位置。

1）FCAW/GMAW 焊或其他明弧焊用 CV FCAW/GMAW 模式。

2）埋弧焊用 CV 埋弧模式。若高速焊可在 CV 埋弧和 CV FCAW 之间选择，以达到最佳效果。

3）气刨、焊条电弧焊用 CC 模式。

4. DC—400 焊接电源常见故障维修

林肯 DC—400 焊接电源检修过程中应注意以下几点：

1）正式检修前一定要先了解故障现象，熟悉焊机并结合用户说明书初步分析引发故障的可能性。

2）移动、拆装和检修焊机前一定要切断输入电源以确保人身和设备安全。有特殊要求时除外。

3）检修过程中一定要注意确保人体绝缘以避免电击。

4）检修工具及拧下的螺钉（母）、电气元件及线路板不要随意乱放，以免丢失或造成设备损害。

5）注意检修仪表的正确使用以免高电压损坏仪表。

6）拆下的导线要随时做好标记以避免因导线的错接、漏接对设备造成不利的影响。

7）试焊时不要在易燃物附近施焊，以免引发火灾。

8）带电检测时不要独自一人检查，以防万一触电无人照应。

9）为更快速、更准确地排除焊机故障，焊机检修应按照检测→修理或更换→故障引发原因分析→总结的流程来进行，而不宜采用故障引发原因分析→检测→修理或更换→总结的流程来进行。

林肯 DC—400 焊接电源常见故障检测见表 2-3。

表 2-3　林肯 DC—400 焊接电源常见故障检修一览表

故障可能原因分析	故障检测及排除方法
1. 开启焊接电源开关,交流接触器不能吸合	
①电源无输入电压、缺相或线路电压低	①检查电源插座、漏电保护开关及配电柜配电情况,查找原因并排除
②电源输入线存在断线或脱落处	②切断电源,利用万用表的电阻档检测输入线的连续性,连接好断线或脱落之处
③控制变压器 T2 烧断	③外观检查变压器 T2 是否有变色或烧坏之处,检测变压器 T2 一次侧、二次侧是否断路,如有必要则更换
④交流接触器 CR1 励磁线圈烧坏	④外观检查 CR1 是否有积碳或烧焦之处,检测 CR1 励磁线圈是否短路或断路,如有必要则更换
⑤电源开关 S1 坏	⑤检测电源开关是否能接通,如有必要则更换
⑥次级热敏开关断开	⑥在断开电源开关前提下,检测线 233 和线 235 之间是否断路,若两者不通,等待 15 分钟后再开机故障仍存在,则清理或更换次级热敏开关
⑦相关连接线存在脱落、断线或虚接情况	⑦检测线 231、线 232、线 233、线 235 及其间是否断路,确定断线之处并排除,连接好脱落或虚接之处

（续）

故障可能原因分析	故障检测及排除方法
2. 开启焊接电源开关,交流接触器 CR1 震颤,输出不稳定	
①交流接触器 CR1 故障 ②励磁电压回路存在虚接处 ③励磁电压低	①检查、修理或更换 ②检查励磁电压回路,把虚接处连接好 ③检测电网电压和控制变压器 T2 的二次电压,若电网电压低,停用;若网压正常而控制变压器 T2 的二次电压低于 115V,则更换控制变压器
3. 开启焊接电源开关,焊机短时输出正常,风扇不转	
①电风扇转动受阻 ②电风扇的电容损坏 ③电风扇绕组损坏 ④与风扇连接线存在断线、虚接或脱落现象	①检查风扇叶片或转动轴是否有异物阻塞,若有,去除即可 ②外观检查电容是否有鼓包、烧痕;检测电容两极间是否断路或短路。如有必要则更换 ③检测电风扇绕组是否断路或短路,如有必要则更换 ④检查线 31 和线 32 之间相关连接线的连接情况并排除相应故障
4. 开启焊接电源开关,风扇转动,但电压表无显示	
①开关位置设置不正确 ②8A 熔断器 F1 熔断 ③电压表损坏 ④初级热敏开关断开使控制板不能工作,焊机无输出 ⑤焊机输出端维持电阻损坏或脱线,使空载时晶闸管不导通 ⑥主电路连接线松动、脱落,造成断路 ⑦控制板连接线脱落、虚焊或断线造成信号中断使主电路不能工作 ⑧主控板 PC1 零部件损坏,无脉冲输出使晶闸管不导通 ⑨整流桥某些晶闸管烧损	①按要求设置好各开关位置 ②检测熔断器 F1 的好坏,如有必要则更换 ③开机试焊,若输出正常则仅检修电压表或更换新表即可 ④在断开电源开关前提下,检测线 31 和线 207 之间是否断路,若两者不通,等待 15 分钟后再开机故障仍存在,则清理或更换次级热敏开关 ⑤检测维持电阻 R2 的阻值,其应为 $40\Omega \pm 40 \times 10\%\ \Omega$(CV 模式下还应检测维持电阻 R3 的阻值,其应为 $7.5\Omega \pm 7.5 \times 10\%\ \Omega$),检查 R2(R3)的连接情况,如有必要则更换 ⑥检查主电路连接线的连接情况,接好所有连线 ⑦检查控制板连接线的连接情况,接好所有连线 ⑧外观检查 PC 板是否有烧痕,若在 PC 板上可见电气元件损坏,则检查焊机导线是否接地或短路,以免损坏新的 PC 板,在焊机导线良好的前提下方可更换新 PC 板(换新板时注意 PC 板序列号);若未见烧痕且用新 PC 板替换后问题得到解决,则检查 PC 板导线系统插头和 PC 板插口是否有脏物、锈蚀 ⑨用欧姆表(其刻度应置在 ×10 位置)检测晶闸管阳极、阴极和栅极之间是否断路或短路(测栅极和阴极间阻值时应使栅极接正表笔线),若检测出某一晶闸管损坏,应同时更换与之相对的另一晶闸管

（续）

故障可能原因分析	故障检测及排除方法
5. 开启焊接电源开关,交流接触器 CR1 吸合,但风扇不转,且电压表无显示	
①风扇电动机回路和电压表回路存在故障	①首先检测电源输出端电压,若有,则风扇电动机回路部分和电压表回路部分存在故障(一般不会同时出现故障)
②主变压器 T1 烧损	②检测电源输出端电压,若无,则检查主变压器 T1 外观是否有烧痕,检测其一次、二次侧的阻值(电压),重点是备用电源的检测,若烧坏则修理或更换
③交流接触器 CR1 主触点均不能接触	③检查接触器主触头间是否有灰尘或异物阻塞,是否全部熔断(一般不会全部熔断)
④风扇电动机回路部分和控制板部分存在故障	④在风扇电动机、电压表、主变压器及接触器均完好的前提下,检查风扇电动机回路、控制板及相关连接线,并解决相应故障
6. 合上漏电保护开关,漏电保护开关立即保护	
①电源插头内积碳,造成相间短路	①消除积碳或更换插头
②控制变压器 T2 烧损、与外壳短路引起过电流	②检查控制变压器,排除短路现象
③交流接触器 CR1 励磁线圈烧损	③检测励磁线圈是否短路或断路,若很小则更换
④接触器控制回路连接线间或与外壳短路	④检查连接线,排除短路
7. 开启焊接电源开关,漏电保护开关立即保护	
①主变压器一次、二次侧有与外壳短路现象,相间短路,引起过电流	①检查主变压器,排除短路现象
②整流桥某些晶闸管击穿,造成短路	②检测晶闸管,同时应检测并联于其旁的阻容元件,更换被击穿的晶闸管和与之相对的晶闸管,更换被击穿的阻容吸收元件
③电风扇与外壳短路	③检修电风扇
④输出端大电容击穿或其泄能电阻烧损	④检测输出端大电容的阻值及泄能电阻是否短路或断路,更换已坏的电容或电阻
⑤主电路连接线间或线与外壳间短路焊接电源	⑤检查连接线,排除短路
8. 焊接电源空载输出电压低	
①电源缺相造成焊接电源缺相工作输出电压低	①检查缺相原因,接通三相电源
②大功率晶闸管损坏造成该路断路无输出	②检测或更换晶闸管(见前述)
③控制板 PC1 零部件损坏,造成个别晶闸管因无触发脉冲而不导通	③检修控制板 PC1 或更换控制板
④阻容保护电路板零部件损坏,造成个别晶闸管因无触发脉冲而不导通	④检测阻容吸收元件是否短路或断路来确定其是否短路;更换已坏的阻容元件
⑤控制连接线脱落	⑤查找脱落处并接牢脱线
9. 焊接电源输出为最小且无法控制	
接线端子 75、76 及 77 接地并与输出回路正极相接	检查接线端子 75、76、77 是否接地且与输出回路正极相接,如对地电阻近似为"0"说明已接地(通常应为几千欧以上)。PC1 板上的自动恢复保险在接地消除后几秒钟内将自动复原

（续）

故障可能原因分析	故障检测及排除方法
10. 焊接电源输出较高或脉冲输出且无法控制	
接线端子 75、76 及 77 接地并与输出回路负极相接	检查接线端子 75、76、77 是否接地且与输出回路负极相接,如对地电阻近似为"0"说明已接地(通常应为几千欧以上)。PC1 板上的自动恢复保险在接地消除后几秒钟内将自动复原
11. 焊接电源输出低且无法控制	
①焊机输出控制或遥控开关(S4)设置位置不当	①检查开关位置
②输出控制开关失灵	②检查开关,如失灵则予以更换
③反馈电路断开	③检查反馈线及 PC1 板接头
④PC1 板损坏	④检修控制板 PC1 或更换控制板
⑤输出控制电位器电路断开(引线 75)	⑤检查输出控制电位器($10k\Omega \pm 10 \times 5\% k\Omega$),检查 75 号线,如有必要则更换
12. 焊接电源无最大输出	
①缺相或主变压器某相绕组断开	①查找缺相原因,检测主变压器,消除缺相,更换已损坏绕组
②PC1 板损坏	②检修控制板 PC1 或更换控制板
③输出控制电位器失灵	③检测输出控制电位器的好坏,如有必要则更换
④输出控制电位器引线 210、211 或 75 断开	④检查、修复断开的导线
13. 焊机上的输出控制不起作用	
①输出控制开关位置不对	①将开关置于面板控制位置
②输出控制开关损坏	②检测输出控制开关的连续性,如有必要则更换
③控制回路导线或接头断开	③检测导线的连续性及接头是否断开,如有必要则将其修复
④PC1 板损坏	④检修控制板 PC1 或更换控制板
14. 输出控制不能实现远控	
①输出控制开关位置不对	①将开关置于远控控制位置
②输出控制开关损坏	②检测输出控制开关的连续性,如有必要则更换
③远控电位器损坏	③检测远控输出电位器的好坏,如有必要则更换
④远控制回路的导线或接头断开	④检测导线的连续性及接头是否断开,如有必要则将其修复
⑤PC1 板损坏	⑤检修控制板 PC1 或更换控制板
15. 使用半自动或自动送丝装置时电弧太弱	
①触发电路已坏	①检查触发电路板及簧片开关 CR3,如有必要则更换
②工件接触不良	②拧紧工件接头
③操作不当	③调整操作程序,改善引弧状况
④PC1 板已损坏	④检修控制板 PC1 或更换控制板

（续）

故障可能原因分析	故障检测及排除方法
16. 电弧性能不好	
①触发回路一直带电（簧片开关没关），触发电路板已失灵	①用导线使簧片开关短路，若焊接状况已改善，则更换簧片开关；若短接簧片开关后问题仍存在，则更换触发电路板
②输出回路电容烧坏	②若电容顶部隆起或熔断，则应更换整组电容器（注意电容器中电解液有毒）
③输出电抗器松动	③拧紧电抗器所有连接处；匝间加垫绝缘片并紧固
④PC1 板已损坏	④检修控制板 PC1 或更换控制板
17. 引弧推力电流不可调	
①调节电位器 R5 损坏或活动触头松动	①检修电位器或更换电位器
②控制电路板 PC1 零部件损坏	②检修或更换电路板
③连接线脱落、虚焊	③检查并接好脱落线

注：表中相关字母代码和数字标志与林肯 DC—400 焊机附带的维修用电路图中相应标志一致。

二、LN—23P 送丝机

LN—23P 是一台轻型便携式送丝机（图 2-3），用于 1.7mm、1.8mm、2.0mm 自保护药芯焊丝焊接。送丝机上设有带刻度的送丝速度调节旋钮（示数为 0.762～4.32m/min）、电压调节旋钮（示数为 1～11）及指针式电压表；配有与焊枪上降速开关、扳机开关联的插座；配有安装焊丝盘的封闭式盒体及 7.6m 长的控制电缆和焊接回路电缆等。

1. 匹配电源选择

LN—23P 送丝机可以匹配林肯 DC—400、DC—600 焊接电源，目前，长输管道施工现场多匹配林肯 DC—400 焊接电源。

2. 焊枪

焊枪的参数见表 2-4。

图 2-3　LN—23P 半自动送丝机

表 2-4　焊枪的参数

参数	型　　号				
	K355—10	K345—10	K264—8	K361—10	K406
长度/m	3	3	3	3	3
额定电流/A	250	350	250	350	350
负载持续率（%）	60	60	60	60	60

（续）

参数	型　号				
	K355—10	K345—10	K264—8	K361—10	K406
焊丝直径/mm	1.7、1.8、2.0				
减速开关	有				
弯管角度/(°)	90	90	62	62	68
重量/kg	3.15	3.74	2.34	3.38	7.2

3. 输入电缆的安装

LN—23P 配备的 7.6m 输入电缆，包括一条 6 芯的控制电缆和一条焊接回路电缆。控制电缆的电源端为线鼻子紧固连接，另一端为航空插头连接。关掉电源，按下列步骤连好输入电缆。

1）将 6 芯控制电缆的电源端按照线号连到适配器（一个为送丝机匹配的黑色小方盒）盒中相应线号标记在端子排上。

2）将控制电缆另一端的航空插头插到 LN—23P 后部的插座上，拧紧锁箍。

3）打开焊丝盘盒盖和 LN—23P 的侧门，将与航空插头关联的焊接回路电缆线的一端空过送丝机后面的孔，并将此焊接回路电缆一端的线鼻子用螺母固定到减速器前面的导电铜块上，焊接回路电缆另一端线鼻子用螺母固定在 DC—400 焊接电源负输出端螺柱上。将紧固控制电缆和焊接回路电缆的卡箍上的挂钩钩在 LN—23P 后部的孔里。

4. 地线和远端电压检测引线的安装

1）按表 2-5 选择足够粗的电缆连接到 DC—400 电源的正输出端和工件上，一定要使地线与工件接触良好。

表 2-5　电缆线的长度与截面积

控制电缆长度/m	工作电缆长度/m	焊接电缆截面/mm²	接地电缆截面/mm²
0~7.6	0~22.9	53.4	53.4
0~7.6	0~22.9	53.4	67.5
7.6~22.9	7.6~22.9	67.5	67.5
7.6~22.9	22.9~38	67.5	107.2
22.9~30.5	22.9~38	85	107.2

注：以上电缆保证电流为 350A 时，电缆上的压降≤4.3V。

2）用一条粗于 12 号（3.31mm²）的橡套软线一端连到平特性转换器或转接器的电压检测端子上（在转接器电缆上标为 21 号线），用螺栓拧好，包好绝缘层，沿着地线绕好，用胶带捆上，另一端接到工件或地线卡子上。此引线给 LN—23P 的电压表提供被测电压，同时给 LN—23P 的电动机供电。

5. 送丝轮导管的安装

出厂时送丝轮的导管均已安装好，不要调节压紧轮的张力。

6. 自保护药芯焊丝的焊枪的安装

自保护药芯焊丝的焊枪型号有 K355、K345、K264、K361、K406。安装步骤如下：

1）松开拉紧焊丝盒盖的橡胶条，打开盒盖。

2）将送丝机小门上的锁栓向后推，打开小门。

3）用 5mm（3/16in）的内六角扳手松开送丝齿轮箱前面导电块上的螺钉。

4）将焊枪电缆抻直，从送丝机前面的孔中插入送丝机内的导电铜块，用 5mm（3/16in）内六角扳手拧紧螺钉，锁紧电缆，并擦净该连接处。

5）插好与焊枪上两开关关联的两个航空插头。与扳机开关关联的 3 芯插头插到下面，与降速开关关联的 4 芯插头插到上面，若没有降速插头，则用保护盖盖好该插座。

7. 装焊丝盘

1）平放 LN—23P，焊丝盒盖朝上，松开橡胶带，打开盒盖。

2）拧下中间的锁紧螺母，卸下盖板。

3）拆开焊丝盘的包装，注意别弄弯了侧面的铁皮护片，弄弯了要纠正回来。

4）将焊丝盘放到焊丝盒内的架子上，方向为顺时针转放出焊丝。

5）拆下焊丝头，剪掉弄弯的部分，校直头部的几厘米，穿过盒上的导管，并露出数厘米。一定要注意在还没有穿过该导管以前别放手，否则焊丝会散开缠在一起。

6）保证下面焊丝衬圈的铁皮与焊丝架贴紧，上面的铁皮不能弯向焊丝方向。

7）安好焊丝架的上盖板，锁紧螺母。

8）安好焊丝盒的盖板，拉好橡胶带。

9）将焊丝抽至露出导管 60cm，绝缘管向上沿导管推到头。将焊丝绕一个圈，但不能打结，把焊丝头送到连接送丝减速器的导管处，按下枪上的送丝开关，使焊丝送往送丝轮。注意：送丝开关按下后，焊丝和送丝机构对地带电。送丝轮咬住焊丝后马上松开送丝开关。然后继续送丝使焊丝穿过送丝轮一些长度。注意刚才绕的那个圈，应不缠绕地打开，必要时用手理顺以帮助其展开。此时先不要往枪里送丝。将绝缘管向下推，套上连接送丝减速器的导管。

10）将送丝机立好，拉直焊枪，按下送丝开关，使焊丝送出焊枪。

8. 调整送丝速度和电压

用 LN—23P 背部带刻度盘的旋钮设定送丝速度。当焊枪上的降速开关位于 1 号（No. 1）位置时，送丝速度为刻度上标示的刻度，位于 2 号（No. 2）位置时，速度为标示刻度的 83%。

设定电压的方法为边焊接边调电压旋钮，直到电压表的读数为规范要求。电压表在电源接通但未焊接时的电压读数为开路电压。对某些电源来说，开路电压比焊接电压要高很多。

无规范可循而进行焊接时，应将电压调到接近最小，用废钢做母材引弧，若无法引弧，则将电压调高直至能引弧为止。

千万别将电源的开路电压设为高于 50V（对 DC—600 为 45V），当电压高于 50V（对 DC—600 为 45V）时，LN—23P 将不送丝。当开路电压低于 20V 或高于 25V 空载送丝而不引弧时，送丝可能不稳，或与设定值有偏差，但引弧焊接时该现象便消失。

9. 焊接

确保导电嘴与所用的焊丝相配，并拧好护箍（K—406 焊枪无护箍）。

拧松弯管锁紧螺钉。调整弯管位置以使得操作方便。

将送丝机放在平地上或挂在工作区附近。LN—23P 要尽量远离飞溅能达到的地方。千万不要让焊枪打死弯，要尽量抻直。

连好电极线、地线、控制电缆，接通电源。

按下送丝开关将焊丝送出焊枪，焊丝伸出长度符合规范要求。

将焊丝头放得离母材很近或轻搭在母材上，按下送丝开关引弧，引弧以后开关可以松开而继续焊接，自锁电路自动维持焊接电弧。焊接终止时，将焊枪提离工件。

不焊接时，一定要把焊枪放在送丝机前面的绝缘管内。

警告：双送丝机配置，当一台送丝机焊接时，另一台也带电。两台送丝机不能同时使用。一台送丝机焊接时，不要按下另一台的送丝开关，否则会使正在使用的送丝机停下来。

在配有低压选件的 SAM400 上使用两台 LN—23P 时，连到转接器 B 端子排上的送丝机只有在 SAM 上的"电压范围选择"（Voltage Range Selector）开关置于"高"（High）位（16V～最大）时能工作，接到 A 端子排上的在该开关置于"低"（Low）位（13～20V）时使用。

10. 维护及修理

警告：安装、维护、修理工作必须由合格的人员完成。接触机器内部时一定要将机器的进线电源断开。

（1）更换或翻转送丝轮

1）松开压紧螺钉使压紧轮从驱动轮上松开。

2）用 12.7mm（1/2in）扳手松开驱动轮上的螺栓，取下压紧帽。

3）取下驱动轮和垫片。

4）擦净驱动轮、垫片。翻转驱动轮，使未磨损的一侧驱动焊丝，按顺序装第一个轮、垫片，然后是第二个轮。

5）装上压紧帽，拧好螺栓。

6）将压紧螺钉拧到头，再退回两圈。

（2）拆卸压紧轮

1）松开压缩螺钉、张力弹簧垫和弹簧。

2）将压紧轮从转轴上拆下。

3）装上时顺序相反，将压紧螺钉拧到头，再退回两圈。

（3）焊枪的维护

1）每焊接 10min，将导电嘴上的飞溅清一次。

2）必要时更换磨损的导电嘴和护箍。

3）更换弯管内的送丝软管，若将该软管旋转 180°，可使寿命延长一倍。

4）每焊 20 盘焊丝（6.35kg/盘）对电缆进行一次清理。将焊枪从送丝机上拆下，在平地上抻直。拧下导电嘴，用压力不太高的压缩空气从焊枪一端向电缆内部吹风（压力过大会使灰尘在管内形成堵塞），将整个电缆从头到尾盘一下再展开，重吹一次，重复操作，直到吹不出灰尘为止。

5）拆卸焊枪以前，一定要将其从送丝机上拆掉或关掉电源。

（4）送丝机构的维护

1）每焊 35 盘焊丝（6.35kg/盘），要检查一次送丝机构，必要时对其进行清洁工作。不要使用溶剂清洁，因其可能洗掉轴承上的润滑脂。

2）必要时更换送丝轮。送丝轮的两边都磨损后才需要更换，见本段（1）项。

3）每 6 个月查一次送丝电动机电刷，其长度小于 6mm（1/4in）时须更换。每年查一次减速器，用含硫化钼的润滑脂对齿轮进行润滑。

（5）电路保护

1）断路器：送丝机后部的 3.5A 断路器只有在送丝电缆阻力过大、电动机或控制元件损坏时才动作。经过几分钟的冷却，按下复位按钮，继续焊接。若还动作，则检查电缆是否弯曲过度，软管是否干净，焊丝尺寸是否与其相配。若一切正常但还是动作，则检查是否有电气元件损坏。

2）铭牌：日常维护时或至少每一年，检查各个铭牌和标牌是否清晰可辨。不清楚的应更换。

（6）修理简明指南　LN—23P 送丝机常见故障检修见表 2-6。

表 2-6　LN—23P 送丝机故障检修一览表

序号	故障现象	可能的原因
1	电动机不转	① 断路器动作 ② 开路电压高于 50V（对于林肯 DC—400 电源）或开路电压高于 45V（对于林肯 DC—600 电源） ③ 极性调错。机器出厂时内部设为负极性焊接 ④ 工作电压检测线未接到工件上 ⑤ 电极线未接到 LN—23P 送丝机上 ⑥ 控制电缆与平特性转换器连接不正确

（续）

序号	故障现象	可能的原因
2	不送丝或送丝不正常	① 焊枪电缆过度弯曲 ② 电缆内太脏 ③ 焊丝卡在焊丝盘的边沿上 ④ 送丝轮磨损过度 ⑤ 压紧轮压力不正常
3	电弧不正常	① 导电嘴磨损过度 ② 送丝速度或电压不对 ③ 地线连接不好
4	送丝速度控制不正常	控制板故障、电位器故障或电动机故障
5	无法调到需要的电压	① 电源或平特性转接器故障 ② 在 DC600 和 R3S 电源上，电压细调一定要设为遥控 ③ 75、76、77 控制电路断线 ④ 电压调整电位器坏

警告： 维护和修理工作需由合格人员完成，接触机器内部时须断开进线电源。

（7） LN—23P 更换 K—316 控制电路板后的现场调整

若更换了电路板或电动机、减速器，则应对送丝速度旋钮的标尺进行整定。调整步骤如下。

1）装好要使用的焊丝、根据工艺调好电源，开路电压设为 22～24V。

2）送丝速度旋钮调到 76.2cm/min（30in/min），**注意：送丝时焊丝带电，焊枪上的降速开关置于 1 位。**

3）用便携式送丝速度测速表或送丝 30s 测出送丝长度再乘 2 得到送丝速度。使用后一方法时，计时 30s，并保持送丝的情况下在导电嘴的端头剪掉焊丝。测量焊丝长度乘以 2 即得到送丝速度。慢慢调节控制板上的 R14（"LO"），直到送丝速度为 76.2cm/min（30in/min）为止（顺时针调节送丝加快）。

4）将送丝速度旋钮设为 431.8cm/min（170in/min）。

5）按前述方法调节 R10（"HI"）使送丝速度正好为 431.8cm/min（170in/min）。

6）调节 R10/R14 须依上述顺序，不得调完 R10 后再调 R14。

第四节　焊接设备的正确使用与维护

为避免发生人身触电事故，保证焊接设备正常运行和防止损坏，正确地使用焊接设备应注意以下几点：

1）接入焊接设备的配电盘或配电箱上空气断路器（自动空气开关）应匹配漏电保护器。

2）焊机接线和安装应由专门的电工负责，焊工不应自行动手。选择电缆线主要考虑温升和电压降。一次电缆应按焊机的一次额定电流选取，导线的载流密度可按 4~6A/mm² 来计算确定导线的截面。如果线路太长，电压降应不超过 5%，否则应加大导线的截面。二次电缆都是采用电焊专用 YHH 型橡套电缆。因二次电流大，以保证焊接时电缆不发热为合适，电缆截面太大焊工手持电缆会吃力不方便，一般长度 20~30m 为宜，再长将导致压降过大会使引弧困难和电弧不稳定，一般电缆在工作时焊接电缆和地线的电压降不应超过 4V。

3）绝缘电阻的检查。对于焊机属于电源变压器类型的，长期不用或阴雨潮湿季节送电前必须要进行绝缘检查，用 500V 绝缘电阻表测变压器一次绕组对地（铁芯）的电阻值不小于 0.5MΩ，变压器的二次绕组对地（铁芯）的电阻值不小于 0.25MΩ，如果小于以上值说明焊机受潮，需做干燥处理。如果选择通电干燥，可用调压器做电源，焊机做负载，调压器调节电流从小到大控制在 100A 以下，很快绝缘电阻值就会上升。但要**注意如果绝缘电阻值为零，则不能采用这种方法**。测硅弧焊整流器的绝缘电阻时，**应将硅整流元件的正负极短接，以防电压击穿**。

4）焊机的机壳必须进行保护接地且接地良好，防止机壳带电。电焊机底部明显位置都装有保护接地螺栓，其规格不小于 M8。接地线如果是绝缘铜线，其截面不得小于 2mm²；如果是裸铜线，其截面不得小于 4mm²。接地装置的对地电阻不得超过 4Ω。多台焊机接地线不可串联连接，必须独立接地。禁止用氧气管和乙炔管等易燃易爆气体管道作为接地装置的自然接地极，防止由于电阻热或引弧时冲击电流的作用产生火花而引爆。

5）焊工合上或拉断电源开关时，头部不要正对电闸，防止因短路造成的电火花烧伤面部。

6）当焊钳和工件短路时，不得起动焊机，以免起动电流过大烧坏焊机。暂停工作时不准将焊钳直接搁在工件上。

7）应按照焊机的额定焊接电流和负载持续率来使用，不应过载使用。对使用大功率晶闸管、二极管的晶闸管弧焊整流器、硅弧焊整流器，其过载能力很差，极易击穿，一定要注意。对于交流弧焊电焊机虽然过载能力较好，但也不能过热，否则将缩短使用寿命。所以平时要注意焊机是否温升过高，用手摸一下外壳，以便采取措施。

8）经常检查焊机的输出端子的电缆接线螺栓是否松动、发热，要保持紧固，防止过热。经常检查电缆是否完好无破损。特别是二次线易磨损，皮破应包扎好。两线连接不能随意绞接，应使用铜端子螺栓连接。

9）焊机移动时不应受剧烈振动，放置要平稳，使用环境应干燥通风，避免在有害工业气体、水蒸气、易燃、易爆、多尘的场合工作，以免影响工作性能。露天使用应有防雨防潮措施。要保持焊机的清洁，应定期用干燥的压缩空气吹净内部的灰尘。

10）防止焊机内进入金属物。机壳盖上禁放杂物。如焊条、工具等。金属物进入焊机内，极易引起短路事故。定期检查清扫电焊机。内部要整洁无积灰，对电子整流元器件必须擦干净，既有利于提高绝缘强度又有利于散热，还可防止爬电造成闪络。

11）在使用过程中，要注意电焊机的运转声响。当出现不正常声响时，要查找原因并排除。当焊机发生故障时，应立即将焊机的电源切断，然后及时进行检查和修理。

12）焊接工作完毕或临时离开工作场地时，必须及时拉断焊机的电源。

思 考 题

1. 解释电焊机型号"ZX7—400"、"NBC—350"的含义。
2. 长输管道涉及的焊接设备有哪些？
3. 简述正确使用焊接设备的注意事项。

第三章

长输管道焊接方法

第一节　焊接方法分类

金属等固体之所以能保持固定的形状是因为其内部原子间距（晶格）十分小，原子之间形成了牢固的结合力。除非施加足够的外力破坏这些原子间结合力，否则，一块固体金属是不会变形或分离成两块的。要把两个分离的金属构件连接在一起，从物理本质上来看就是要使这两个构件的连接表面上的原子彼此接近到金属晶格距离（0.3~0.5nm）。在一般情况下，当我们把两个金属构件放在一起时，由于①表面的粗糙度，即使是精密磨削加工的金属表面粗糙度仍有几到几十微米（$1\mu m = 10^{-6}m \gg 1nm = 10^{-9}m$）；②表面存在的氧化膜和其他污染物阻碍着实际金属表面原子之间接近到晶格距离并形成结合力。焊接过程的本质就是通过适当的物理化学过程克服这两个困难，使两个分离表面的金属原子之间接近到晶格距离并形成结合力。目前找到的基本途径，便形成了焊接的基本分类。

根据使分离的金属原子之间形成结合力所采用的技术手段特点，目前焊接方法分为熔焊、压焊和钎焊三大类。

（1）熔焊　使被连接的构件表面局部加热熔化成液体，然后冷却结晶成一体的方法称为熔焊。主要有：气焊、铝热焊、电弧焊、电渣焊、电子束焊、激光焊等。

（2）压焊　利用摩擦、扩散和加压等物理作用克服两个连接表面的粗糙度，除去（挤走）氧化膜及其他污物，使两个连接表面上的原子相互接近到晶格距离，从而在固态条件下实现的连接称为压焊。主要有冷压焊、摩擦焊、超声波焊、爆炸焊、锻焊、扩散焊、电阻对焊、闪光对焊等。

（3）钎焊　利用某些熔点低于被连接构件材料熔点的金属（钎料）作为连接的媒介物在连接界面上的流散浸润作用，然后冷却结晶形成结合面的方法称为钎焊。主要有：火焰钎焊、感应钎焊、电阻炉钎焊、盐浴钎焊等。

目前，上述焊接方法中应用最为普遍的是电弧焊、压焊、电渣焊和各种钎焊，其中电弧焊是现代焊接方法中应用最为广泛，也是最为重要的一类焊接方法。根据一些工业发达国家最近的统计，电弧焊在各国焊接生产劳动总量中所占比例一般都在60%以上。长输管道焊接方法主要为电弧焊。电弧焊分类情况如图3-1所示。

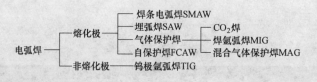

图 3-1　电弧焊的分类

第二节　长输管道工程常用焊接方法简介

世界管道工程近十年来飞速发展，管道敷设从平川走向高山、沙漠和大海；从温带、热带走向极地；输送压力从 4MPa 以下提高到 10MPa 以上；管径从低压小管输送到高压大直径管输送；管道用管材从 A、B 级的碳素钢、C-Mn 钢发展到高强度级别的 X80、X100 和 X120 微合金化控轧钢、调质钢；输送介质从甜气到带有腐蚀性混合物（H_2S、CO_2）的介质等。管道建设的飞速发展带动了管道焊接技术的快速进步。长输管线安装焊接方法经历了传统焊条电弧焊和手工钨极氩弧向上焊→单焊枪熔化极活性气体保护半自动向下焊和单焊枪埋弧焊→高纤维素型和铁粉低氢型焊条向下焊→自保护药芯焊丝半自动向下焊和熔化极活性气体保护单焊枪向下或向上自动焊、闪光对焊→熔化极活性气体保护多焊枪向下自动焊（如双焊枪自动外焊机、8 焊枪自动内焊机等）和多焊枪埋弧焊（如双丝埋弧焊）的发展历程。相信不久的将来，野外移动式高效多联管工作站、单弧多丝气体保护自动焊、激光-电弧复合自动焊、电子束焊、窄间隙气体保护自动焊、搅拌摩擦焊、自动视觉外焊机、弧焊机器人等高新技术也会逐步渗透到长输管道领域当中，实现长输管道焊接技术的重大变革。

我国管道焊接技术的发展历程如图 3-2 所示。

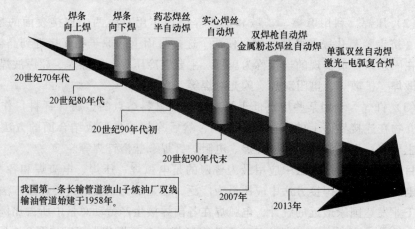

图 3-2　我国管道焊接技术的发展历程

一、焊条电弧焊

1. 原理及特点

焊条电弧焊是利用电弧放电产生的热量加热熔化焊条和工件，以获得新的结晶组织的牢固焊接接头的工艺方法，其连接示意图如图3-3，焊条熔化成形原理图如图3-4所示。在焊接过程中，药皮不断熔化而生成气体及熔渣，形成保护气氛，隔离大气对熔化金属的有害作用。焊芯也在电弧热的作用下不断熔化，形成熔滴进入熔池。随着焊条的移动，后方的熔池不断冷却凝固形成焊缝金属，液态熔渣凝固成焊渣使焊缝缓慢冷却。有时也可通过焊条药皮掺和金粉末，向焊缝提供附加填充金属。

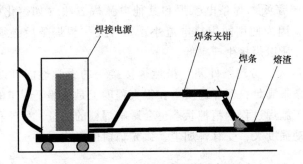

图 3-3　焊条电弧焊连接示意图

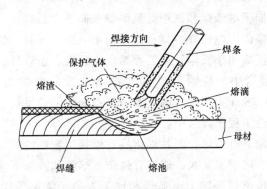

图 3-4　焊条电弧焊熔化成形原理图

焊条电弧焊已有一百多年的应用史。目前的焊接已向机械化、自动化和智能化的方向发展。焊条电弧焊应用的比例在逐年减少，但焊条电弧焊除了有着设备简单、焊材来源广泛、成本低廉等特点外，相比其他焊接方法还具有以下特点：

（1）操作灵活　焊条电弧焊之所以成为应用最广泛的焊接方法，其主要原因是它的灵活性。焊条电弧焊不论在焊接车间，还是在野外施工现场均可采用。由于设备简单、移动方便、电缆长、焊把轻巧等特点，焊条电弧焊既适用于平焊、立焊、仰焊等各种空间位置的焊接，又适用于对接、搭接、角接、T形接头等各种接头形式构件的焊接。可以说，凡是焊条能达到的位置的接头，均可采用焊条电弧焊。特别对于复杂结构、不规则的构件以及单件、非定型钢结构制造，由于可以不用辅助工装、变位器、胎夹具等就可以焊接，焊条电弧焊的优点显得尤为突出。

（2）装配要求比较低 焊条电弧焊的焊接过程是由焊工手工来控制的，可以根据需要随时调整电弧和焊接参数，以保证焊缝的均匀熔透，对焊接接头的装配精度要求比较低。

（3）适用面比较广 焊条电弧焊广泛用于低碳钢、低合金结构钢的焊接。选配相应的焊条，焊条电弧焊也常用于不锈钢、耐热钢、低温钢等高合金结构钢的焊接，用于铸铁、铜合金、镍合金材料的焊接，以及耐磨损、耐蚀、耐热等特殊使用要求的构件表面层堆焊。

（4）焊接生产率低 焊条电弧焊和其他电弧焊方法（如熔化极气体保护焊、埋弧焊等）相比，因为使用的焊接电流小，每焊完一根焊条后必须换焊条以及清渣而停止焊接等，所以焊接生产率低。

（5）操作难度大，劳动条件差 虽然焊接接头的力学性能可以通过选择与母材性能相当的焊条来满足，但焊缝质量在很大程度上是依赖于焊工的操作技能及现场发挥，甚至焊工施焊过程的精神状态也会影响焊缝的质量。另外和其他焊接方法相比，工人的劳动强度大，受有害烟尘、弧光辐射的影响大。

2. 应用

长输管道焊条电弧焊有传统低氢型焊条向上电弧焊、高纤维素焊条向上电弧焊、高纤维素焊条向下电弧焊和铁粉低氢型焊条向下电弧焊。

传统低氢型焊条向上电弧焊，具有操作简单、脱渣容易、焊缝韧性高、缺陷概率低等特点，现广泛应用于长输管道工程站场小径管、小管件的焊接和干线连头与返修填充盖面焊接当中，特别是以日本神钢开发的低氢型焊条 KOBE LB52U ϕ3.2mm/LB62U ϕ3.2mm 为代表，因其单面焊双面成形效果良好而广泛应用于西气东输二线、三线管道工程根焊当中。

高纤维素焊条向下电弧焊，因其焊条具有焊接工艺性能好、熔渣量少、吹力较大、熔透能力良好、熔敷速度快、能够有效防止熔渣和铁液下淌、各位置单面焊双面成形效果好，和传统焊条向上电弧焊相比工人易于掌握等优点，而被广泛用于X70（L485）钢级及以下钢级长输管道环焊缝的根焊、热焊和X52（L360）钢级及以下钢级长输管道环焊缝的各层焊接当中。有代表性的焊条如奥地利伯乐公司生产的 BOHLER FOX CEL（AWS A5.1—91 E6010）和 BOHLER FOX CEL 85（AWS A5.5—96 E8010—P1）焊条，中船重工七二五所研制生产的 SRE425G（AWS A5.1—91 E6010）、SRE505（AWS A5.5—96 E7010—G）和 SRE555（AWS A5.5—96 E8010—G）焊条等。纤维素焊条向上根焊，则主要应用在管道连头焊接当中。

铁粉低氢型焊条向下电弧焊，因该焊条凝固速度快、铁液流动性和浸润性好、全位置焊时不易下淌、焊后焊缝金属韧性好、抗裂性好，现广泛应用于小口径长输管道和特殊地段的环焊缝填充层和盖面层焊道的焊接施工当中，和纤维素焊条相比，因其脱渣性稍差，故工人掌握的难度较大。有代表性的如奥地利伯乐公司生产的 BOHLER FOX BVD 85（AWS A5.5—96 E8018—G）焊条、美国林肯公司生产的 LINCOLN LH D80（AWS A5.5—96 E8018—G）焊条。

二、钨极氩弧焊

1. 原理及特点

钨极氩弧焊是在惰性气体的保护下，利用钨电极与工件之间产生的电弧热熔化母材和填充焊丝的焊接方法，简称"TIG"焊（Tungsten Inert Gas Welding）。图 3-5 是 TIG 焊的原理示意图。

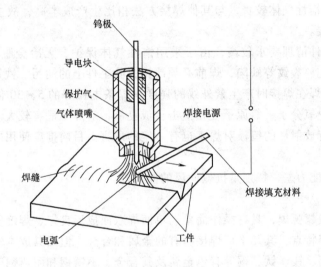

图 3-5　TIG 焊示意图

焊接时，惰性保护气体从焊枪喷嘴中连续喷出，在电弧周围形成保护层隔绝空气，保护钨极和焊接熔池以及热影响区，以形成优质的焊接接头。薄板焊接时可不填充金属，需填充金属时，把焊接填充材料从旁边不断送入焊接区，靠电弧热熔入熔池而成为焊缝金属的组成部分。

TIG 焊分为手工焊和自动焊，长输管道主要为手工钨极氩弧焊。焊接时，用难熔金属钨或钨合金制成的电极不熔化，故容易维持电弧长度的恒定。当焊接薄工件时，一般不需要开坡口和填充焊丝；还可采用脉冲电流以防止烧穿工件。焊接厚大工件时，也可以将焊丝预热后，再添加到熔池中去，以提高熔敷速度。

TIG 焊一般采用氩气作保护气体，在焊接厚板、高热导率或高熔点金属等情况下，也可采用氦气或氦氩混合气作保护气体。在焊接不锈钢、镍基合金和镍铜合金时可采用氩-氢混合气作保护气体。

TIG 焊与其他焊接方法相比有如下特点：

1）氩气本身不溶于金属，又不和金属反应，能有效隔绝焊接区域的空气，TIG焊过程中电弧还有自动清除工件表面氧化膜的作用。因此可焊接其他焊接方法不易焊接的易氧化、氮化、化学活泼性强的有色金属、不锈钢和各种合金。

2）焊接工艺性能好。电弧燃烧稳定，即使在很小的焊接电流下也能稳定燃烧；不会产生飞溅，不用去焊渣，焊缝成形美观；热源和焊丝可分别控制，因而热输入容易调节，特别适合于薄板、超薄板的焊接；可进行各种位置的焊接，易于实现机械化和自动化焊接。

3）钨极承载电流能力较差，过大的电流会引起钨极熔化和蒸发，其颗粒可能进入熔池，造成夹钨。因而TIG焊使用的电流小，焊缝熔深浅，熔敷速度小，生产率低。

4）由于惰性气体较贵，与其他焊接方法相比生产成本高，故主要用于要求较高的产品焊接。

5）对工件清理要求较高，由于采用惰性气体保护，无冶金脱氧或去氢作用，为了避免气孔、裂纹等缺陷，焊前必须严格去除工件上的油污、铁锈等。

6）氩弧焊在焊接时产生紫外线的强度是焊条电弧焊的5～30倍。在紫外线照射下，空气中氧分子、氧原子互相撞击生成臭氧，对焊工危害较大。另外，钨极氩弧焊若使用有放射性的钨极对焊工也有一定的危害。目前推广使用的铈钨极对焊工危害较小。

7）抗风能力差，特别是抗侧向风的能力差。

2. 应用

手工钨极氩弧焊，具有操作简单、单面焊双面成形良好、焊缝质量高、焊缝背面不需清渣等特点，其几乎可焊接所有的金属和合金，但因其成本较高，生产中主要用于焊接铝、镁、钛、铜等有色金属及其合金、不锈钢和耐热钢等。目前，在长输管道工程上，由于钨极的载流能力有限，电弧功率受到限制，致使焊缝熔深浅，焊接速度低，主要应用于站场各种材料和各种管径的环焊缝根焊当中。对于薄壁（≤6mm）、小管径（OD≤89mm）钢管的对接，一般采用手工钨极氩弧焊完成各层焊道的焊接。对于线路阀室焊接，为了避免焊条电弧焊根焊背面附渣最终脱落会导致球阀磨粒磨损影响球阀的密封效果，也要求采用氩弧焊打底提高根焊道质量。钨极氩弧焊特别适于对焊接接头质量要求较高的场合，其采用的焊丝主要是执行GB/T 8110—2008标准的直径为$\phi 2.0 \sim 2.5$mm的焊丝。

三、自保护药芯焊丝半自动焊

1. 原理及特点

利用自保护药芯焊丝作熔化极的电弧焊称自保护药芯焊丝电弧焊，英文简称FCAW-S。自保护药芯焊丝焊接是由焊条电弧焊衍生出来的。最初是为了克服焊条电弧焊不能实现连续焊接、自动焊接的特点，才发明了自保护药芯焊丝。自保护药芯焊丝半自动焊接保留了焊条电弧焊的焊接电弧自保护的特点，又能实现连续的半自动焊接。图3-6所示为自保护药芯焊丝焊接原理，焊丝粉芯中含有造渣剂、脱氧剂、脱氮剂及蒸气和气体形成物质，在焊接电弧产生后，母材熔化成熔池，焊丝熔化成熔滴过渡到熔池当中，同时适量的脱氧剂、脱氮剂削弱和减少空气对熔融金属的有害作用，某些药粉气化和分解，释放出气体形成保护屏障来隔绝空气，以进一步防止焊缝氧化和氮化。随着焊枪的移动，前方的金属继续熔化，后方的熔池凝固成焊缝，熔池表面的液态熔渣冷凝后形成薄薄的渣壳。

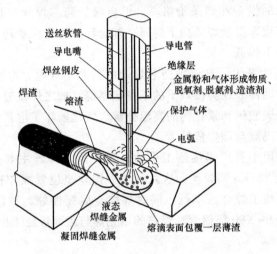

图3-6 自保护药芯焊丝半自动焊原理示意图

自保护药芯焊丝半自动焊有以下特点：

（1）焊缝质量好 焊接缺陷多产生于焊道接头处，和焊条电弧焊相比，同等管径的钢管半自动焊接的焊道接头少，所以焊接缺陷少。管道焊接应用的自保护药芯焊丝属低氢型，焊缝氢含量低，故焊缝质量好。另外，管道用自保护药芯焊丝中含有一定量的 Ni 元素，故低温韧性较好。再有，半自动焊的熔深较大，降低了未熔合和夹渣产生的可能性，焊缝致密性好，目前焊缝合格率高达95%以上。

（2）焊接效率高 药芯焊丝把断续的焊接过程变为连续的生产过程。半自动焊熔敷量大，熔敷率约为 0.75，熔化速度为纤维素向下焊的 1.5～2 倍。焊渣薄，脱渣容易，减少了层间清渣时间。焊接综合效率约为焊条向下焊的2倍。

（3）焊接工艺性能好，成形美观 与熔化极活性气体保护焊相比，药芯中加入了稳弧剂，故电弧软；熔滴过渡形式为细颗粒过渡和喷射过渡形式，飞溅小，焊接工艺性能好。自保护药芯焊丝半自动焊焊缝形状好，外观平坦熔深大，成形美观。

（4）抗风能力强，适于野外全位置焊接 自保护药芯焊丝的药粉中含有适量的脱氧剂（如 Al、Ti、Si）、适量易形成氮化物的元素（如 Al、Ti）、适量的造气剂（如大理石、碳酸钡和萤石）、适量的造渣剂（如金红石）和适量改善工艺性能的 Li 的化合物，焊接过程中形成气渣联合保护进而使得自保护药芯焊丝半自动焊抗风能力强，在风速≤8m/s 时可有效焊接，尤其是其良好的工艺性能特别适用于野外管道全位置焊接。

（5）可焊材质范围广　自保护药芯焊丝药芯成分调整方便，故可适用于多种材质的焊接。

（6）综合成本低　自保护药芯焊丝半自动焊所用焊接设备和焊丝的价格均比焊条向下焊所使用的设备和焊条价格高。但自保护药芯焊丝半自动焊的焊接效率高、熔敷率高、焊层厚度较焊条向下焊厚。综合计算，自保护药芯焊丝半自动焊的施工成本较焊条向下焊低。

（7）飞溅与烟尘量大　自保护药芯焊丝的药芯不导电，电弧分布在管状焊丝皮上且因斑点的游动性表现为微观下的不稳定燃烧，加之焊接时电流较大，和低氢焊条一样，药芯中碳酸钙和氟化钙的高温分解、气化破坏了电弧的稳定性和熔滴过渡行为，进而使其飞溅与烟尘量较大。

目前，我国应用于管道焊接施工中的自保护药芯焊丝主要是 T8-Ni1 型、T8-Ni2 型、T8-G 型及 T8-K6 型焊丝，这几种类型焊丝全位置操作性能好、熔敷速度快、成形好、焊接施工综合成本低，同时焊缝金属韧性好，被广泛应用于管外径≥406.4mm 的，X52～X80 级钢管环焊缝的填充焊与盖面焊施工中。

2. 应用

近年来，随着长输管线向着高强度、大口径、厚壁化方向发展，传统的焊条电弧焊已逐渐地被自保护药芯焊丝半自动焊和熔化极活性气体保护自动焊所取代，其中以自保护药芯焊丝半自动焊应用发展最为迅速，其目前已成为长输管道工程主要的焊接方法，T8 型自保护药芯焊丝广泛应用于 ϕ426 管径及以上 X42（L290）～X80（L555）级钢管环焊缝的填充焊与盖面焊施工当中。

四、STT 技术气体保护实心焊丝半自动焊

1. 原理及特点

STT（Surface Tension Transfer^{TM}）技术特指熔滴的表面张力过渡技术，它是美国林肯电气公司针对根焊成形而开发研制的一种技术，其熔滴过渡属于短路过渡的一种特殊形式。实现该技术需要一种特殊的焊接电源，该电源是利用逆变焊机的高速可控性，采用波形控制技术而实现的一种新型逆变电源。该电源既不是恒流，也不是恒压，而是一种电流控制电源，它的输出是根据瞬间的电弧要求而产生的。在该电源的作用下，熔滴长大到与熔池断路的瞬间，和普通电源不一样，"电弧电压"检测到电弧短路信号，使电流在 0.75μs 内缩减到 10A，而后又以双曲线的形式向短路的熔滴施加一个大电流（即下述的峰值电流），促使电磁收缩效应加剧，进而加快缩颈的形成迫使熔滴和焊丝分离，当电源感知熔滴和焊丝将要分离时，输

出电流瞬间又减小到50A，此时熔滴主要是在表面张力的作用下近乎无飞溅地柔顺过渡，并获得良好的焊缝成形；熔滴与焊丝分离的瞬间，电源立即输出大电流，保证电弧顺利引燃，随后电流逐渐减小回到较小的电流（即下述的基值电流）。STT电流电压波形如图3-7所示。

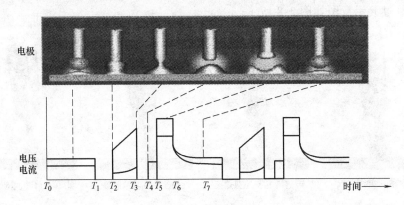

图3-7　STT技术焊接电源电流、电压波形

　　采用STT技术施焊时，具有焊接过程稳定、焊肉厚、熔敷速度快、焊缝氢含量低、飞溅较少、焊缝成形美观、热输入小、变形小、合格率较高（95%以上）、操作简单、焊接设备成本较高等特点，特别适于全位置向下焊接。

2. 应用

　　目前，在长输管道焊接施工当中，STT技术熔化极气体保护半自动焊主要应用于大口径管道的环焊缝根焊当中，焊接设备为美国林肯电气公司的 Invertec STT Ⅱ型电源匹配 LN—27、LF—37 或 LN—742 送丝机，采用实心焊丝，常采用100% CO_2 或（15% ~ 20%）CO_2 +（85% ~ 80%）Ar 作为保护气，焊接速度 20 ~ 30cm/min。

五、CMT技术熔化极气体保护半自动焊

1. 原理及特点

　　冷金属过渡（Cold Metal Transfer，CMT）技术是一种全新的在 MIG/MAG 焊接工艺，它由奥地利福尼斯公司最先推出，被誉为弧焊史上的一个里程碑。与传统焊接工艺相比，CMT过渡熔滴温度较低，可实现异种金属连接，焊丝的熔化和过渡两个过程分别独立。在CMT过渡方法中，焊丝不仅有向前送丝的运动，而且还有往回抽的动作，这种送丝/回抽运动的平均频率高达70Hz，用回抽运动帮助熔滴脱落，更加灵活地控制焊接热输入；通过精确的弧长控制，CMT过程结合脉冲电弧，实现了无飞溅焊接和电弧钎焊，大幅降低了焊接的热输入；通过控制脉冲电弧影响热输入，实现所谓无电流或小电流状态下的熔滴过渡；焊缝成形美观，很好地解决

了在零间隙组配外部根焊中 4 ~ 6 点位置的焊缝成形难题；母材熔化时间极短，引弧速度提高了两倍，热输入低，焊接变形小，搭桥能力显著提高，焊接性能优异；和预留间隙组配的外部根焊相比，具有坡口加工简单、对口容易、对口精度容忍性好、焊接效果重复精度高等特点，并且焊接效率提高 60% 以上。CMT 技术电弧产生与熔滴过渡示意图如图 3-8 所示。

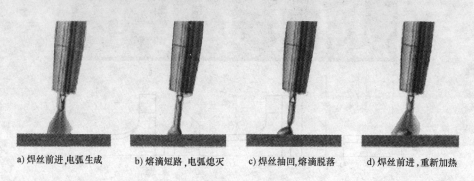

a) 焊丝前进,电弧生成　　b) 熔滴短路,电弧熄灭　　c) 焊丝抽回,熔滴脱落　　d) 焊丝前进,重新加热

图 3-8　CMT 技术电弧产生与熔滴过渡示意图

2. 应用

CMT 技术熔化极气体保护半自动焊已应用于西气东输二线、三线管道工程安装焊接根焊当中，焊接设备为奥地利福尼斯 TPS 3200/4000/5000 CMT 焊接电源匹配 VR7000CMT 送丝机，采用实心焊丝，（15% ~ 20%）CO_2 +（85% ~ 80%）Ar 作为保护气，焊接速度 40 ~ 60cm/min。

六、RMD 技术熔化极气体保护半自动焊

1. 原理及特点

RMD（Regulated Metal Deposition）是指熔敷金属控制技术，也称为短弧控制技术，它是美国米勒公司开发的一种技术，可实现管道焊接所有工艺，且极为适合野外环境下的施工作业。RMD 技术由软件控制，能够对短路过渡做出精确控制。在焊接过程中，通过对焊丝短路过程的高速监控，动态检测焊丝短路，控制并减少焊接电流上升速度，从而控制熔滴过渡和电弧吹力的大小，使熔滴过渡迅速而有规律，形成高质量的稳定熔池。其通过控制短路过程中各个阶段的电流波形，从而控制多余的电弧热量，提高电弧推力，结果在根部产生高质量的熔深，获得好的焊接质量和焊缝成形。RMD 技术电流波形图如图 3-9 所示。

RMD 软件集成了强大的专家系统，每个程序各个阶段的电流波形根据电流大小自动优化到最佳的电弧特性，具有规范适应性强、电弧穿透性强、过渡频率快、焊接效率高、飞溅小、热影响区小、熔池稳定、容易控制、焊缝两端熔合好、对大小间隙和错边适应性强、焊道成形十分美观及焊缝质量高等特点。

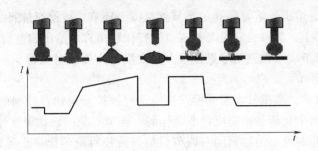

图 3-9 RMD 技术电流波形图

2. 应用

在西气东输二线、三线工程现场焊接根焊当中,应用了 RMD 技术气体保护金属粉芯焊丝半自动焊方法,焊接设备为美国米勒 MILLER RMD Pipepro 450 RF-CRMD 焊接电源匹配 PipePro 12RC SuitCase™送丝机,采用的 80% Ar + 20% CO$_2$ 保护气体,焊接速度 25 ~ 35cm/min。RMD 技术熔化极实心焊丝气体保护半自动焊方法目前在中石化管道工程建设中正在推广应用。

七、管道自动焊

管道全位置自动焊是指在管道相对固定的情况下,焊接小车带动焊枪沿轨道围绕管壁运动,从而实现自动焊接的方法。一般而言,全位置自动焊主要由焊接小车、行走轨道、焊接电源、送丝机构和自动控制系统等部分组成。目前在用的自动焊有单焊枪熔化极活性气体保护全位置自动焊、双焊枪熔化极活性气体保护全位置自动焊、多焊枪熔化极活性气体保护全位置内焊接根焊、埋弧焊及闪光对焊等。

1. 焊接自动控制基本原理

(1)焊接自动控制系统   能够对焊接生产过程进行自动控制的系统称为焊接自动控制系统。它一般由被控对象和控制装置组成。被控对象是指需要实现自动控制的元件、设备或生产过程。控制装置是指对被控对象起作用的设备的总体。

(2)控制系统的基本组成   一个自动控制系统的基本组成环节如图 3-10 所示。它主要包括如下几个环节:

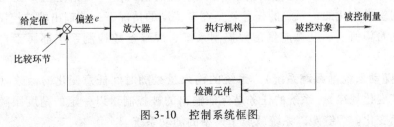

图 3-10 控制系统框图

1)测量环节。又称检测元件或传感器,它对系统输出量进行测量。例如,在焊接过程中检测电弧与焊缝(被调对象)的某一物理量(诸如电弧电压、焊接电流、焊接速度、熔深、熔宽等）的环节就是检测环节。被检测量通常就是输出量。

2）比较环节。对被控制量与给定值进行代数运算，给出偏差信号的环节。

3）放大环节。对偏差信号进行放大和变换，使被控对象得到一定调节作用所需偏差减小的环节。

4）执行机构。根据放大后的偏差信号，对被控对象执行控制职能。它是通过改变被调对象某个物理量来完成调节动作的。调节对象的该物理量称为操作量，或调整动作量、控制量。为达到同一调节目的，被控对象的操作量可以不同。例如，在电弧电压（熔化极）自动调节系统中，可以通过调节弧长，即调节送丝速度来调节电弧电压，也可以通过改变电路中阻抗参数来完成同一控制要求。

5）被控对象。在弧焊自动控制系统中，被控对象往往是焊接电弧。有时需要讨论焊缝的熔深、熔宽控制，则焊缝本身（熔池）就变为被控对象了。

（3）闭环与开环系统　自动调节系统的特点在于：它是一个闭环系统，即输出的被调量和输入端之间存在着反馈关系，形成一个闭合的环路。相反，开环系统指不存在反馈关系的系统。在闭环系统中，从被控制量经检测元件到输入端的通道，称为反馈通道；而从给定值、放大器、执行机构到被控对象的通道称为前向通道。

闭环控制系统有三个机能：

1）测量被控制量；

2）将测定的被控制量的值与给定的希望值进行比较；

3）根据比较的结果（偏差值）对被控制量进行调整修正，而且只要有偏差存在，这种调节作用就不停止，这就是所谓"检测偏差，纠正偏差"。

（4）扰动信号　一般情况下，控制系统受到两种输入信号的作用：有用信号（给定值）的作用和扰动的作用。系统的有用输入信号决定系统被控制量的变化规律，它或者保持某一定值，或者按某一函数规律变化。

扰动输入对任何控制系统都是难免的，它可以作用于系统中的任何部位。控制系统必须克服扰动作用的影响，使系统的输出按给定规律变化。

（5）自动控制系统的基本类型

1）自动镇定系统（定值控制系统）。系统的输入量（即给定值）是常数或者是随时间缓慢变化的，系统的任务就是在有扰动的情况下，使输出的被控制量保持在给定的希望值上。电弧能量参数控制系统、焊缝参数控制系统都属于自动镇定系统。

2）随动系统（跟踪系统）。系统的输入量是随时间任意变化的函数（事先无法预测其变化规律），系统的任务是保证输出的被控制量以一定的精度跟随输入量的变化而变化。焊缝跟踪系统就属于典型的随动系统。

3）程序控制系统。系统的输入量是一个已知的时间函数，系统的任务是使输出按一定的精度随输入而变化。

2. 管道自动焊的分类

　　管道自动焊按焊接方法、保护气体种类、焊丝类型、电源种类、焊枪数量、功能的不同和焊接方向等分类，具体分类如图 3-11 所示。

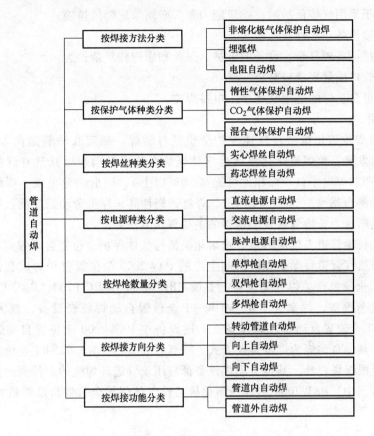

图 3-11　管道自动焊分类

3. 管道自动焊的特点

管道自动焊与手工电弧焊相比有如下特点：

（1）管道自动焊的优点

1）电弧燃烧稳定；

2）焊缝成形美观；

3）焊缝接头少；

4）焊接缺陷少，无损检测合格率高；

5）层间清理简单（气体保护焊）；

6）焊缝的力学性能较好，具有较强的抗裂性；

7）焊接效率高，可提高 2~5 倍；

8）操作简单，劳动强度低；

9）焊接时产生的有害烟尘少；

10）焊接成本较低。

（2）管道自动焊的缺点

1）由于采用气体保护时，抗风能力差，必须采取防风措施；

2）焊接设备一次性投入较大；

3）焊接设备较复杂，设备的维护、保养和修理较复杂；

4）对管口质量要求较高；

5）管道自动焊的适用性比手工电弧焊差。

4. 应用

（1）单焊枪熔化极活性气体保护全位置自动焊　随着长输管道向着大口径、厚壁化方向发展，单焊枪熔化极活性气体保护全位置自动焊因其具有焊接效率高（和自保护药芯焊丝半自动焊相比可提高 30% 以上）、成形十分美观、焊缝致密性好（无损检测合格率高达 97% 以上）、焊缝强韧性高、焊工劳动强度低、焊接环境好等优点逐渐成为长输管道现场焊接的主要焊接方法。

目前在长输管道上应用的单焊枪熔化极活性气体保护全位置自动焊成套设备有中国石油天然气管道科学研究院研制生产的 PAW2000 全位置自动焊成套设备、英国 NOREST 全位置自动焊成套设备、美国 CRC M300、CRC P200、CRC P260 全位置自动焊成套设备、加拿大 RMS MOW—1 全位置自动焊成套设备、意大利 PWT CWS. 02NRT 全位置自动焊成套设备。上述设备中 PAW2000 全位置自动焊为焊枪平摆方式，其他自动焊为焊枪角摆方式。除意大利 PWT CWS. 02NRT 全位置自动焊用于全位置根焊场合外，其他自动焊设备都应用于管道环焊缝的全位置热焊、填充焊和盖面焊当中。PAW2000 单焊枪熔化极活性气体保护全位置自动焊机如图 3-12 所示。

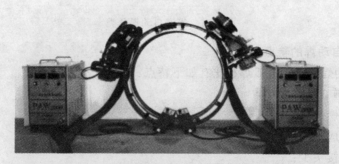

图 3-12　PAW2000 单焊枪全位置自动焊机

上述自动焊机中，PAW2000 全位置自动焊机使用的焊丝直径为 $\phi1.0$mm。NOREST、CRC M300、CRC P200、CRC P260、RMS MOW—1 全位置自动焊机使用的焊丝直径为 $\phi0.9$mm。PWT CWS. 02NRT 全位置自动焊机使用的气体保护实心焊丝直径为 $\phi1.2$mm。上述自动焊机采用的保护气体一般为（75% ~ 85%）Ar +

（25%～15%）CO_2，上述自动焊应用在热焊和填充焊场合时也可以采用100% CO_2作为保护气体。

特别地，PAW2000、CRC M300、CRC P200、CRC P260、RMS MOW—1等自动焊机应用药芯焊丝进行热焊、填充焊和盖面焊时，焊丝直径为 $\phi1.2mm/\phi1.32mm$，保护气体为75% Ar+25% CO_2，焊接方向为全位置。

值得注意的是，与焊条电弧焊相比，熔化极气体保护焊系统的投资大，设备和人员要求高，必须考虑所要求的高级维护，要考虑配件和符合卫生要求的气体的供应。另外，气体保护焊抗风能力差（通常小于2m/s）也是需要引起足够重视的问题。

（2）双焊枪活性气体保护自动焊　目前在国内管线上应用的双焊枪活性气体保护自动焊有两种产品，一种是美国CRC公司生产的P600双焊枪全自动焊机，一种是中国石油天然气管道科学研究院自行研制的PAW3000双焊枪自动焊机。

P600双焊枪全自动焊机是为提高生产率和降低成本而应用的先进的外焊机系统。它是新一代外焊机的代表。除了可以调节单、双焊枪进行焊接，同时也提供了电弧跟踪、智能卡编程、在线数据采集和触摸屏控制等功能。P600采用了对称的部件设计以便于相互替换两边机头的部件，并以人体工程学原理制造，它更小、更轻，极大地减轻焊工的疲劳度。P600设备包括行走小车、双焊枪送丝机构、自动控制系统、焊接机头和焊接电源。P600通过板载微处理器实现了对焊接参数的精确控制，这些参数包括：电压、送丝速度、行走速度、焊枪摆动频率等。对焊接过程中参数的交互式的控制，确保了在每次焊接过程中焊缝都符合规范。P600数据存储和输出功能，确保实时记录的焊接数据能够被就地打印或是下载到计算机上。

PAW3000双焊枪自动焊机是中国石油天然气管道科学研究院在PAW2000单焊枪自动焊机的基础上研发的新一代高效管道全位置自动焊机。具有独特的单面焊双面成形根焊功能，可完成根焊、热焊、填充、盖面等工序。两个焊枪可同时进行双层叠焊或排焊，所以可大幅度提高焊接效率。自主开发的DSP（数字信号处理器）和CPLD（复杂可编程逻辑芯片）全数字化运动控制技术，采用角度传感器实现焊道空间位置自动识别，实现焊枪任意位置起弧焊接。使用PDA编程器，使得焊接参数修改方便。整机具有结构紧凑、控制先进、自动化程度高、焊接速度快、操作简单等特点。与单焊枪相比，焊接效率可提高30%～40%，在技术上达到国外同类产品的水平。

双焊枪活性气体保护自动焊的焊接小车与轨道及引弧焊接如图3-13所示。

（3）多焊枪管道环缝自动内焊机根焊　对于管外径不小于813mm的大口径管道，为进一步提高管道安装焊接速度，国内外还开发了一种带内对口器功能且可在管道内进行根焊的高效活性气体保护的内焊机，这种焊机进行内根焊时，由安装在液压内对口器上的6或8个内部焊枪完成，每个焊枪承担1/6或1/8管周长加10～15mm内根焊缝的焊接，其中3或4个焊枪同时作业，焊接方向为下向。如英国

a) 双焊枪焊接小车与轨道　　　　　　　　　　　b) 引弧焊接

图 3-13　双焊枪活性气体保护自动焊的焊接小车与轨道及引弧焊接

NOREAST 全位置气体保护自动内焊机、美国 CRC 公司开发的 CRC IWM 全位置气体保护自动内焊机和中国石油天然气管道科学研究院开发的 PIW 3640 型内焊机。上述内焊机采用直径为 $\phi 1.2 mm$ 实心焊丝，保护气体一般为（75% ~ 85%）Ar +（25% ~ 15%）CO_2。管道内焊机由焊接电源、控制系统、供气系统、对口器和焊枪系统五大部分组成。管道环缝自动内焊机实物及引弧焊接如图 3-14 所示。

a) 内焊机设备实物　　　　　　　　　　　　b) 引弧焊接

图 3-14　多焊枪管道环缝自动内焊机设备实物与引弧焊接

　　管道安装焊接采用流水作业方式，其效率很大程度上取决于根焊道完成速度。目前所使用的根焊技术当中，以内焊机向下根焊速度最快，如对于西气东输二线工程用 X80 管外径为 $\phi 1219 mm$ 环焊缝内根焊，根焊道的焊接完成约需 90s。

　　（4）埋弧焊　埋弧焊是电弧在焊剂层下燃烧，用机械自动引燃电弧并进行控制，自动完成焊丝的送进和电弧移动的一种电弧焊方法。埋弧焊示意图如图 3-15 所示，其工作原理是：焊丝与工件之间燃烧的电弧使埋在颗粒状焊剂下面的焊丝端部、母材和焊剂熔化并使部分蒸发，金属和焊剂所蒸发的气体在电弧周围形成一个封闭空腔，电弧在这个空腔中燃烧。空腔被一层由熔渣所构成的渣膜所包围，这层渣膜不仅很好地隔绝了空气和电弧、熔池的接触，而且使弧光不能辐射出来。被电弧加热熔化的焊丝以熔滴的形式落下，与熔融母材金属混合形成熔池。密度较小的熔渣浮在熔池之上，熔渣除了对熔池金属起机械保护作用外，焊接过程中还与熔池金属发生冶金反应，从而影响焊缝金属的化学成分。电弧向前移动，熔池金属逐渐冷却后结晶形成焊缝。浮在熔池上的熔渣冷却后，形成渣壳可继续对高温下的焊缝起保护作用，避免被氧化。

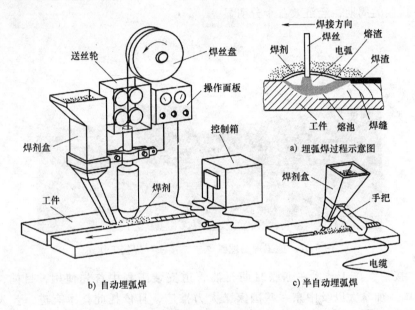

图 3-15 埋弧焊示意图

埋弧焊具有以下特点：

1）焊接生产率高。埋弧焊所用焊接电流大，加上焊剂和熔渣的隔热作用，热效率高，熔深大，单丝埋弧焊在工件不开坡口的情况下，一次可熔透 20mm。焊接速度高，以厚度 8～10mm 的钢板对接焊为例，单丝埋弧焊速度可达50～80cm/min，焊条电弧焊则不超过 10～13cm/min。

2）焊接质量好。焊剂和熔渣的存在不仅防止空气中的氮、氧侵入熔池，而且熔池较慢凝固，使液态金属与融化的焊剂间有较多时间进行冶金反应，减少了焊缝中产生气孔、裂纹等缺陷的可能性。焊剂还可以向焊缝渗合金，提高焊缝金属的力学性能。另外焊缝成形美观。

3）劳动条件好。焊接过程的机械化操作显得更为便利，而且烟尘少，没有弧光辐射，劳动条件得到改善。

由于埋弧焊采用颗粒状焊剂，一般仅适用于平焊位置，其他位置的焊接则需采用特殊措施，以保证焊剂能覆盖焊接区。埋弧焊主要适用于低碳钢及合金钢长直中厚板的焊接，难焊易氧化金属，是大型焊接结构生产中常用的一种焊接技术。其设备相对复杂。

　　埋弧焊在现场主要是作为管道专设的"二接一"焊接工作站的主要焊接方法。以埋弧焊为主"二接一"工作站因其焊接施工效率高、人力资源占用少、综合投资成本低、焊接作业环境好、操作技术难度低、恶劣环境适应强等优点，已开始应用于大口径长输管道安装焊接施工当中，如图 3-16 所示。如果在施工现场推广使用"二接一"钢管，可将主干线上的焊缝施工数量减少 40% ~ 50%，极大地缩短了铺设作业的周期，经济效益十分明显。

图 3-16　施工现场埋弧焊"二接一"焊接工作站

　　"二接一"施工技术在苏联时期石油管道安装工程中首先使用，目前，俄罗斯、美国、加拿大以及中东一些国家已大力推广，且依托此技术有进一步发展到"三接一""四接一"等焊接工作站的趋势。但是具有一票否决权的是运输双联管或三联管的道路是否可行，路况是否允许，有无运输长于 25m 双联管的条件，否则埋弧焊为主的"二接一"焊接工作站的使用将无意义。对于直径为 ϕ406mm 以上大壁厚的长输管线在钢管供货、运输以及路况均无问题时，尤其是考虑在低温环境下进行管道施工作业时，以埋弧焊为主的"二接一"焊接工作站方法是项目承包商的最佳选择。

　　在埋弧焊为主的"二接一"焊接工作站中，埋弧焊可以采用单丝埋弧焊，也可以采用多丝埋弧焊。

思　考　题

　　1. 简述电弧焊的分类。

　　2. 简述长输管道常用焊接方法及其应用场合。

　　3. 简述自保护药芯焊丝半自动焊的特点。

　　4. 简述 STT 技术、RMD 技术、CMT 技术等熔化极气体保护半自动焊的主要差异性。

第 ④ 章
长输管道工程用材料

第一节 管道用材

一、管道工程的发展趋势及其对管线钢的要求

铁路、公路、航空、水运与管道运输统称为五大运输业。据专家测算，管道运输是最为经济、简单的一种运输方式。特别是对于石油、天然气等流体来说更为有效，其特点是经济、安全和不间断。由于管道运输的有效性，目前它还作为煤、矿浆和其他固体物质的重要输送手段。根据美国中央情报局《世界各国纪实年鉴》的统计，2013 年全球运行的管道有 3559186 km，可绕地球 88 圈，其中天然气输送管线占世界管道总量的 80.5%，原油输送管线占世界管道总量 8.4%。今后，随着能源的快速增长，全世界仍将大量建设油气长输管线。长输管道工程建设的高速发展促进了管线钢、焊接材料、焊接工艺及焊接设备的发展。

从最初的工业管道至今，油气管线建设经历了一个多世纪的发展。早期建设的管线，离中心城市较近，地理环境和社会依托条件都较优越。如今新发现的油田大都在边远地区或地理条件恶劣的地带，如美国的普鲁德霍湾、欧洲的北海油田、俄罗斯的西伯利亚以及我国的西部油田等。随着海上油田、极地油气田的开发，对新时期的管道建设提出了更高的要求。目前管道工程的发展趋势有如下特点：

1. 大口径、长距离、高压输送

由建立在流体力学基础上的设计计算可知，原油管道单位时间输送量与输送压力梯度的平方根成正比，与略大于管道直径的平方成正比。因此加大管道直径、提高管道工作压力是提高管道输送量的有力措施和油气管线的基本发展方向，随着输气管道输送压力的提高，输送用钢管也相应地迅速向高强度钢级发展，从 X52、X60、X65 到 X70，甚至更高级别。高压输送和采用高强度钢级钢管，可使管道建设成本大幅降低，并且管道建成以后，管道运营的经济效益更加优异。根据加拿大的统计分析，每提高一个级别，就可减少建设成本 7%。但由于作用在管壁上的应力与钢管直径和内压成正比，因此管径和内压的增加要求壁厚和钢的强度增大。而壁厚和钢的强度级别的增大，会使管线钢出现断裂的概率增加，因此要求管线钢必须具有高的韧性储备。

2. 高寒和腐蚀的服役环境

由于全世界对能源的需求不断增加，人们正在偏远地区寻找和开发新的油田。与此相配套的管道多是在气候恶劣、人烟稀少、地质地貌条件极其复杂的地区建设。如美国横穿阿拉斯加的管道，途经冻土地区，气温最低可达 −70℃。1985 年苏联所建的西西伯利亚-中央输气管线，途经常年冻土区，气温最低可达 −63℃，积雪 70~90cm，在全长 4451km 的线路中，有 959km 通过沼泽，794km 通过水障碍。我国建设的西气东输管线，沿途要经过大片沙漠、戈壁高原、碱滩和沼泽地、地震活动断层和大落差地带；一些地区昼夜温差变化最大可达 30℃，冬季最低温度 −34℃，夏季地表最高温度可达 70~80℃，这些严酷的地域、气候条件不但给长输管线的施工造成困难，而且对管线钢的性能，尤其是管线钢的低温韧性和韧脆转变特性提出了更高的要求。

3. 海底管线的厚壁化

目前，油气产量中有 20% 的原油和 5% 的天然气来源于近海。海底管线与陆地管线的服役条件有很大差异。海底管线经受自重、管内介质、设计压力、管外水压等工作载荷以及风、浪、流、冰和地震等环境载荷的作用，要求钢管具有足够的 t/D 值（t 为管壁厚，D 为管径），因此高压、小直径和厚壁化已经成为近海管线的特点。

为了适应管道工程的发展趋势，保证管线建设和运行的经济性和安全性，对管道和管线钢的质量参数提出了更高的要求，同时，也推动了焊接材料、焊接技术的发展。

二、管道工程常用材料

1. 干线钢管用材

目前，长输管道干线用材主要执行标准有 GB/T 9711—2011、ANSI/API Spec 5L 等，代表性管材有：无缝钢管（20 钢、Q345）、L245、L290（X42）、L290R（X42R）、L320（X46）、L320N（X42N）、L360（X52）、L360N（X52N）、L415（X60）、L415Q（X60Q）、L450（X65）、L450M（X65M）、L485（X70）、L555（X80）、L625M（X90M）、L690M（X100M）、L830M（X120M）等。

上述字母"L"为 GB/T 9711—2011 对管线钢的标识，字母"X"为 API Spec 5L 对管线钢的标识，"L"之后的数字表示名义最小屈服强度，单位为 MPa，"X"之后的数字也表示名义最小屈服强度，单位为 kpsi（klbf/in^2，1kpsi = 6.89476MPa）。管线钢牌号中其他字母表示交货状态，其中 R——热轧；N——正火；M——热机械扎制或热机械成形；Q——淬火加回火。

2. 站场与阀室用材

长输管线配套的站场（包括泵站、加热站、计量站、储存设施、电力通信设施等）、阀室主要的功能是：①接收上游油气，计量后输往下站；②不合格天然气切换流程经站内放空火炬放空；③收、发清管器；④事故状况、维修期间放空和排污；⑤站内灾害性事故状况经站外去下站（或去放空管）；⑥下游用户增加时增压输送；⑦超压、分输或维修时截断。

目前，长输管配套的站场和阀室材料主要执行标准有：GB/T 9711—2001、API 5L 2007、ASTM、ASME 相关标准、EN10028、GB/T 20878—2007、GB/T 21832—2008、GB/T 14976—2012、NB/T 47008—2010、NB/T 47009—2010、NB/T 47010—2010 等；代表性材质有：无缝钢管（20 号、Q345）、Q345D Q345Ⅲ、L245、L290（X42）、L290R（X42R）、L320（X46）、L320N（X42N）、L360（X52）、L360N（X52N）、L415（X60）、L415Q（X60Q）、L450（X65）、L450M（X65M）、L485（X70）、L555（X80）、15MnNbR、P460NH、P275NH、P275NL1、P355NH、P355NL1、P460NL1、WPHY70、WPHY60、A694 F65、CF62、A312、TP316、A105、A106、A216 WCB、A333、A350、A352 LCB、19Ⅲ、20Ⅲ、St52.0 等。

在国内管线建设中，早期钢管制造基本上是利用进口材料，甚至是直接进口成品管，随着对管线钢需求的增大，我国逐渐研制生产出各个级别的管线钢，目前可以批量生产 X80 钢级及以下各种管材，X90、X100、X120 级别钢管正在深度研制开发中，X90、X100 已进入小批量试制和焊接工艺评定阶段。

我国 GB/T 9711—2011《石油天然气工业　管线输送用钢管》规范中常用无缝和焊接钢管管体牌号及性能见表 4-1（等效采用 API Spec 5L 规范）。

表 4-1　常用无缝和焊接钢管管体牌号及性能（GB/T 9711—2011）

管材等级	屈服强度 $R_{t0.5}$ /MPa(psi) 最小	屈服强度 $R_{t0.5}$ /MPa(psi) 最大	抗拉强度 R_m /MPa(psi) 最小	抗拉强度 R_m /MPa(psi) 最大	分类
L175/A25	175(25400)	—	310(45000)	—	普通碳素钢
L175P/A25P	175(25400)	—	310(45000)	—	
L210/A	210(30500)	—	335(48600)	—	
L245/B	245(35500)	—	415(60200)	—	
L245R/BR L245N/BN L245Q/BQ L245M/BM	245(35500)	450(65300)	415(60200)	760(110200)	
L290/X42	290(42100)	—	415(60200)	—	
L290R//X42R L290N/X42N L290Q//X42Q L290M//X42M	290(42100)	495(71800)	415(60200)	760(110200)	
L320/X46	320(46400)	—	435(63100)	—	

续表

管材等级	屈服强度 $R_{t0.5}$ /MPa(psi) 最小	屈服强度 $R_{t0.5}$ /MPa(psi) 最大	抗拉强度 R_m /MPa(psi) 最小	抗拉强度 R_m /MPa(psi) 最大	分类
L320N//X46N L320Q//X46Q L320M//X46M	320(46400)	525(76100)	435(63100)	760(110200)	普通低合金高强度钢
L360/X52	360(52200)	—	460(66700)	—	
L360N//X52N L360Q//X52Q L360M//X52M	360(52200)	530(76900)	460(66700)	760(110200)	
L390/X56	390(56600)	—	490(71100)	—	
L390N//X56N L390Q//X56Q L390M//X56M	390(56600)	545(79000)	490(71100)	760(110200)	微合金化高强度低合金钢
L415/X60	415(60200)	—	520(75400)	—	
L415N//X60N L415Q//X60Q L415M//X60M	415(60200)	565(81900)	520(75400)	760(110200)	
L450/X65	450(65300)	—	535(77600)	—	
L450Q//X65Q L450M//X65M	450(65300)	600(87000)	535(77600)	760(110200)	
L485/X70	485(70300)	—	570(82700)	—	
L485Q//X70Q L485M//X70M	485(70300)	635(92100)	570(82700)	760(110200)	微合金化高强度钢
L555Q//X80Q L555M//X80M	555(80500)	705(102300)	625(90600)	825(119700)	
L625M/X90M	625(90600)	775(112400)	695(100800)	915(132700)	
L690M/X100M	690(100100)	840(121800)	760(110200)	990(143600)	
L830M/X120M	830(120100)	1050(152300)	915(132700)	1145(166100)	

第二节　焊接材料

一、焊接材料分类

　　焊接材料是指焊接时所消耗材料的统称，焊接生产中使用的焊接材料包括焊条、焊丝、焊剂和保护气体。在焊接过程中，焊条、焊丝在焊接回路中可以传导电流，作为引燃电弧的一个电极。同时焊条和焊丝还起着填充金属的作用。在焊接热循环的作用下，焊条或焊丝被熔化，以熔滴的形式进入熔池并且与熔化了的母材共同形成焊缝。焊条药皮、焊剂与保护气体在焊接过程中的作用是冶金、保护、改善工艺性能。其分类如图 4-1 所示。

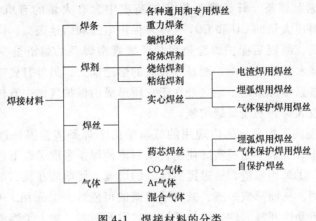

图 4-1　焊接材料的分类

二、长输管道常用焊接材料

随着长输管道向着大口径、高强度、高韧性、厚壁化方向的发展，长输管道焊接材料的选择是长输管道安装焊接需要考虑的一个重要方面，长输管道用焊接材料选取的合适与否直接关系着管线安装焊接质量、施工效率和经济效益。长输管道用焊接材料广义上包括焊条、焊丝、焊剂和保护气体，狭义上特指焊条和焊丝。

1. 焊条　长输管道用焊条目前多采用全位置焊条和传统的低氢型焊条。全位置焊条分为两类：一类是高纤维素型的（基于管线钢 C、S、P 含量较低，可以考虑使用），这种焊条焊接工艺性能好、熔渣量少，并且吹力较大，防止了熔渣和铁液的下淌，而且有较大的熔透能力和较快熔敷速度，在各种位置单面焊双面成形效果好，适于根焊和热焊，有代表性的如奥地利伯乐公司生产的 BOHLER FOX CEL 和 BOHLER FOX CEL 85 焊条、美国林肯公司生产的 FLEETWELD 5P + 焊条等；另一类是铁粉低氢型向下焊，该焊条的熔敷金属凝固速度快、铁液流动性和浸润性好，全位置焊时不易下淌，焊缝金属韧性、抗裂性好，适于各层的向下焊接，有代表性的如奥地利伯乐公司生产的 BOHLER FOX BVD 85 焊条。对于传统的低氢型焊条因其全位置根焊时，工艺性能一般、引弧困难、电弧稳定性差、飞溅较大、背面成形差、易产生气孔，故目前不再采用，一般用于维修和返修焊接填充盖面焊当中，有代表性的如四川大西洋公司生产的 CHE507GX 焊条。

上述常用高纤维素焊条规格一般为 $\phi3.2mm$、$\phi4.0mm$，铁粉低氢型焊条规格一般为 $\phi4.0mm$，普通低氢型焊条规格一般为 $\phi3.2mm$。

一般来讲，$R_{p0.5} \leqslant 415MPa$ 输油、输水管道干线焊接可选择高纤维素型焊条进行各层焊接；输气管道或 $R_{p0.5} > 415MPa$ 输油管道干线焊接可采用高纤维素型焊条根焊、热焊和低氢型向下焊条填充、盖面焊的复合工艺。

下面就管道常用焊条特性作一下简要叙述。

（1）纤维素型焊条 纤维素型焊条的药皮中含有大量的有机物——造气剂，焊接时高温分解出大量的 CO 和 CO_2 气体来保护电弧和熔池表面，同时少量的熔渣覆盖在熔池表面，凝固后保护焊缝金属。纤维素型焊条的熔渣量少，并且吹力较大，防止了熔渣和铁液的下淌，而且有较大的熔透能力，另外打底焊时可以单面焊双面成形。纤维素型焊条的不足之处在于它所形成的保护气体中有较多的氢，焊缝金属冷却速度过大时，易使焊缝增氢。

（2）低氢型向下焊条 国内现用的低氢型向下焊条多为国外进口，外国焊条的药皮特点尚不太了解。通过实际使用，推测该种焊条采取了以下两种措施防止熔渣和铁液下淌：①采用短渣，通过提高熔渣的熔点，使熔渣在较高的温度、较短的时间内就能凝固，从而形成短渣，减少了渣淌的可能性。②采用 FeO 作为稀释剂，以改善熔渣的流动性和浸润性，增加了熔渣的附着面积，加大了熔渣的附着力，同时使熔渣具有合适的表面张力和黏度，使焊条在进行向下焊接时熔渣不易下淌。

（3）传统低氢型向上焊条 传统低氢型向上焊条药皮主要组成物是碳酸岩矿石和萤石，碱度较高，熔渣流动性好，焊接工艺性能一般，焊波较粗，角焊缝焊接时略凸出，熔深适中，脱渣性较好，焊接时要求焊条干燥，并采用短弧焊。可全位置焊，低氢钠型焊条焊接电流为直流反接，低氢钾型焊条焊接电流为交流或直流反接。熔敷金属具有良好的抗裂性和力学性能。这类焊条的工艺性能一般，引弧困难，电弧稳定性差，飞溅较大。

2. 焊丝

焊丝是焊接时作为填充金属或同时作为导电的金属丝，它是长输管道用埋弧焊、气体保护焊和自保护焊等各种工艺方法的焊接材料。目前长输管线用焊丝分为实心焊丝、药芯焊丝两种。

（1）实心焊丝 长输管道焊接用实心焊丝主要有两类：一类用于埋弧焊，另一类用于熔化极活性气体保护焊。

1）埋弧焊用实心焊丝有低锰焊丝，如 H08A 配合高锰型熔炼焊剂用于低碳钢及强度级别较低的管线钢焊接；中锰焊丝，如 H08MnA、H10MnSi，配合高锰高硅低氟型熔炼焊剂主要用于管线钢焊接，并可配合低锰焊剂用于低碳钢焊接；高锰焊丝，如 H08Mn2Si、H08Mn2SiA 用于管线钢焊接；Mn-Mo 焊丝，如 H08MnMoA、H08MnMoTiB，配合低锰中硅中氟型熔炼焊剂、氟碱型烧结焊剂或硅钙型烧结焊剂主要用于强度级别较高的管线钢焊接。埋弧焊实心焊丝的直径一般在 1.6 ~ 6.4mm 范围以内。

2）活性气体保护焊用实心焊丝执行标准有 GB/T 8110—2008、AWS 5.18 和 AWS 5.28 等标准，最常用的焊丝有 H08Mn2SiA（相当于 GB/T 8110—2008 ER49-1），它具有良好的焊接工艺性能，适宜于焊接 $R_{eL} \leq 500MPa$ 的管线钢。当焊接强度级别较高的钢种时，则应选择含 Mo 的焊丝，例如，国产 H10MnSiMo 焊丝和执行美国标准 AWS 5.18 的锦泰公司生产的 JM—58、JM-68 焊丝、BOHLER SG3—P 焊丝。常用焊丝的规格为 $\phi0.9mm$、$\phi1.0mm$、$\phi1.2mm$ 等。

（2）药芯焊丝　近年来，随着长输管线向着高强度、大口径、厚壁化方向发展，传统的手工焊已逐渐地被半自动焊和自动焊所取代，其中以半自动焊应用发展最为迅速，随之而来的是药芯焊丝得以迅猛发展。药芯焊丝之所以能得到如此的重视和发展，与它自身的许多特点是分不开的，表现在：熔敷速度快，焊接生产率高；与实心焊丝相比，药芯焊丝电弧软、飞溅小，焊接工艺性能好；熔深大，成形美观；综合成本低。

药芯焊丝按焊接时保护方式的不同可分为气保护药芯焊丝和自保护药芯焊丝，其中自保护药芯焊丝以其特有的优越性在长输管道中广泛应用，执行标准有 GB/T 17493—2008 和 AWS A.29。有代表性的有 T8—Ni1 型（例如天津金桥 JC—29Ni1 $\phi2.0mm$ 焊丝、美国郝伯特 HOBART 81N1$\phi2.0mm$ 焊丝）、T8—Ni2、T8—K6 型（林肯 NR207$\phi2.0mm$ 焊丝）等，这种焊丝全位置操作性能好，熔敷速度快，同时焊缝金属韧性好，但焊缝金属在焊态下有粗大的柱状晶组织出现，使得其焊缝金属冲击韧性在焊态与热处理之间，多层焊和单道焊之间有很大的差别。因此采用 T8 型自保护焊丝焊接时，应严格控制焊接参数、热输入、焊接道次以及每道焊层的厚度等。

3. 保护气体

一般而言，长输管道的安装焊接多采用二氧化碳气体保护焊和氧化性混合气体保护焊，即所用的气体为 CO_2、$CO_2 + Ar$ 或 $CO_2 + Ar + O_2$。其中惰性气体（如 Ar）在熔化极气体保护焊中的作用是把电弧和熔化金属周围的空气排开，以免空气中的有害成分影响电弧的稳定性和液态金属被污染。其他非惰性气体（如 CO_2、O_2）也能用来作为熔化极气体保护焊的保护气体。其前提是这些气体虽然能与被保护液体金属发生某些冶金反应，但在焊接过程中可以创造条件使这些反应的后果不至于对焊接接头造成危害。如采用 CO_2 作为保护气体，虽然在焊接过程中 CO_2 在电弧的高温下分解出 O_2 和 CO，进而使 Fe 氧化生成 FeO 和可能导致气孔，但这一不良影响可通过在焊丝中加入适量的 Si、Mn 等脱氧元素来予以解决。研究发现，保护气体成分和流量对焊缝成形有一定的影响，成分和流量不同，则焊缝中含氧不同，焊缝成形就不同，缺陷概率也不同。如用气体保护焊进行根焊时采用纯 CO_2 作为保护气体且流量偏大时，因 CO_2 分解吸热作用使焊缝冷凝加快，铁液流动性变差，致使正面焊缝易形成山脊形，在随后的焊接过程中其凹陷处易导致未熔合、夹渣等缺陷，背面焊缝易导致假熔现象，这一问题在施焊环境温度较低和热输入较低时表现尤为突出。此外，焊缝因快速冷凝易导致焊缝中气孔。若采用 $CO_2 + Ar$ 混合气体如（15% ~20%）CO_2 +（85% ~80%）Ar 可改善铁液流动性，获得良好的焊缝成形，母材与焊缝过渡良好且焊缝中氧含量低，焊缝冲击韧性好。这一点在选择保护气体成分和流量时应予以重视。

4. 焊剂

对于焊剂的选择主要考虑焊剂的类型、焊剂与焊丝的匹配特性、焊剂的冶金性能和工艺性能。此外焊剂的粒度、含水量、机械夹杂物、硫磷含量也应予以考虑。从改善焊缝金属韧性的角度考虑，可选择高碱度焊剂。但应注意，当碱度超过某一临界值时，再提高碱度则会导致焊缝韧性下降，见表4-2。

表 4-2　德国 X70 级管线钢试焊时焊剂碱度对焊缝冲击韧性的影响

焊剂类型	碱度 B_1	$-30℃$ 焊缝冲击韧度/(J/cm^2)		
		H08D 焊丝	H08X 焊丝	W49 焊丝
SA42	0.72	52.9	39.3	67.8
SA65	0.75	51.3	46.3	66.5
SJ301	1.0	59.2	47.9	99.5
SJ101	1.7	103.0	38.6	52.3
SJ102	3.5	69.2	24.4	49.3

上表中，采用碱度最高的 SJ102 焊剂，焊缝韧性并不高，这主要是因为对于管线钢焊接，要求较高的焊接速度，特别是在厚板（≥12.7mm）不开坡口、不留间隙的焊接条件下，工艺性能恶化，焊缝表面出现气孔、麻点，焊缝中氧化物夹杂物明显增多，导致韧性下降。因此合理选择焊剂对提高焊缝韧性有重要意义。

三、焊材牌号、型号

1. 焊条牌号、型号

焊条牌号是根据焊条的主要用途及性能特点，对焊条产品的具体命名，其由焊条厂家制定。焊条型号是以焊条国家标准为依据、反映焊条主要特性的一种表示方法，是焊条生产、使用、管理及研究等有关单位必须遵照执行的，是根据焊缝的金属力学性能、药皮类型、焊接位置和焊接电流种类划分的。

我国焊条行业采用统一牌号，即属于同一药皮类型、符合相同焊条型号、性能相似的产品统一命名为一个牌号，如 J422、J507。不管是焊条厂自定的牌号，还是全国焊接材料行业统一牌号，都必须在产品样本或标签、质量证明书上注明该产品"符合国标""相当国标"或不加标注（即与国标不符），以便用户结合产品性能要求，对照标准去选用。每种焊条产品只有一个牌号，但多种牌号焊条可同时对应一个型号。如：牌号 J507RH 和 J507R，型号均为 E5015-G。

（1）焊条牌号表示方法　这里仅讲述国内焊条牌号编制方法，国内焊条牌号通常用"字母 X1X2X3"的形式来表示。字母表示焊条的类别，如"J"表示结构钢焊条，"A"表示奥氏体不锈钢焊条，"W"表示低温钢焊条等；数字 X1X2 表示焊条的主要性能或成分或用途；数字 X3 表示药皮类型及电流种类。此外，有些焊条为表示焊材的特殊用途及特殊要求，在数字 X3 之后还要附带元素符号或焊条特性符号。如附带"G"表示高韧性焊条；附带"R"表示压力容器用焊条，附带"X"表示向下立焊用焊条，附带"H"表示超低氢焊条；附带"RH"表示高韧性超低氢焊条，附带"CuP"表示有耐蚀性能要求的特殊用途焊条。

这里以长输管道常用结构钢焊条牌号进行示例说明如下，具体数字含义见表4-3、表4-4。

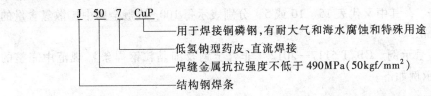

表 4-3　结构钢焊条牌号中第一和第二位数字的含义

牌号	焊缝金属抗拉强度等级/MPa(kgf/mm²)		焊缝金属屈服点等级/MPa(kgf/mm²)	
J42×	420	(42)	330	(34)
J50×	490	(50)	410	(42)
J55×	540	(55)	440	(45)
J60×	590	(60)	530	(54)
J70×	690	(70)	590	(60)
J75×	740	(75)	640	(65)
J80×	780	(80)	—	—
J85×	830	(85)	740	(75)

表 4-4　焊条牌号中第三位数字的含义

牌　号	类　型	电源种类	牌　号	类　型	电源种类
××0	不属已规定类型	不规定	××5	纤维素型	直流或交流
××1	氧化钛型	直流或交流	××6	低氢钾型	直流或交流
××2	氧化钛钙型	直流或交流	××7	低氢钠型	直流
××3	钛铁矿型	直流或交流	××8	石墨型	直流或交流
××4	氧化铁型	直流或交流	××9	盐基型	直流

（2）焊条型号表示方法

1）型号划分。焊条型号按熔敷金属力学性能、药皮类型、焊接位置、电流类型、熔敷金属化学成分和焊后状态等进行划分。

2）型号编制方法。GB/T 5117—2012《非合金钢及细晶粒钢焊条》中规定了焊条型号的编制方法。焊条型号由五部分组成：第一部分用字母"E"表示焊条；第二部分为字母"E"后面的近邻两位数字，表示熔敷金属抗拉强度代号，见表4-5；第三部分为字母"E"后面的第三位和第四位数字，表示药皮类型、焊接位置和电流类型，见表4-6；第四部分为熔敷金属的化学成分分类代号，可为"无标记"或短线"-"后的字母、数字或字母和数字的组合，见表4-7；第五部分为熔敷金属的化学成分分类代号之后的焊后状态代号，其中"无标记"表示焊态，"P"表示热处理状态，"AP"表示焊态或焊后热处理两种状态均可。

除以上强制分类代号外，根据供需双方协商，可在型号后依次附加可选代号：①字母"U"表示在规定试验温度下，冲击吸收能量可以达到47J以上；②扩散氢代号"H×"，其中×代表15、10或5，分别表示每100g熔敷金属中扩散氢含量的最大值（mL）。

3）型号示例。GB/T 5117—2012《非合金钢及细晶粒钢焊条》规范中完整的焊条型号示例如下。

示例一：

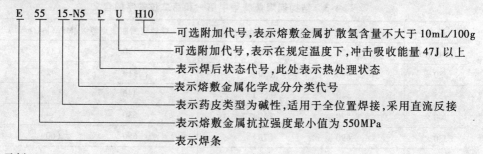

E 55 15-N5 P U H10
— 可选附加代号，表示熔敷金属扩散氢含量不大于10mL/100g
— 可选附加代号，表示在规定温度下，冲击吸收能量47J以上
— 表示焊后状态代号，此处表示热处理状态
— 表示熔敷金属化学成分分类代号
— 表示药皮类型为碱性，适用于全位置焊接，采用直流反接
— 表示熔敷金属抗拉强度最小值为550MPa
— 表示焊条

示例二：

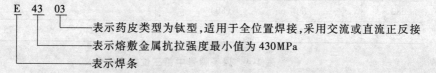

E 43 03
— 表示药皮类型为钛型，适用于全位置焊接，采用交流或直流正反接
— 表示熔敷金属抗拉强度最小值为430MPa
— 表示焊条

表4-5　熔敷金属抗拉强度代号

抗拉强度代号	最小抗拉强度值/MPa
43	430
50	490
55	550
57	570

表4-6　药皮类型、焊接位置和电流类型代号

代号	药皮类型	焊接位置①	电流类型
03	钛型	全位置②	交流或直流正、反接
10	纤维素型	全位置	直流反接
11	纤维素型	全位置	交流或直流反接
12	金红石型	全位置②	交流或直流正接

（续）

代号	药皮类型	焊接位置①	电流类型
13	金红石型	全位置②	交流或直流正、反接
14	金红石＋铁粉型	全位置②	交流或直流正、反接
15	低氢钠型	全位置②	直流反接
16	低氢钾型	全位置②	交流或直流反接
18	铁粉低氢钾型	全位置②	交流或直流反接
19	钛铁矿型	全位置②	交流或直流正、反接
20	氧化铁型	PA、PB	交流或直流反接
24	金红石＋铁粉型	PA、PB	交流或直流正、反接
27	氧化铁＋铁粉型	PA、PB	交流或直流正、反接
28	碱性＋铁粉低氢型	PA、PB、PC	交流或直流反接
40	不作规定	由制造商确定	
45	低氢钠型	全位置	直流反接
48	铁粉低氢钾型	全位置	交流或直流反接

① 焊接位置见 GB/T 16672—1996，其中 PA-平焊、PB-平角焊、PC-横焊、PD-仰角焊、PE-仰焊、PF-向上立焊、PG-向下立焊。
② 此处"全位置"并不一定包含向下立焊，由制造商确定。

表 4-7　熔敷金属的化学成分分类代号

分类代号	主要化学成分的名义含量(质量分数,%)				
	Mn	Ni	Cr	Mo	Cu
无标记、-1、-P1、-P2	1.0	—	—	—	—
-1M3	—	—	—	0.5	—
-3M2	1.5	—	—	0.4	—
-3M3	1.5	—	—	0.5	—
-N1	—	0.5	—	—	—
-N2	—	1.0	—	—	—
-N3	—	1.5	—	—	—
-3N3	1.5	1.5	—	—	—
-N5	—	2.5	—	—	—
-N7	—	3.5	—	—	—
-N13	—	6.5	—	—	—
-N2M3	—	1.0	—	0.5	—
-NC	—	0.5	—	—	0.4
-CC	—	—	0.5	—	0.4
-NCC	—	0.2	0.6	—	0.5

（续）

分类代号	主要化学成分的名义含量(质量分数,%)				
	Mn	Ni	Cr	Mo	Cu
-NCC1	—	0.6	0.6	—	0.5
-NCC2	—	0.3	0.2	—	0.5
-G	其他成分				

注：表中单值均为最大值。

2. 焊丝型号

焊丝是焊接时作为填充金属或同时作为导电的金属丝，它是埋弧焊、气体保护焊、自保护、电渣焊等各种工艺方法的焊接材料。随着焊接工艺方法的迅速发展，焊丝的生产增长很快。本节仅重点介绍长输管道常用气体保护焊焊丝和自保护药芯焊丝型号编制方法，至于其相应的焊丝牌号，因各焊材制造商编制方法不一致，这里就不做介绍。对于埋弧焊焊丝牌号及型号这里也不做介绍。

（1）气体保护电弧焊用实心焊丝和填充丝型号

1）型号划分。气体保护电弧焊用实心焊丝和填充丝（以下简称焊丝）按化学成分分为碳钢、碳钼钢、铬钼钢、镍钢、锰钼钢和其他低合金钢等 6 类。焊丝型号按化学成分和采用熔化极气体保护电弧焊时熔敷金属的力学性能进行划分。

2）型号编制方法。GB/T 8110—2008《气体保护电弧焊用碳钢、低合金钢焊丝》中规定了焊丝型号编制方法。焊丝型号由三部分组成，第一部分为字母"ER"表示焊丝；第二部分为"ER"后的两位数字，表示焊丝熔敷金属的最低抗拉强度，具体情况见表 4-8；第三部分为短线"-"后面的字母或数字，表示焊丝化学成分代号，具体情况见表 4-9。

表 4-8　熔敷金属拉伸试验要求

焊丝型号	保护气体[①]	抗拉强度[②] R_m/MPa	屈服强度[②] $R_{p0.2}$/MPa	伸长率 A(%)	试样状态
碳　钢					
ER50-2	CO_2	≥500	≥420	≥22	焊态
ER50-3					
ER50-4					
ER50-6					
ER50-7					
ER49-1		≥490	≥372	≥20	
碳钼钢					
ER49-A1	Ar + (1% ~5%) O_2	≥515	≥400	≥19	焊后热处理

（续）

焊丝型号	保护气体[1]	抗拉强度[2] R_m/MPa	屈服强度[2] $R_{p0.2}$/MPa	伸长率 A(%)	试样状态
铬 钼 钢					
ER55-B2	Ar+(1%~5%) O$_2$	≥550	≥470	≥19	焊后热处理
ER49-B2L		≥515	≥400		
ER55-B2-MnV	Ar+20% CO$_2$	≥550	≥440		
ER55-B2-Mn				≥20	
ER62-B3	Ar+(1%~5%) O$_2$	≥620	≥540	≥17	
ER55-B3L		≥550	≥470		
ER55-B6					
ER55-B8					
ER55-B9	Ar+5% O$_2$	≥620	≥410	≥16	
镍 钢					
ER55-Ni1	Ar+(1%~5%) O$_2$	≥550	≥470	≥24	焊态
ER55-Ni2					焊后热处理
ER55-Ni3					
锰 钼 钢					
ER55-D2	CO$_2$	≥550	≥470	≥17	焊态
ER62-D2	Ar+(1%~5%)O$_2$	≥620	≥540	≥17	
ER55-D2-Ti	CO$_2$	≥550	≥470	≥17	
其他低合金钢					
ER55-1	Ar+20% CO$_2$	≥550	≥450	≥22	焊态
ER69-1	Ar+2% O$_2$	≥690	≥610	≥16	
ER76-1		≥760	≥660	≥15	
ER83-1		≥830	≥730	≥14	
ERXX-G	供需双方协商				

① 本标准分类时限定的保护气体类型，在实际应用中并不限制采用其他保护气体类型，但力学性能可能会产生变化。

② 对于 ER50-2、ER50-3、ER50-4、ER50-6、ER50-7 型焊丝，当伸长率超过最低值时，每增加1%，抗拉强度和屈服强度可减少10MPa，但抗拉强度最低值不得小于480MPa，屈服强度最低值不得小于400MPa。

根据供需双方协商，可在型号后附加扩散氢代号"H×"，其中×代表15、10或5，分别表示每100g熔敷金属中扩散氢含量的最大值（mL）。

表4-9　焊丝化学成分（质量分数，%）

类别	焊丝型号	C	Mn	Si	P	S	Ni	Cr	Mo	V	Ti	Zr	Al	Cu①	其他元素总量
碳钢	ER50-2	0.07	0.90~1.40	0.40~0.70	0.025	0.025	0.15	0.15	0.15	0.03	0.05~0.15	0.02~0.12	0.05~0.15	0.50	—
	ER50-3			0.45~0.75											
	ER50-4	0.06~0.15	1.00~1.50	0.65~0.85							—	—	—		
	ER50-6		1.40~1.85	0.80~1.15											
	ER50-7	0.07~0.15②	1.50~2.00②	0.50~0.80											
	ER49-1	0.11	1.80~2.10	0.65~0.95	0.030	0.030	0.30	0.20	—	—	—	—	—		
碳钼钢	ER49-A1	0.12	1.30	0.30~0.70	0.025	0.025	0.20	—	0.40~0.65	—	—	—	—	0.35	0.50
铬钼钢	ER55-B2	0.07~0.12	0.40~0.70	0.40~0.70	0.025	0.025	0.20	1.20~1.50	0.40~0.65	—	—	—	—	0.35	0.50
	ER49-B2L	0.05					0.25	1.00~1.30	0.50~0.70	0.20~0.40					
	ER55-B2-MnV	0.06~0.10	1.20~1.60	0.60~0.90	0.030										
	ER55-B2-Mn		1.20~1.70					0.90~1.20	0.45~0.65						
	ER62-B3	0.07~0.12	0.40~0.70	0.40~0.70	0.025		0.20	2.30~2.70	0.90~1.20						
	ER55-B3L	0.05		0.50											
	ER55-B6	0.10					0.60	4.50~6.00	0.45~0.65						
	ER55-B8	0.10					0.50	6.00	0.80~1.20						
	ER62-B9③	0.07~0.13	1.20	0.15~0.50	0.010	0.010	0.80	8.00~10.50	0.85~1.20	0.15~0.30			0.04	0.20	

（续）

焊丝型号	C	Mn	Si	P	S	Ni	Cr	Mo	V	Ti	Zr	Al	Cu①	其他元素总量
镍钢														
ER55-Ni1	0.12	1.25	0.40~0.80	0.025	0.025	0.80~1.10	0.15	0.35	0.05				0.35	0.50
ER55-Ni2	0.12	1.25	0.40~0.80	0.025	0.025	2.00~2.75	—	—					0.35	0.50
ER55-Ni3	0.12	1.25	0.40~0.80	0.025	0.025	3.00~3.75	—	—					0.35	0.50
钼钢														
ER55-D2	0.07~0.12	1.60~2.10	0.50~0.80	0.025	0.025	0.15	—	0.40~0.60					0.50	0.50
ER62-D2	0.07~0.12	1.60~2.10	0.50~0.80	0.025	0.025	0.15	—	0.40~0.60					0.50	0.50
ER55-D2-Ti	0.12	1.20~1.90	0.40~0.80	0.025	0.025	—	—	0.20~0.50		0.20			0.50	0.50
其他低合金钢														
ER55-1	0.10	1.20~1.60	0.60	0.025	0.020	0.20~0.60	0.30~0.90	—	0.05	—	—		0.20~0.50	0.50
ER69-1	0.08	1.25~1.80	0.20~0.55	0.010	0.010	1.40~2.10	0.30	0.25~0.55	0.05	—	—		0.25	0.50
ER76-1	0.09	1.25~1.80	0.20~0.55	0.010	0.010	1.90~2.60	0.50	0.25~0.55	0.04	0.10	0.10	0.10	0.25	0.50
ER83-1	0.10	1.40~1.80	0.25~0.60	0.010	0.010	2.00~2.80	0.60	0.30~0.65	0.03	0.10	0.10	0.10	0.25	0.50
ERXX-G	供需双方协商确定													

注：表中单值均为最大值。

① 如果焊丝镀铜，则焊丝中 Cu 含量和镀铜层中 Cu 含量之和不应大于 0.50%（质量分数，下同）。

② Mn 的最大含量可以超过 2.00%，但每增加 0.05% 的 Mn，最大 C 含量应降低 0.01%。

③ Nb（Cb）：0.02%~0.10%；N：0.03%~0.07%；（Mn + Ni）≤1.50%。

3）型号示例。GB/T 8110—2008《气体保护电弧焊用碳钢、低合金钢焊丝》规范中完整的焊丝型号示例如下：

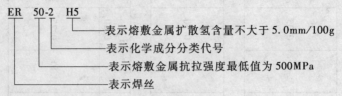

ER 50-2 H5

—— 表示熔敷金属扩散氢含量不大于 5.0mm/100g
—— 表示化学成分分类代号
—— 表示熔敷金属抗拉强度最低值为 500MPa
—— 表示焊丝

（2）低合金钢药芯焊丝型号

1）型号划分。低合金钢药芯焊丝按药芯类型分为非金属粉型药芯焊丝和金属粉型药芯焊丝。

非金属粉型药芯焊丝按化学成分分为钼钢、铬钼钢、镍钢、锰钼钢和其他低合金钢等五类。金属粉型药芯焊丝按化学成分分为铬钼钢、镍钢、锰钼钢和其他低合金钢等四类。

非金属粉型药芯焊丝型号按熔敷金属的抗拉强度和化学成分、焊接位置、药芯类型和保护气体进行划分；金属粉型药芯焊丝型号按熔敷金属的抗拉强度和化学成分进行划分。

2）型号编制方法。GB/T 17493—2008《低合金钢药芯焊丝》中规定了焊丝型号的编制方法。

① 非金属粉型药芯焊丝型号为 E×××T×-×× (-JH×)，其中字母 "E"表示焊丝，字母 "T"表示非金属粉型药芯焊丝，其他符号说明如下：

a）字母 "E"后面的前两个数字表示熔敷金属的最低抗拉强度。

b）字母 "E"后面的第三个数字表示推荐的焊接位置，见表 4-10。

c）字母 "T"后面的数字表示药芯类型及电流种类，见表 4-10。

d）第一个短线 "-"后面的符号表示熔敷金属化学成分代号；

e）化学成分代号后面的符号表示保护气体类型；"C"表示 CO_2 气体，"M"表示 Ar + （20% ~50%） CO_2 混合气体，当该位置没有符号出现时，表示不采用保护气体，为自保护型，见表 4-10。

f）型号中如果出现第二个短线 "-"及字母 "J"表示更低温度的冲击性能要求（可选附加代号）。

g）型号中如果出现第二个短线 "-"及字母 "H×"时表示熔敷金属扩散氢含量（可选附加代号），×表示每 100g 熔敷金属中扩散氢含量的最大值（mL）。

② 金属粉型药芯焊丝型号为 E×××C×-× (-H×)，其中字母 "E"表示焊丝，字母 "C"表示金属粉型药芯焊丝，其他符号说明如下：

a）字母 "E"后面的前两个数字表示熔敷金属的最低抗拉强度。

b）第一个短线 "-"后面的符号是熔敷金属化学成分代号；

c）型号中如果出现第二个短线 "-"及字母 "H×"时表示熔敷金属扩散氢含

量（可选附加代号），×表示每100g熔敷金属中扩散氢含量的最大值（mL）。

3）型号示例。GB/T 17493—2008《低合金钢药芯焊丝》规范中完整的焊丝型号示例如下：

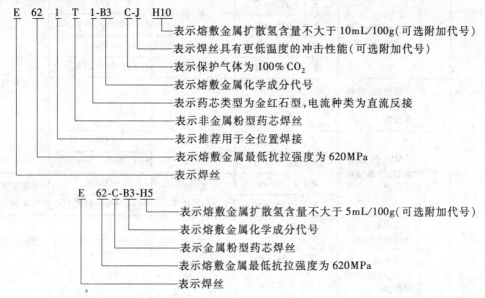

四、焊接材料质量管理

为了保证焊接材料的使用性能，焊接材料的质量管理应符合 JB/T 3223—1996《焊接材料质量管理规程》的规定，焊接材料的使用单位除了具备必要的储存、烘干、清理设施之外，还应建立可靠的管理规程并严格执行。

1. 焊材采购

焊接材料的采购人员应具备足够的焊接材料基本知识，了解焊接材料在焊接生产中的用途及重要性。焊接材料的采购应依据订货技术条件按择优定点的原则进行。在可能的条件下，尽量配套采购。

2. 焊材验收

焊接材料的验收内容应依据焊接产品的制造规程、焊接产品的种类及实际需要确定。验收过程中，检验焊接材料的包装是否符合有关标准要求，是否完好，有无破损、受潮现象。对于附有质量证明书的焊接材料，核对其质量证明书所提供的数据是否齐全并符合规定要求。检验焊接材料的外表面是否污染，在储运过程中是否有可能影响焊接质量的缺陷产生，识别标志是否清晰、牢固，与产品实物是否相符。若有相应规定，根据有关标准或供货协议的要求进行相应的试验，焊接材料的检验方法及检验规则一般应根据有关标准确定，必要时也可由供需双方协商确定。焊接材料经验收检验后应出具检验报告，并经有关职能部门认可。验收合格的焊接材料应在每个包装上做专门的标记。

表 4-10　药芯类型、焊接位置、保护气体及电流种类

焊丝	药芯类型	药芯特点	型号	焊接位置	保护气体①	电流种类
非金属粉型	1	金红石型,熔滴呈喷射过渡	E××0T1-×C	平、横	CO_2	直流反接
			E××0T1-×M		$Ar+(20\%\sim25\%)CO_2$	
			E××1T1-×C	平、横、仰、立向上	CO_2	
			E××1T1-×M		$Ar+(20\%\sim25\%)CO_2$	
	4	强脱硫、自保护型,熔滴呈粗滴过渡	E××0T4-×	平、横	—	
	5	氧化钙-氟化物型,熔滴呈粗滴过渡	E××0T5-×C		CO_2	直流反接或正接②
			E××0T5-×M		$Ar+(20\%\sim25\%)CO_2$	
			E××1T5-×C	平、横、仰、立向上	CO_2	
			E××1T5-×M		$Ar+(20\%\sim25\%)CO_2$	
	6	自保护型,熔滴呈喷射过渡	E××0T6-×	平、横	—	直流反接
	7	强脱硫、自保护型,熔滴呈喷射过渡	E××0T7-×			直流正接
			E××1T7-×	平、横、仰、立向上		
	8	自保护型,熔滴呈粗滴过渡	E××0T8-×	平、横		
			E××1T8-×	平、横、仰、立向上		
	11	自保护型,熔滴呈粗滴过渡	E××0T11-×	平、横		
			E××1T11-×	平、横、仰、立向下		
	×③	③	E××0T×-G	平、横	CO_2	③
			E××1T×-G	平、横、仰、立向上或向下		
			E××0T×-GC	平、横		
			E××1T×-GC	平、横、仰、立向上或向下		
			E××0T×-GM	平、横	$Ar+(20\%\sim25\%)CO_2$	
			E××1T×-GM	平、横、仰、立向上或向下		
	G	不规定	E××0TG-×	平、横	不规定	不规定
			E××1TG-×	平、横、仰、立向上或向下		
			E××0TG-G	平、横		
			E××1TG-G	平、横、仰、立向上或向下		

（续）

焊丝	药芯类型	药芯特点	型号	焊接位置	保护气体[1]	电流种类
金属粉型		主要为纯金属和合金,熔渣极少,熔滴呈喷射过渡	E××C-B2,-B2L E××C-B23-B3L E××C-B6,-B8 E××C-Ni1,-Ni2,-Ni3 E××C-D2	不规定	$Ar+(1\%\sim5\%)O_2$	不规定
			E××C-B9 E××C-K3,-K4 E××C-W2		$Ar+(5\%\sim25\%)CO_2$	
	不规定		E××C-G		不规定	

① 为保证焊缝金属性能,应采用表中规定的保护气体,如供需双方协商也可采用其他保护气体。

② 某些E××1T5-×C,-×M焊丝,为改善立焊和仰焊的焊接性能,制造商也可能推荐采用直流正接。

③ 可以是上述任一种药芯类型,其药芯特点及电流种类应符合该类药芯焊丝相对应的规定。

3. 焊材入库

存放焊接材料的库内可根据需要划分为"待检""合格"及"不合格"等区域,各区域要有明显的标记。验收合格的焊接材料应进行入库登记。其内容包括:

1) 焊接材料的名称、型号（或牌号）及可能使用的内部移植代号。

2) 规格。

3) 批号或炉号。

4) 数量（或重量）。

5) 生产日期。

6) 入库日期。

7) 有效期。

8) 生产厂。

焊接材料入库后即应建立相应的库存档案,诸如入库登记、质量证明书、验收检验报告、检查及发放记录等。

对于受潮、药皮变色、焊芯有锈迹的焊条须经烘干后进行质量评定。若各项性能指标满足要求时方可入库,否则不准入库。

4. 焊材库存保管

焊接材料的储存库应保持适宜的温度及湿度。室内温度应在5℃以上,相对湿度不超过60%。室内应保持干燥、清洁,不得存放有害介质。焊接材料应按有关的技术要求和安全规程妥善保管,一般要求焊材应存放在货架上,确保焊材离地、离墙距离不小于30cm。因吸潮而可能导致失效的焊接材料在存放时应采取必要的防潮措施,采用防潮剂或除湿机等。品种、型号及牌号、批号、规格、入库时间不同的焊接材料应分类存放,并有明确的区别标志,以免混杂。特种焊材储存与保管应高于一般性焊条，特种焊材应堆放在专用仓库或指定区域。

库存管理人员应具备有关焊接材料保存的基本知识，熟悉本岗位的各项管理程序和制度。定期对库存的焊接材料进行检查，并将检查结果作书面记录。发现由于保存不当而出现可能影响焊接质量的缺陷时，应会同有关职能部门及时处理。

5. 焊材出库

为了保证焊接材料在其有效期内得到使用，避免库存超期所引起的不良后果，焊接材料的发放应按先入先出的原则进行。原则上，焊材在供应给使用单位之后至少在 6 个月之内可保证使用。焊接材料的出库量应严格按产品消耗定额控制，并以领料单为出库凭据，经库存管理人员核准之后方可发放。库存期超过规定期限的焊条、焊剂及药芯焊丝，需经有关职能部门复验合格后方可发放使用。复验原则上以考核焊接材料是否产生可能影响焊接质量的缺陷为主，一般仅限于外观及工艺性能试验，但对焊接材料的使用性能有怀疑时，可增加必要的检验项目。规定期限自生产日期起可按下述方法确定：

1）焊接材料质量证明书或说明书推荐的期限。

2）酸性焊接材料及防潮包装密封良好的低氢型焊接材料为两年。

3）石墨型焊接材料及其他焊接材料为一年。

对于严重受潮、变质的焊接材料，应由有关职能部门进行必要的检验，并做出降级使用或报废处理的决定之后，方可准许出库。对于这类焊接材料的去向必须严格控制。

6. 使用过程中的管理

（1）一般要求 施工现场（或制造车间）应设置专门的焊接材料管理员，负责焊接材料的烘干、保管、发放及回收。施工现场（或制造车间）的生产主管人员对焊接材料的管理及使用全面负责，焊接技术人员及车间检查员应对焊接材料的管理及使用进行必要的检查监督，确保焊接材料的正确使用，防止由于焊接材料管理不善而发生质量事故。

（2）焊材烘干、保温及清理 烘干及清理焊接材料的场所应具备合适的烘干、保温设施及清理手段。烘干、保温设施应有可靠的温度控制、时间控制及显示装置。焊接材料在烘干及保温时应严格按有关技术要求执行。焊接材料在烘干时应排放合理、有利于均匀受热及潮气排除。烘干焊条时应注意防止焊条因骤冷骤热而导致药皮开裂或脱落。不同类型的焊接材料原则上应分别烘干，但在下述条件下，允许同炉烘干：

1）烘干规范相同。

2）不同类型焊接材料之间有明显的标记，不至于混杂。

焊接材料制造厂对有烘干要求的焊接材料应提供明确的烘干条件。焊接材料的烘干规范可参照焊接材料说明书的要求确定。说明书不明确时，可按以下要求进行烘干处理：受潮的纤维素型焊条的烘干温度为 70~80℃，保温时间 0.5~1.0h；酸性焊条烘干温度为 150~200℃，保温时间 0.5~1.0h；低氢型焊条的烘干温度为 350~400℃，保温时间 1~2h；超低氢型焊条的烘干温度为 400~450℃，保温时间 1~2h。管道常用 T8 型自保护药芯焊丝一般不要求烘干，若受潮，可进行 230~250℃，保温 1~2h 烘干处理。烘干焊条时，禁止将焊条突然放进高温炉内，或从高温炉中突然取出冷却，以防止焊条因骤冷骤热而产生药皮开裂脱皮现象。烘干焊条时，焊条不应成堆或成捆地堆放，应铺放成层状（一般 1~3 层），每层焊条堆放不能太厚，避免焊条烘干时受热不均和潮气不易排除。

要求焊前必须烘干的焊接材料，如果烘干后在常温下搁置 4h 以上，在使用时应再次烘干。但对烘干温度超过 350℃ 的碱性焊条而言，累计的烘干次数一般不宜超过 3 次，酸性焊条一般不超过 5 次。烘干后的焊条应置于 100~150℃ 的保温筒内，随用随取。为了控制烘干后的焊条置于规定温度范围以外的时间，焊工在领用焊条时应使用事先已加热至规定温度的保温筒。焊接材料管理员对焊接材料的烘干、保温、发放及回收应作详细记录，达到焊接材料使用的可追溯性。

焊丝、焊带表面必须光滑、整洁，对非镀铜或进行了防锈处理的焊丝及焊带，使用前应进行除油、除锈及清洗处理。

（3）识别标志　在使用过程中，应注意保持焊接材料的识别标志，以免发生错用，造成质量事故。

（4）焊接材料的回收　焊接工作结束后，剩余的焊接材料应回收。回收的焊接材料应满足下列条件：

1）标记清楚。

2）整洁，无污染。

（5）焊剂的重复使用　焊剂（特别是含铬的烧结焊剂）一般不宜重复使用，但在下述条件都得到满足时允许重复使用：

1）用过的旧焊剂与同批号的新焊剂混合使用，且旧焊剂的混合比在 50% 以下（一般宜控制在 30% 左右）。

2）在混合前，用适当的方法清除了旧焊剂中的焊渣、杂质及粉尘。

3）混合焊剂的颗粒度符合规定的要求。

五、长输管道用焊接材料选用原则

焊接材料选用主要有等强性原则、等同性原则、等韧性原则等三个原则。

1）等强性原则：对于承受静载或一般载荷的工件或结构，通常选用屈服强度与母材相等的焊接材料。

2）等同性原则：在特殊环境下工作的结构，如要求耐磨、耐蚀、耐高温或低温等，具有较高力学性能，则应选用能保证熔敷金属的性能或成分与母材相近或相似的焊接材料。

3）等韧性原则。对需要受动载荷或冲击载荷的产品和工件，或需要承受低温的产品和工件，为保证其运行过程中不开裂而安全运行，一般要求焊缝韧性指标不低于母材冲击韧度规定值的下限，这种情况下应选用熔敷金属冲击韧度较高的焊接材料。

而对于长输管道用焊接材料的选用，主要考虑以下几个方面。

1. 焊缝金属与母材的强韧性配合

近些年来高强度管线钢越来越多地应用于油气管道工程。这些高强度管线钢面临的一大难题是最佳强度与韧性的匹配，以达到管道设计的要求。同时，一些公认的但非强制性执行的工程关键性评价（ECA）规范（如管道环形焊缝缺陷规范 API 1104 附录 A 等）都是假设管件金属与焊缝金属的屈服强度是相等的。这样，断裂驱动力实际取决于焊缝金属屈服强度的高匹配（焊缝金属强度高于母材强度的配合）、等匹配（焊缝金属强度近似于母材强度的配合）或低匹配（焊缝金属强度低于母材强度的配合）的程度。也就是说，在焊缝与母材的匹配上，希望焊缝金属与母材金属有相等或近似的强度，而且有足够的韧性。

环形焊缝实现高匹配、等匹配或低匹配的决定因素是焊接材料的选择。一般来讲，高匹配或等匹配焊缝拉伸试样断裂发生在母材的热影响区处，低匹配焊缝拉伸试样断裂发生在焊缝金属处，这是因为焊缝在冷凝过程中使得高匹配的焊缝金属强度比低匹配的焊缝金属强度高很多。

另一方面，从低温冲击韧度的角度考虑，在多年的强韧匹配试验过程中，通过对比分析了大量焊接接头的 −20℃冲击吸收能量（包括焊缝中心和熔合线处的冲击吸收能量），得知从一般意义上来讲，高匹配或等匹配方式的焊缝 −20℃冲击吸收能量易满足相应技术规范要求，而低匹配焊缝的 −20℃冲击吸收能量难以做到。导致这一结果的原因之一在于完成的高匹配或等匹配焊缝冷凝收缩引发的塑性变形主要由母材来承担，而低匹配焊缝冷凝收缩引发的塑性变形则主要由焊缝来承担所致。也就是说低匹配焊缝对应 −20℃冲击吸收能量较低的原因在于其焊缝塑性储备不足所致。同时还得出：同一焊缝铸态的焊缝中心处的 −20℃冲击吸收能量一般比受微合金化控扎母材影响较密切的熔合线处冲击吸收能量低。为此对低匹配焊缝选材时应选择含有提高低温冲击韧度元素的焊接材料，如西气东输管道工程自保护药芯焊丝焊接时，为获得要求的低温冲击韧度，宜选 Ni 含量高的 E71T8-Ni1 型焊丝（如 HOBART 81N1 ϕ2.0）而不宜选择 Ni 含量低的 E71T8-K6 型焊丝（如 Lincoln NR207 ϕ2.0）。事实上，不论何种匹配方式，选用含 Ni 焊丝均有利于提高焊缝的低温冲击吸收能量，如美国阿拉斯加管线对 X60、X65、X70 管线钢选用中性焊剂匹配含 Ni 焊丝可使焊缝 −29℃最小冲击吸收能量达 47J，−46℃最小冲击吸收能量达 27J。

低匹配焊缝金属一般不会造成管体金属的屈服，其焊缝金属产生断裂或有效截面积屈服取决于焊缝金属的韧性程度。无论采取哪种配合方式，都应关注焊缝金属的韧性，尤其是对于低匹配焊缝金属韧性应给予更大的关注。由于低匹配焊接接头所需的裂纹尖端开口位移量（CTOD）要比等匹配和高匹配焊接接头大，如果低匹配焊缝金属能保持达到所需变形的韧性，那么就可以在环形焊缝中使用。

对于焊缝金属的高匹配也应有全面的认识。有人认为，焊缝中不宜出现焊缝金属强度比母材强度低的现象，因为这样可能会产生由焊缝应变部位引起的不稳定断裂。然而，对高强度钢的早期研究证明焊缝强度高不总是件好事，因为使用高强度焊缝金属往往会提高焊缝金属对冷裂纹的敏感性，而降低其断裂韧度。

综合大量的试验研究，把开发管线环焊缝所用焊材确定为管道最小抗拉强度原则，即除非有足够的韧性，未稀释纯焊缝金属所具有的抗拉强度应至少等于规定的用于所建管道材料等级的最小抗拉强度（SMTS）。一旦这种要求被满足，焊缝金属自身的高强比，可具有足够高的实际屈服强度。

这里还要引起重视的是，对于同一类型不同级别的钢管对接，选择焊接材料时以强度级别低的管材为基准。

2. 焊缝缺陷

在焊接材料选择时，除考虑焊缝金属与母材的强度配合外，把环焊缝中的焊接缺陷的数量和尺寸控制在有关规范规定的范围之内，并尽量减少焊缝金属中扩散氢含量是十分重要的。管线环形焊缝中主要缺陷是气孔、夹杂、夹渣和根部区的咬边。焊缝缺陷是除焊缝金属强度匹配之外，影响焊缝金属所需要的韧性值的最重要因素，为此应尽量选择工艺性能良好的焊材。

3. 熔敷率

不同类型和规格的焊接材料的熔敷率是不同的。熔敷率的大小影响着焊接速度，间接影响管线安装施工效率。所以从工程经济效益的角度来看，不同焊接方法的不同材料选择对管线施工效率和经济效益影响很大，是必须考虑的重要因素。统计数据表明，焊丝的熔敷率可达 90%，而焊条的熔敷率通常为 50% ~ 55%，自保护药芯焊丝的熔敷率一般在 75% 左右。

4. 工艺性能

焊接材料的工艺性能包括引弧和稳弧性能、电弧吹力和挺直性、铁液的流动性、熔渣的黏度、吸潮性、全位置的成形情况、脱渣性及飞溅率等。工艺性能的好坏，一定程度上影响焊接接头的质量和焊工操作水平的更好发挥。工艺性能的好与差体现在整个焊接操作过程当中。多年的实践工作证实，类型不同或类型相同但生产厂家不同的焊接材料其操作工艺性能有很大的不同。即便是同一生产厂家生产的同一类型焊接材料，因批号不同，其操作工艺性能也会不同。因此在所完成的焊接接头理化性能符合要求的前提下，筛选出工艺性能良好的焊接材料对控制管道安装焊接质量十分重要。

5. 熔合比

焊缝的力学性能决定于焊缝及实际的化学成分与组织。同一焊材焊接同一管材时，坡口形式不同，导致熔合比不同，进而使得焊缝的化学成分与组织不同，焊缝的性能不同，因而选择焊接材料时要考虑熔合比对焊缝质量的影响，进而获得理想的理化性能。

6. 性价比

在保证良好的操作工艺性能和焊接质量要求的前提下，应尽量选择国产焊接材料和尽可能地选择多家焊接材料进行工艺评定和现场焊接，这样有利于焊接材料招投标工作的良性发展，进而降低管线安装用焊接材料的投资成本。

7. 性能稳定性

选择焊接材料时其性能稳定性也需要大家引起足够的重视。在管线安装焊接过程中，我们发现不同厂家因人员素质、工装设备、原材料供应、制造工艺、管理水平等不一样，其生产的同一类型焊材质量稳定性存在差异，即便是同一厂家提供的同一牌号和规格的焊接材料，因批号或制造时间不同，或其他不确定因素，其操作工艺性能和相应的理化性能也存在一定的差异。因此为选择出理化性能稳定的焊接材料进而控制和确保管道安装焊接质量，对于焊接工艺研究和工艺评定用焊接材料，虽有厂家提供的合格质量证明书，但仍建议在开始焊接工艺研究和工艺评定试验之前，分批号多次随机抽检焊接材料的理化性能。其一可验证所提交的质量证明书的真实性；其二可获得实际必需的理化性能，为制定焊接材料采购用的技术规格书提供依据；其三可选出理化性能稳定的焊接材料。

8. 特殊性能要求

随着管道工业的不断发展，管道安装条件的苛刻化也对焊接材料的选择提出了特殊的要求，如极地、高寒地带的油气开发，要求管线有更高的低温韧性，较低的韧脆转变温度及良好的焊接性；沙漠、戈壁、沼泽地等油田的开发，要求管道减少或取消中间泵站、加热站和人为管理系统，实现管道的高压、长距离输送，管道应有足够的强度和韧性；海洋油气田的开发，要求管线厚壁化。随着海水深度的增加，厚壁化的趋势越加明显，这就要求管道应有可靠的性能，如强度、韧性及抗疲劳断裂能力等；含 CO_2、H_2S 和氯化物腐蚀介质的油气田开发，要求管线有较好的抗应力腐蚀（SCC）和抗氢致裂纹（HIC）的性能；煤浆、矿浆等固液两相体的输送，不仅要求管线有较高的强度和韧性，而且应有较好的耐磨损性能。因而焊接材料的选择还应考虑上述特定场合下的相应特殊性能的要求。

此外，焊接材料的选择还应考虑现场安装焊接拘束情况、适用对象（特指干线焊接、连头焊接及返修焊接）、对人身健康和周围环境的影响以及焊接材料的高原反应现象从格拉（格尔木—拉萨）管线焊材使用情况反馈信息获悉，当施焊位置海拔超过 3800m 时，随着海拔的增加，低氢型焊接材料在 4：00 ~ 8：00 位置 N_2 和 CO 气孔倾向性增加。产生这一现象的主要原因，初步分析认为是由于随着海拔的增加，大气压低，依据化学平衡理论，则药皮或药芯中碳酸盐分解程度加深，熔渣中自由的 FeO 含量增加，进而使得熔池冷凝结晶过程中 CO 增多，气孔倾向性增大；同时，大气压低，则电弧分散度加大，使得电弧力减弱，CO_2 分压降低使得气保护效果变差，进而易导致 N_2 气孔。至于更深层次的原因还需进一步的探讨与研究。

思 考 题

1. 阐述管线钢代号 "L450MB" "X80" 字母、数字的含义。

2. 简述管道用纤维素焊条和自保护药芯焊丝的特点。

3. 简述中国焊材规范中焊材型号 "E4310"、"E491T8-Ni1J"、"E5518"、"ER50-G" 字母、数字的含义。

4. 简述长输管道用纤维素焊条、低氢焊条、超低氢焊条的烘干要求。

5. 简述长输管道焊接材料选用原则。

6. 简述长输管道焊接材料选用时主要考虑的因素。

第 ⑤ 章
典型电弧焊操作技术

第一节　传统焊条电弧焊操作技术

一、引弧、运条和收弧

1. 引弧

电弧焊时，引燃焊接电弧的过程叫作引弧。电弧引燃的方法有两种：一种叫划擦法，另一种叫直击法，如图 5-1 所示。

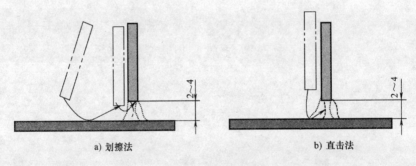

a) 划擦法　　　　　　　　b) 直击法

图 5-1　引弧方法

（1）划擦引弧法　划擦引弧法是先将焊条引弧端对准工件，然后像划火柴似的将焊条在工件表面上轻轻划一下，引燃电弧，再迅速将焊条提升到使弧长保持 2~4mm 高度的位置，并使电弧稳定燃烧。这种引弧方法的优点是电弧容易引燃，操作简便，引弧成功率高。缺点是容易损坏工件的表面，造成工件表面电弧划伤。

（2）直击引弧法　直击引弧法是将焊条末端垂直地在工件起焊处轻微撞击，然后迅速将焊条提起，电弧引燃后，立即使焊条末端与工件保持 2~4mm，使电弧稳定燃烧。这种引弧方法的优点是不会使工件表面造成划伤缺陷，又不会受工件表面的大小及工件形状的限制，所以是生产中采用的主要方法。缺点是引弧成功率低，操作不易掌握。

2. 运条

运条是整个焊接过程中最重要的一个环节，它会直接影响到焊缝的外观质量和内部质量，是衡量焊工操作技术水平的重要标志之一，所以在焊接过程中，为了稳定电弧，保持熔池的几何形状，控制焊缝成形，以获得均匀一致的焊缝，焊条要做必要的运动，这种运动可以分解成三个基本动作，前移、送进和摆动。平敷焊操作如图5-2所示。

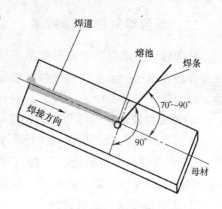

图 5-2　平敷焊操作

1）前移　焊条沿焊接方向均匀移动。电弧在该方向上的行走速度即为焊接速度。焊接速度的大小对焊缝成形有着重要影响，应根据焊条直径、电流的大小、工件厚度、装配间隙及焊缝位置等因素正确选择。

2）送进　沿焊条中心线不断地向熔池送进，以保持电弧的长度，确保电弧稳定地燃烧。

3）摆动　根据需要可使焊条垂直于焊接方向作横向摆动，目的是控制熔池的几何形状，以获得所需要的焊缝宽度。

3. 收弧

焊接结束时，如果直接拉断电弧，则会形成弧坑。弧坑会减弱焊接接头的强度和产生应力集中，从而导致弧坑裂纹。常用的收弧方法有：

（1）画圈收弧法　焊条移至焊道终端时，焊条端部作圆圈运动，直至填满弧坑后再拉断电弧，此方法适用厚钢板焊接，如图5-3所示。

（2）回焊收弧法　将电弧移至焊缝收尾处稍做停留，且改变焊条角度回焊一段后拉断电弧。此法适用于碱性焊条，如图5-4所示。

（3）反复断弧收弧法　焊条移至焊道终端时，在弧坑处做数次反复熄弧、引弧，直至填满弧坑为止，如图5-5所示。此法适用于薄板焊接。

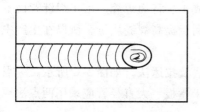

图 5-3　画圈收弧法示意图

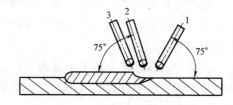

图 5-4　回焊收弧法示意图

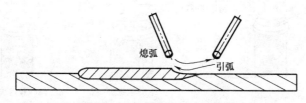

图 5-5　反复断弧收弧法示意图

二、单面焊双面成形技术

单面焊双面成形工艺是根焊的主要方法之一。它与双面焊相比，可省略翻转焊接及背面清根这一道工序，尤其是适用于无法进行双面焊的构件和场合。因此在锅炉、压力管道等施工中，这种工艺得到广泛应用。

1. 单面焊双面成形操作工艺特点

单面焊双面成形就是将工件开成单面坡口（如单面 V 形坡口、单面 U 形坡口等），只要在坡口面一侧进行焊接（背面不清根、不施焊），就可同时在工件坡口正、背两面形成一条贯通的焊道，而且背面的焊缝成形良好。

2. 单面焊接双面成形方法

焊条电弧焊单面焊双面成形工艺，按照操作方法可分为连续电弧焊法（简称连弧焊法）和间断灭弧焊法（简称断弧焊法）。连弧焊法，采用焊条的直径 $\phi \leqslant$ 3.2mm 且采用较小的焊接电流，工件组对参数要求严格，焊接规范较窄，此方法难度小较易掌握。断弧焊法，可选择的焊接参数范围较宽，电弧具有足够的穿透能力，它是通过调节电弧引燃和熄灭的时间控制熔池，便于操作和提高焊缝质量。连弧焊法比断弧焊法效率高。

无论是连弧焊法还是断弧焊法，按照电弧对坡口根部的熔化作用机理又可分为渗透焊法和击穿焊法。渗透焊法容易使一部分接头在半熔化下连接在一起，甚至形成"冷接"，导致坡口根部产生未熔合。因此这种焊接方法无论是在焊接考试还是在实际工程上都不采用。击穿焊法是在焊接过程中依靠电弧的穿透能力，直接熔透坡口根部，并使每侧焊根熔化 1.5 ~ 2.0mm，在熔池前沿造成一个大于根部间隙的熔孔。熔滴金属一部分过渡到焊缝根部及背面，与熔化的焊根共同组成熔池，大部分熔滴金属则熔敷在正面，与母材金属混合形成正面焊道熔池，正面焊道熔池与背面焊道熔池互为一体，在电弧熄灭过程中结晶形成正、背面焊缝。由于焊缝背面不仅成形好，而且有电弧气氛和熔渣保护，因此有利于提高焊缝质量，所以在生产中多采用击穿法。

击穿焊法在操作方法上可分为一点法、两点法及拉运法，如图 5-6 所示。一点法适用于薄板、小直径管及小间隙时的焊接。对于厚板、大直径管应采用两点法或拉运法施焊。

图 5-6 击穿焊法的三种形式

作为一名技术全面的电焊工，既要掌握根焊的连弧焊法，又要掌握断弧焊法，这样才能使自己的焊接技能水平不断提高和完善，更好地完成各种结构件的焊接任务，所以建议平板、立板采用连弧焊法根焊，横板、仰板采用断弧焊法，这样在学习过程中，不仅掌握了连弧焊法同时又掌握了断弧焊法的根焊技术。

三、板的焊接

板的焊接是电弧焊焊工焊接操作的基础，所有从事电弧焊操作的人员都应从板开始练习，从板的焊接中学会对电弧和熔池的控制。

1. 板的平焊

现以厚度为 12mm 的板为例说明板的平焊。板的平焊装配尺寸见表 5-1。板的平焊焊接参数见表 5-2。

表 5-1　板的平焊装配尺寸

坡口角度/(°)	钝边/mm	装配间隙/mm	反变形/(°)	错边量/mm
60	0 ~ 0.5	始焊端 3.2　终焊端 4.0	3 ~ 4	≤2

表 5-2　板的平焊焊接参数

焊接层次	焊条直径/mm	焊接电流/A	电弧电压/V	焊接速度/(cm/min)
根焊	3.2	70 ~ 90	22 ~ 26	10 ~ 16
填充焊	4.0	160 ~ 175	25 ~ 30	10 ~ 15
盖面焊		150 ~ 165	25 ~ 30	8 ~ 12

平焊时，由于工件处在俯焊位置，与其他焊接位置相比操作较容易。它是板状工件其他各种位置、管状工件各种位置焊接操作的基础。平焊位置根焊时，熔孔不易观察和控制，在电弧吹力和熔化金属的重力作用下，使焊道背面易产生超高的余高或焊瘤等缺陷。因此板的平焊仍具有一定难度，焊接要点如下：

（1）焊道分布　单面焊四层四道，如图 5-7 所示。

图 5-7　焊道分布

（2）焊接位置　试板放在水平面上，间隙小的一端放在左侧。

（3）根焊　根焊时焊条与试件的角度如图 5-8 所示，采用小幅度锯齿形横向摆动，并在坡口两侧稍停留，连续向前焊接，即采用连弧焊法根焊。

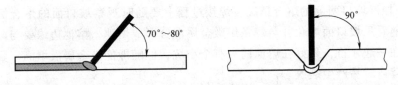

图 5-8　平位根焊时的焊条角度

根焊时应注意的事项如下：

1）控制引弧位置。根焊层从试板的左端定位焊缝的始焊处引弧，电弧引燃后，稍作停顿预热，然后横向摆动向右施焊，待电弧到达定位焊缝右侧前沿时，将焊条下压并稍作停顿，以便形成熔孔。

2）控制熔孔的大小。在电弧的高温和吹力作用下，试板坡口根部熔化并击穿形成熔孔，如图 5-9 所示，此时立即将焊条提起至离开熔池约1.5mm，就可以向右正常施焊。根焊层焊接时为保证得到良好的背面成形和优质焊缝，焊接电弧要控制短些，运条要均匀，前进的速度不宜过快。要注意将焊接电弧的 2/3 覆盖在熔池上，电弧的 1/3 保持在熔池前，用来熔化和击穿工件的坡口根部形成熔孔。施焊过程中要严格控制熔池的形状，尽量保持大小一致，并观察熔池的变化及坡口根部的熔化情况，焊接时，如果出现熔孔明显变大现象，则可能要焊穿或产生焊瘤。

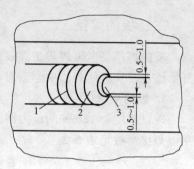

图 5-9　平板对接平焊时的熔孔
1—焊缝　2—熔池　3—熔孔

熔孔的大小决定背面焊缝的宽度和余高，若熔孔太小，焊根熔合不好，背弯时易裂开；若熔孔太大，则背面焊道既高又宽，而且容易焊穿，通常熔孔直径比间隙大 1~2mm 较好。

焊接过程中若发现熔孔太大，可稍加快焊接速度和摆动频率，减少焊条与工件间的夹角；若熔孔太小，则可减慢焊接速度和摆动频率，加大焊条与工件间夹角。

理论上，可以用改变焊接电流的办法来调节熔孔的大小，但这种办法是不可取的，因为实际焊接过程中，不可能随时调整焊接电流，调整焊接电流时需停止焊接，这对焊接效率会产生影响。因此要用改变焊接速度、摆动频率和焊条角度的办法来改善熔池状况，这正是焊条电弧焊的优点。

3）控制金属液和熔渣的流动方向。焊接过程中电弧永远要在金属液的前面，利用药皮熔化时产生的气体定向吹力，将金属液吹向熔池后方，这样既能保证熔深，又能保持熔渣与金属液分离，减少夹渣和产生气孔的可能性。焊接时要注意观察熔池的情况，熔池前方稍下凹，金属液比较平静，有颜色较深的线条从熔池中浮出，并逐渐向熔池后上方集中，这就是熔渣，如果熔池超前，即电弧在熔池后方时，很容易夹渣。

4）控制坡口两侧的熔合情况。焊接过程中要随时观察坡口面的熔合情况，必须清楚地看见坡口面熔化并与焊条熔敷金属混合形成熔池，熔池边缘要与两侧坡口面熔合在一起才行，最好在熔池前方有个小坑，但随即能被金属液填满，否则熔合不好，背弯时易产生裂纹。

5）焊道接头。焊接过程中无法避免焊道接头，因此必须掌握好接头技术。当焊条即将焊完，需要更换焊条时，将焊条向焊接的反方向拉回约 10～15mm，如图 5-10a 所示，并迅速抬起焊条，使电弧拉长很快熄灭，这样可消除收弧缩孔。或将电弧带到焊道表面，以便在下一根焊条焊接时将其熔化掉。注意回烧时间不能太长，尽量使接头处成为斜面，如图 5-10b 所示。

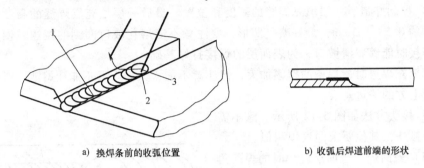

a) 换焊条前的收弧位置   b) 收弧后焊道前端的形状

图 5-10　焊接接头前的焊道

根焊焊道的接头方法有以下两种：

1）热接法。热接法就是在前一根焊条的熔池还没有完全冷却就立即接头。这是生产中常用的方法，也最适用，但接头难度大。接好头的关键有三点：

① 更换焊条要快。前一根焊条焊完后，立即换另一根焊条，趁熔池还未完全凝固时，在熔池前方 10～20mm 处引燃电弧，并立即将电弧后退到接头处。

② 位置要准。电弧后退到弧坑处，观察新熔池的后沿与原先的弧坑后沿相切时立即将焊条前移，开始连续焊接。由于原来的弧坑已被熔渣覆盖着，只能凭经验判断弧坑后沿的位置，因此操作难度大。如果新熔池的后沿与弧坑后沿不重合，则接头不是太高就是"缺肉"，因此必须反复练习。

③ 掌握好电弧下压时间。当电弧已向前运动，焊至原弧坑的前沿时，必须再下压电弧，重新击穿间隙再生成一个熔孔，待新熔孔形成后，再按前述要领继续焊接。这段时间和位置是否合适，决定焊缝背面焊道的质量，也是较难掌握的。

2）冷接法。冷接法就是收弧处的焊道已降到较低的温度，下一根焊条才引弧焊接。为了保证焊道的接头质量，应在收弧处将焊道打磨成斜坡，以利于焊道的接头。冷接法比热接法容易，但焊接效率较低。

（4）填充焊　填充层施焊前，先将前一层焊道的焊渣、飞溅清除干净，再将前一层焊道的接头打磨平整，然后进行填充焊。填充焊时的焊条角度如图 5-11 所示。

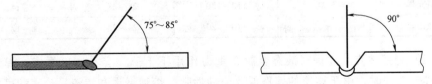

75°～85°   90°

图 5-11　填充焊时的焊条角度

焊填充层焊道时需注意以下几点：

1）控制好焊道两侧的熔合情况。填充焊时，焊条摆幅加大，在坡口两侧停留时间可比根焊时稍长些，必须保证坡口两侧有一定的熔深，并使填充焊道表面稍向下凹。

2）控制好最后一层填充焊缝的高度和位置。最后一层填充层焊缝的高度应低于母材约 0.5~1.5mm，最好略呈凹形，要注意不能熔化坡口两侧的棱边，便于表面层焊接时能够看清坡口，为表面层的焊接打好基础。

焊填充焊道时，焊条的摆幅加大，但注意不能太大，千万不能让熔池边缘超出坡口面上方的棱边。

3）接头方法如图 5-12 所示。除不需向下压弧外，其他要求同根焊相似。

（5）盖面焊　盖面层施焊时的焊条角度、运条及接头方法与填充层相同。但盖面层施焊时焊条摆动的幅度要比填充层大。摆动时要注意摆动幅度一致，运条速度均匀。同时注意观察坡口两侧的熔化情

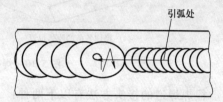

图 5-12　填充层焊道接头方法示意图

况，施焊时在坡口两侧稍作停顿，以便使焊缝两侧边缘熔合良好，避免产生咬边，以得到优质的焊缝表面。

焊条的摆幅由熔池的边沿确定，焊接时必须注意保证熔池边沿不得超过坡口棱边 2mm，否则焊缝超宽。

2. 板的立焊

现以厚度为 12mm 的板为例介绍板的立焊。板的立焊装配尺寸见表 5-3，焊接参数见表 5-4。

表 5-3　板的立焊装配尺寸

坡口角度/(°)	钝边/mm	装配间隙/mm	反变形/(°)	错边量/mm
60	0~0.5	始焊端 3.0~终焊端 3.5	2~3	≤2

表 5-4　板件立焊焊接参数

焊接层次	焊条直径/mm	焊接电流/A	电弧电压/V	焊接速度/(cm/min)
根焊		70~80	22~26	8~14
填充焊	3.2	110~130	24~28	8~14
盖面焊		110~120	24~28	8~12

（1）焊接要点　立焊时液态金属在重力作用下下坠，容易产生焊瘤，焊缝成形困难。根焊时，由于熔渣的熔点低、流动性强、熔池金属和熔渣易分离，可能造成熔池保护不良的现象，操作或运条角度不当，容易产生气孔。因此立焊时，要控

制焊条角度，进行短弧焊接。

1）焊道分布。单面焊，四层四道，如图5-7所示。

2）焊接位置。试板固定在垂直面内，焊缝轴线方向垂直于地面。间隙小的一端在下面。

3）根焊。根焊时焊条与试板间的角度如图5-13所示。

4）填充焊。应注意与两侧坡口的良好熔合，最后一层填充焊道应填至距工件表面1mm为宜。

5）盖面焊。应防止焊缝两侧产生咬边，焊缝的宽度和余高应均匀一致，焊缝应与母材圆滑过渡。

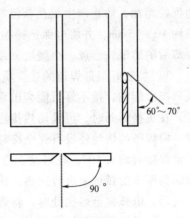

图 5-13 立焊根焊时焊条角度

（2）焊接时应注意的事项

1）控制引弧位置。开始焊接时，在试板下端定位焊的焊缝上面约10mm处引燃电弧，并迅速向下拉到定位焊焊缝上，预热1～2s后，开始摆动并向上运动，到定位焊缝上端时，稍加大焊条角度，并向前送焊条压低电弧，当听到击穿声形成熔孔后，作锯齿形横向摆动，连续向上焊接。焊接时，电弧要在两侧的坡口面上稍停留，以保证焊缝与母材熔合好。根焊时为得到良好的背面成形和优质焊缝，焊接电弧应控制短些，运条速度要均匀，向上运条时的幅度不宜过大，过大时背面焊缝易产生咬边，应使焊接电弧的1/3对着坡口间隙，电弧的2/3要覆盖在熔池上，形成熔孔。

2）控制熔孔大小和形状。合适的熔孔大小如图5-14所示。立焊熔孔可以比平焊稍大些，熔池表面呈水平的椭圆形较好，如图5-15所示。此时焊条末端离试板底平面1.5～2mm，大约有一半电弧在试板间隙后面燃烧。

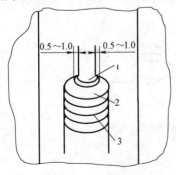

图 5-14 立焊时的熔孔
1—熔孔 2—熔池 3—焊缝

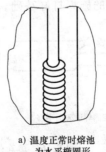

a) 温度正常时熔池
为水平椭圆形

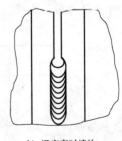

b) 温度高时熔池
向下凸出

图 5-15 熔池形状

焊接过程中电弧应尽可能地短些，使焊条药皮熔化时产生的气体和熔渣能可靠地保护熔池，防止产生气孔。每当焊完一根焊条收弧时，应将电弧向左或右下方回拉约 10~15mm，并将电弧迅速拉长直至熄灭，这样可避免弧坑处出现缩孔，并使冷却后的熔池，形成一个缓坡，以利于焊道的接头。

3）控制好根部焊道的接头质量。根部焊道上的接头好坏，直接对背面的焊道成形产生影响，接不好可能会出现凹坑或局部凸起太高，甚至产生焊瘤，要特别注意。在更换焊条时，可采用热接法或冷接法。采用热接法时，更换焊条要迅速，在前一根焊条的熔池还没有完全冷却呈红热状态时就换好焊条开始焊接；焊条角度比正常焊接时约大 10°，在熔池上方约 10mm 的一侧坡口面上引弧。电弧引燃后立即拉回到原来的弧坑上进行预热，然后稍作横向摆动向上施焊并逐渐压低电弧。填满弧坑后，电弧移至熔孔处时，将焊条向试件背面压送，并稍停留。当听到击穿声形成新熔孔时，再进行横向摆动向上正常施焊，同时将焊条恢复到正常焊接时的角度。采用热接法的接头，焊缝较平整，可避免接头脱节和未接上等缺陷，但技术难度大。

采用冷接法施焊前，先将收弧处焊缝打磨成缓坡状，然后按热接法的引弧位置、操作方法进行焊接。

根焊时除应避免产生各种缺陷外，正面焊道表面还应平整，避免凸型。

4）填充焊。焊填充层的关键是保证熔合好，焊道表面要平整。否则在焊接填充层时，易产生夹渣，焊瘤等缺陷。填充焊道的外观如图 5-16 所示。填充层施焊前，应将根焊层的焊渣和飞溅清理干净。焊道接头处、焊瘤等应打磨平整。施焊时的焊条与焊缝角度应下倾 10°~15°，以防止由于熔化金属重力作用下淌，造成焊缝成形困难或形成焊瘤。运条方法同根焊层一样，采用锯齿形横向摆动，但由于焊道的增宽，焊条摆动的幅度应比根焊时宽。焊条从坡口一侧摆至另一侧时应稍快些，防止焊道形成凸形。焊条摆动到坡口两侧时要稍作停顿，电弧控制短些，保证焊缝与母材熔合良好和避免夹渣。但焊接时，须注意不能损坏坡口的棱边。填充层焊完后的焊道应比坡口边缘低 1.0~1.5mm，使焊缝平整或呈凹形，便于盖面层时看清坡口边缘，为盖面层的施焊打好基础。

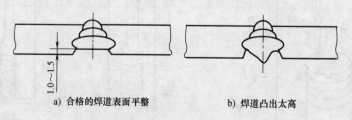

a) 合格的焊道表面平整　　　　b) 焊道凸出太高

图 5-16　填充焊道的外观

接头方法，迅速更换焊条，在弧坑的上方约 10mm 处引弧，然后把焊条拉至弧坑处，沿弧坑的形状将弧坑填满，即可正常施焊。在焊道中间接头时，切不可直接在接头处引弧进行焊接，这样易使焊条端部的裸露焊芯在引弧时，因无药皮的保护而产生的密集气孔留在焊缝中，影响焊缝的质量。

5）盖面焊。关键是焊道表面成形尺寸和熔合情况，防止咬边和接不好头。盖面层施焊前应将前一层的焊渣和飞溅清除干净，施焊时的焊条角度，运条方法均同填充层。但焊条水平摆动幅度比填充层更宽。施焊时应注意运条速度要均匀、宽窄要一致，焊条摆动到坡口两侧时应将电弧进一步压低，并稍作停顿、避免咬边，从一侧摆至另一侧时应稍微快些，防止产生焊瘤。

接头方法，处理好盖面焊缝的中间接头是焊好盖面焊缝的重要一环。如果接头位置偏下，则其接头部位焊肉过高；若偏上，则造成焊道脱节。其接头方法与填充焊相同。

3. 板的横焊

现以厚度为 12mm 的板为例介绍板的横焊。横焊试板的装配尺寸如图 5-17 和表 5-5 所示，焊接参数见表 5-6，焊缝的外形尺寸见表 5-7。

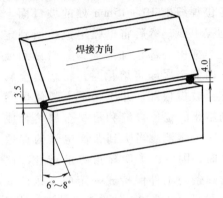

图 5-17　手工横焊试板的装配尺寸

表 5-5　板件横焊装配尺寸

坡口角度/(°)	钝边/mm	装配间隙/mm	反变形/(°)	错边量/mm
60	1.0 ~ 1.5	始焊端 3.5 ~ 终焊端 4.0	6 ~ 8	≤2

表 5-6　板件横焊焊接参数

焊层	焊道数	焊条直径/mm	焊接电流/A	焊条倾角/(°)
1	1	φ3.2	100 ~ 110	75 ± 5
2	2	φ3.2	100 ~ 110	80 ~ 85
3	4	φ4.0	160 ~ 180	80 ~ 85

表 5-7　焊缝外形尺寸

焊缝	宽/mm	高/mm	要　　求
正面	每侧比坡口增宽 1 ~ 2	0 ~ 4	焊缝均匀、整齐圆滑过渡，余高差≤3mm
背面	4 ~ 6	0 ~ 3	

试板板面应垂直地固定在焊接支架上，保证焊缝呈水平位置，坡口上缘与焊工视线相平齐。施焊时正面站立，两腿稍叉开。横焊的第一层焊接时，由于过渡熔滴受重力影响，容易偏离焊条轴线，向下偏斜。因此操作时焊条需保持一定的仰角

（即焊条引弧端高于焊条夹持端）并采用短弧施焊。由于焊条的倾斜以及上、下坡口面的角度影响，使电弧对上坡口和下坡口的加热不均，上坡口面受热较好，下坡口面受热较差，同时熔池金属受重力作用下坠，极易造成下坡口熔合不良，甚至冷接。为此，应先击穿下坡口面，后击穿上坡口面，并将击穿位置相互错开一定距离，使下坡口面击穿熔孔在前，上坡口面击穿熔孔在后。起焊时，首先在定位焊缝前 10 ~ 15mm 处的坡口面上划擦引弧，然后将电弧迅速拉回到定位焊缝中心部位加热坡口，当见到坡口两侧金属即将熔化时，将熔滴金属送至坡口根部，并压一下电弧使熔滴与熔化的定位焊缝和母材金属熔合成第一个熔池。当听到背面电弧的穿透声时，则形成了明显可见的熔孔，这时焊条与工件保持成一定的夹角，依

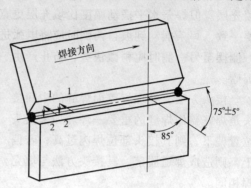

图 5-18　横焊击穿施焊顺序和焊条

次在下坡口面和上坡口面上接近钝边处击穿施焊。电弧不要抬得过高，保持短弧焊接。横焊击穿施焊顺序和焊条角度关系如图 5-18 所示。电弧穿透坡口根部，应使每侧坡口熔化 1.0 ~ 1.5mm，且下坡口面的熔孔始终比上坡口面上的熔孔超前一些（指焊接前进方向），约错开 0.5 ~ 1 个熔孔直径。这样有利于减少上部熔池金属下坠倾向，防止熔合不良或"冷接"。第一层击穿焊就是这样从下坡口到上坡口的交替施焊，直至焊完。横焊击穿施焊示意图如图 5-19 所示。

　　横焊焊道背面可允许存在稍微的下坠。如果控制电弧燃烧时间，使之不产生下坠，则焊缝内上部易出现气孔，其原因是气体向上逸出时受到母材横断面的阻挡，即逸出受阻；另一原因是熔池存在时间过短。

　　在更换焊条熄弧前，必须向熔池背面补充几个熔滴，然后将电弧拉到熔池侧后方熄弧。更换焊条速度要快，换完焊条后立即在熔池处再引弧，利用电弧的加热和吹力重新击穿坡口钝边，压低电弧施焊。也可在收尾熔池处加热 1 ~ 2s，使之熔化，然后迅速前倾焊条（前倾角 < 40°）并将熔池割出斜坡，随后立即接弧击穿焊接，以保证根部焊透，接头平滑。

　　其余各焊层的焊接均可采用多层多道焊。每道焊缝均采用横拉（稍作往复）直线运条法。焊条前倾角为 80° ~ 85°，下倾角 15° ±5°。每条焊道都要对准前一焊层形成的沟槽处，一道一道地由下向上排列施焊，以防金属液下滑影响成形。

　　盖面层焊道的焊接，边缘焊道施焊时运条应稍快，中间焊道运条稍慢，这样有利于焊缝两侧圆滑过渡，获得良好的表面成形。当焊到盖面层最后一条焊道时，焊条须保持上倾角 15°左右（碱性焊条施焊，焊条应下倾约 15°），以防产生咬边。盖面层施焊时焊条角度如图 5-20 所示。

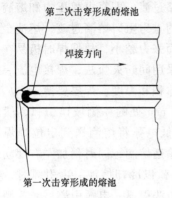

图 5-19　横焊击穿施焊示意图

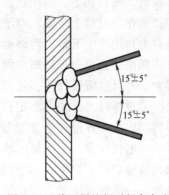

图 5-20　盖面层施焊时焊条角度

盖面层焊道需压上、下坡口边缘各 1.5~2mm。

4. 板的仰焊

现以厚度为 12mm 的板为例介绍板的仰焊。仰焊试板的坡口尺寸要求更为严格，因为坡口钝边及间隙对第一层根焊道的成形影响很大，试板的装配尺寸如图 5-21 和表 5-8 所示。板件仰焊的焊接参数见表 5-9，焊缝外形尺寸要求见表 5-10。

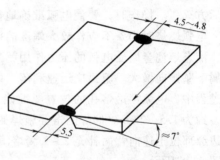

图 5-21　仰焊试件的装配尺寸

表 5-8　板件仰焊装配尺寸

坡口角度 /(°)	根部间隙 /mm	钝边 /mm	反变形 /(°)	错边量 /mm
30±2	始端 4；终端 5	0.8~1.5	≈7	≤1

表 5-9　板件仰焊焊接参数

焊道层次	焊条直径/mm	焊接电流/A	焊条倾角/(°)
1	φ3.2	90~110	65±5
2	φ3.2	100~120	80~95
3	φ4.0	140~160	80~95
4	φ4.0	140~160	80~95

表 5-10　焊缝外形尺寸

焊缝	宽/mm	高/mm	要　　求
正面	20±3	0~4	焊缝均匀、整齐圆滑过渡，余高差
背面	5~7	-0.5~0.5	≤3mm

　　仰焊时，坡口朝下。熔滴过渡形式主要是短路过渡，即靠电弧压力和熔滴金属的表面张力作用过渡于熔池。由于焊条熔滴金属的重力阻碍熔滴过渡，熔池金属也受自身重力作用产生下坠，而熔池温度越高，表面张力越小，故仰焊时极易在焊道背面产生凹陷，正面出现焊瘤。因此仰焊时建议采用间断灭弧法，焊接电流一般比连弧焊大，并且要短弧操作，同时应控制熔池的体积和温度，焊层要薄。

　　第一层根焊时，首先在距定位焊焊缝 10～15 mm 处的一侧坡口引弧，然后将电弧拉回到定位焊焊缝中心加热坡口根部，再压低电弧将熔滴送到定位焊焊缝根部，并借助电弧吹力作用尽量向坡口根部、背面输送熔滴，同时稍加左右摆动，使之形成熔池和熔孔，如图 5-22 所示，而后立即熄弧以冷却熔池。再引弧时，在第一个熔池前一侧坡口面上，即在熔孔的边缘用直击法引弧。电弧引燃后，控制好焊条不要摆动，使电弧燃烧 1s 左右，保持弧柱的二分之一穿过熔孔，然后急速拉向侧后方灭弧。操作时，要使电弧准确地在预定焊接位置点燃。

　　电弧燃烧时焊条不应作较大幅度的摆动，运条速度要快。如果焊条摆动幅度较大，液态熔池金属受电弧的压力作用就减小，且力的作用位置发生改变，将使熔池金属下坠倾向增大。熄弧应迅速利落，以免焊道背面产生凹陷，正面出现焊瘤。焊接过程中，电弧穿透熔孔的位置要准确，使每侧坡口穿透尺寸一致，如图 5-23 所示，约为 1.5～2mm。仰焊的击穿施焊如图 5-24 所示。在更换焊条熄弧前，要在熔池边缘部位迅速向背面补充 2～3 滴熔滴，然后向后侧衰减灭弧，灭弧动作示意图如图 5-25 所示。

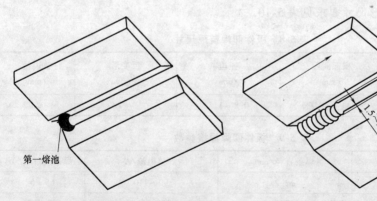

图 5-22　仰焊形成第一个熔池示意图　　　　图 5-23　仰焊坡口面穿透尺寸

　　接头动作要迅速，应在熔池仍处于红热状态下引弧施焊，接头位置应选在熔池前缘。当听到背面电弧穿透声后，焊条作稳弧、旋转动作，再运条前进。在填充层和盖面层焊接前，需要彻底清理前一焊层的焊渣、飞溅等，尤其是焊道两侧的焊渣必须清理干净，防止焊接时产生夹渣。接头处焊道凸出部分或焊瘤应该用砂轮机将其磨平。仰焊可采用大锯齿形运条法。焊接时电弧不要抬得太高，应用短弧（小于 3mm）焊接，防止产生气孔。

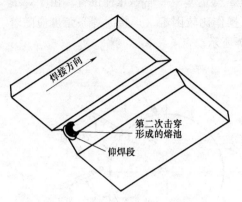

图 5-24　仰焊击穿施焊示意图

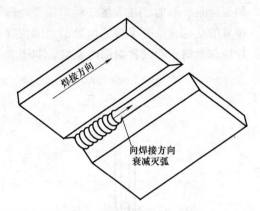

图 5-25　仰焊灭弧动作示意图

焊条前倾角为 85°~90°。如果前一层焊道表面整齐、光洁，则后一层焊道可采用 8 字形或大月牙形运条法焊接。施焊时，要注意坡口两侧熔合情况。运条至坡口两侧时，焊条可做适当偏转，调整电弧与坡口面的角度，以防止产生咬边。

四、管的焊接

1. 水平固定小径管对接焊

水平固定小径管全位置焊是比较难掌握的一个焊接项目。通常在同时掌握了板对接接头的平焊、立焊、仰焊三种位置的单面焊双面成形技术的基础上，经过培训掌握了转腕要领后才能焊出合格的焊件。

（1）组装与定位焊（见表 5-11）　定位焊焊缝沿圆周均布 3 处，可只焊两处，定位焊焊道的方式可按图 5-26 规定任选一种。定位焊必须采用正式焊条焊接。

表 5-11　水平固定小径管装配要求

坡口角度/(°)	装配间隙/mm	钝边/mm
60	0 点处 3.0;6 点处 2.5	0.5~1

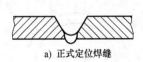

a) 正式定位焊缝

b) 非正式定位焊焊缝

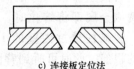

c) 连接板定位法

图 5-26　定位焊焊缝的几种方式

（2）试件位置　管轴线处于水平位置则为水平固定。请注意打位置标记时，间隙最大处应放在 0 点位。

（3）焊接要点　$\phi60mm×5mm$ 管的对接焊，由于管径小、管壁薄，焊接过程中温度上升较快，焊道容易过高。打底焊不宜用连弧焊法，而采用断弧焊法。管子的焊缝是环形的，在焊接过程中需要经过仰焊、立焊、平焊等几种位置。由于焊缝位置的变化，改变了熔池所处的空间位置，操作比较困难，焊接时焊条角度应随着焊接位置的不断变化而随时调整，如图 5-27 所示。

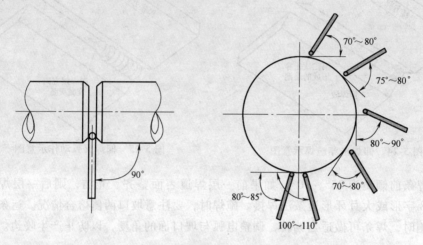

图 5-27　小管径打底层焊条角度

1) 焊道分布。壁厚 5mm 的小管，焊接二层二道。

2) 焊接参数（见表 5-12）。

表 5-12　水平固定小径管对接焊参数

焊接层次	焊条直径/mm	焊接电流/A
根焊 盖面焊	2.5	75 ~ 85 70 ~ 80

3) 根焊。为叙述方便，假定沿垂直中心线将管子分成左右两个半周，如图 5-28所示。先焊前半周，引弧和收弧部位要超过中心线 5 ~ 10mm。

焊接从仰焊位置开始，起焊时采用划擦法在坡口内引弧，待形成局部焊缝，并看到坡口两侧金属即将熔化时，焊条向坡口根部压送，使弧柱透过内壁的 1/2，熔化并击穿坡口的根部，此时可听到背面电弧的击穿声，并形成了第一个熔孔，立即将焊条抬起熄弧，使熔池降温，待熔池变暗时，重新引弧并压低电弧向上给送，形成第二个熔孔，均匀地点射给送熔滴，向前施焊，如此反复。

在仰焊位置时，焊条应向上顶送得深些，电弧尽量压短，防止产生内凹、未熔合、夹

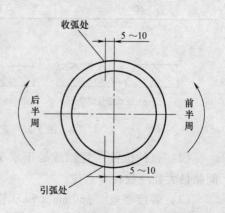

图 5-28　前半周焊缝引弧于收弧位置

杂等缺陷；在立焊及平焊位置时，焊条向试件坡口里面的压送深度应比仰焊浅些，弧柱透过内壁约1/3熔穿根部钝边，以防止因温度过高，液态金属在重力作用下造成背面焊缝超高或产生焊瘤、气孔等缺陷。

收弧方法，当焊完一根焊条收弧时，应使焊条向管壁左或右侧回拉电弧约10mm，或沿着熔池向后稍快焊2～3下，以防止突然熄弧造成弧坑处产生缩孔、裂纹等缺陷。同时也能使收尾处形成缓坡，有利于下一根焊条的接头。

在更换焊条进行焊道中间接头时，有热接和冷接两种方法。热接法更换焊条要迅速，在前一根焊条的熔池没有完全冷却，呈红热状时，在熔池前面5～10mm处引弧，待电弧稳定燃烧后，将焊条施焊至熔孔，并使焊条稍向坡口里压送，当听到击穿声即可断弧，然后按前面介绍的焊法继续向前施焊；冷接法在施焊前，先将收弧处焊道打磨成缓坡状，然后按热接法的引弧位置、操作方法进行焊接。

6点位置接头的焊接：在后半周焊道施焊前，先将前半周焊道起头处打磨成缓坡，然后在缓坡前面5～10mm处引弧，预热施焊，焊至缓坡末端时将焊条向上顶送，待听到击穿声，根部熔透形成熔孔后，正常向前施焊，其他位置焊法均同前半周。

0点位置接头的施焊：在后半周焊缝施焊前先把前半周焊缝收尾熄弧处打磨成缓坡，当焊至后半周焊道与前半周焊道接头封闭处时，将电弧略向坡口里压送并稍停顿，待根部熔透，焊过前半周焊道约10mm，填满弧坑后再熄弧。

施焊过程中经过正式定位焊焊缝时，将电弧稍向里压送，以较快的速度经过定位焊焊缝，过渡到前方坡口处进行施焊。

4）盖面焊。要求焊缝外形美观，无缺陷。

盖面层施焊前，应将前层的焊渣和飞溅清除干净，焊道接头处打磨平整。前半周焊缝起头和收尾部位同根焊层，都要超过管子的中心线5～10mm，采用锯齿形或月牙形运条方法连续施焊，但横向摆动的幅度要大，在坡口两侧略做停顿稳弧，防止产生咬边。在焊接过程中，要严格控制弧长。保持短弧施焊以保证焊缝质量。

2. 垂直固定小径管对接焊

（1）装配与焊接参数　垂直固定小径管对接装配尺寸与焊接参数分别见表5-13和表5-14。

表5-13　垂直固定小径管装配尺寸

坡口面角度/(°)	间隙/mm	钝边/mm	要求
30±2.5	3.5±0.5	0.5～1.0	错边量 <0.1t

t—壁厚。

（2）焊缝外形尺寸　焊缝余高0～2mm，焊缝宽度每侧比坡口增宽1～2mm。

（3）施焊技术　施焊时，试件垂直固定在操作台或焊架上，其高度以焊缝与施焊者视线相平齐为准。

表 5-14　垂直固定小径管对接焊接参数

试件规格 /mm	焊接层次	焊条直径 /mm	焊接电流 /A	焊条倾角/(°)
$\phi 60 \times 5$	1	$\phi 2.5$	60~80	前倾角 70~80,下倾角 10~20
	2			前倾角 70~80,末尾焊道上倾角 10~15
$\phi 133 \times 10$	1	$\phi 2.5$	60~80	前倾角 70~80,下倾角 10~20
	2			前倾角 70~80
	3~4	$\phi 3.2$	90~100	前倾角 80~90;盖面层首焊道,焊条下倾角 10~15;盖面层尾焊道,焊条上倾角 10~15

　　垂直固定管的焊接与板状试件的横焊基本相同。不同的是管子有弧度,焊条应随弧度转动。为获得均匀的焊缝成形,焊工不仅需要掌握熟练的运条技术,还要保持焊条转动均匀。

　　1)根焊。根焊时焊条前倾角为 70°~80°,下倾角 10°~20°。弧柱要透过背面三分之一,用点射法给送熔滴,击穿施焊。小直径管可采用一点击穿法,先击穿下坡口,后击穿上坡口,保持下熔孔在前,上熔孔在后,错开距离约 3mm。施焊过程中,要使上、下坡口面各击穿熔化掉 1.5~2mm。竖管第一层根焊操作如图 5-29 所示。

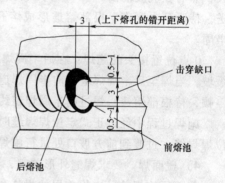

图 5-29　竖管第一层击穿焊示意图

　　2)填充焊。焊接第二层及以后各焊层时,均采用多层多道焊,即由下向上一道一道地排列焊接。为防止因熔化金属下坠造成焊缝厚度不均(焊道上部薄、下部厚),应保持适宜的焊条倾角。焊接时,后焊道应该压前焊道的 1/3~1/2,并采用稍快的直线往返运条法运条,如图 5-30 所示。运条要均匀防止产生过大的沟槽。焊条的倾角如图 5-31a 所示。

　　3)盖面焊。盖面层的第一条焊道的焊接,焊条下倾角度为 10°~15°;最后一条焊道焊接时,焊条上倾角度为 10°~15°(碱性焊条,应下倾 10°~15°),以防止产生咬肉,并有利于焊道与母材圆滑过渡,焊条的倾角如图 5-31b 所示。

3. 45°倾斜固定小径管的对接焊

　　(1)装配与焊接参数　试件的装配与焊接参数与竖管焊接基本相同,分别见表 5-15、表 5-16。

　　(2)焊缝外形尺寸　焊缝外观尺寸与水平固定管相同。

　　(3)施焊技术　施焊时,试件倾斜 45°,将其定位焊在操作支架上,使焊口与视线相适应为准(与水平固定管的高度相同)。

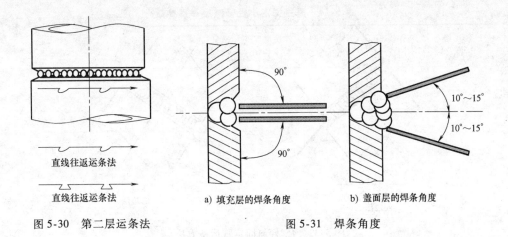

直线往返运条法

直线往返运条法

图 5-30　第二层运条法

a) 填充层的焊条角度　　b) 盖面层的焊条角度

图 5-31　焊条角度

表 5-15　装配尺寸

坡口面角度/(°)	间隙/mm	钝边/mm	要求
30 ± 2.5	3 ± 0.5	0.5 ~ 1.0	错边量 < 0.1t

t—壁厚。

表 5-16　焊接参数

试件规格/mm	焊接层次	焊条直径/mm	焊接电流/A	焊条倾角/(°)
φ60 × 5	1	φ2.5	60 ~ 80	前倾角 70 ~ 80,下倾角 10 ~ 20
	2			前倾角 70 ~ 80,末尾焊道上倾角 10 ~ 15
φ133 × 10	1	φ2.5	60 ~ 80	前倾角 70 ~ 80,下倾角 10 ~ 20
	2			前倾角 70 ~ 80
	3 ~ 4	φ3.2	90 ~ 100	前倾角 80 ~ 90;盖面层首焊道,焊条下倾角 10 ~ 15;盖面层尾焊道,焊条上倾角 10 ~ 15

　　45°倾斜管的焊接与水平固定和垂直固定管的焊接有很多相同之处,但又有各自的特点。斜管击穿焊接时,要始终保持熔池处于水平状态。由于焊缝的几何尺寸不宜控制,内壁易出现上凸下凹,上侧焊缝易咬边,焊缝表面成形粗糙不平。

　　1) 斜管的根焊时,其顺序与水平固定管一样,分前、后两半周进行。引弧点在坡口一侧,先用电弧预热坡口根部,然后压低电弧穿透钝边,形成熔孔,听到击穿声后,给足铁液,然后运条施焊。如果熔池因温度过高,铁液下坠,应适当摆动焊条加以控制。

　　2) 第二层及以后各焊层的焊接,可采用椭圆形的斜拉运条法(即斜圆圈运条法)。在上坡口面斜拉画椭圆形圆圈拉到下坡口面边缘再返回上坡口边缘,保持熔

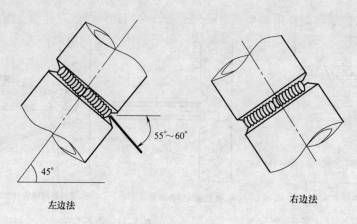

左边法

右边法

图 5-32　45°倾斜固定管运条方法

池压上、下坡口各 1 ~ 2mm。如此反复，一直到焊完，斜管椭圆形运条焊接法，如图 5-32 所示。

接头处的施焊方法，上部接头方法只有一种，下部接头方法有三种。

第一种接头方法（Ⅰ法）：上、下接头斜三角形焊接法，如图 5-33 所示。甲侧焊缝从下部接头仰焊位置的前焊层焊道中间引弧，再将电弧拉向下坡口面（盖面层焊接时为下坡口边缘），并越过中心线 10 ~ 15mm，右向画圈，小椭圆形运条，逐渐增大椭圆形向上坡口面或边缘过渡，使甲侧焊缝下起头呈斜三角形，并使其形成下坡口处高和上坡口处低的斜坡形，然后进行右向椭圆形运条、焊接，保持熔池呈水平椭圆状，一直焊到上部接头。到上部接头位置收弧时要使焊缝呈斜三角形，并越过中心线 10 ~ 15mm。

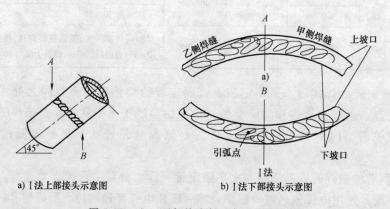

a) Ⅰ法上部接头示意图

b) Ⅰ法下部接头示意图

图 5-33　上、下部接头斜三角形焊接方法

乙侧焊缝从甲侧焊缝下起头处的前层焊道中间引弧，引弧后加热焊道 1 ~ 2s，然后在上坡口用椭圆形的斜拉运条法拉薄熔敷金属至下坡口面边缘，将甲侧焊缝的斜三角形起头完全盖住，然后一直用左向椭圆形的斜拉运条法焊接，使熔池成水平

状。焊到上部接头时逐渐减小椭圆进行运条，与甲侧焊缝收尾处圆滑相接。

第二种接头方法（Ⅱ法）：下部接头斜三角形焊接法，如图 5-34 所示。甲侧焊缝下起头从上坡口开始过中心线 10～15mm，然后向右斜拉至下坡口，以椭圆形的斜拉运条，使起头呈上尖角形斜坡状。乙侧焊缝从尖角下部开始，用从小到大的左向椭圆形的斜拉运条施焊，一直焊到上部接头为止。

第三种接头方法（Ⅲ法）：下斜三角形焊接法如图 5-35，主要适用于大直径、厚壁管件的接头。在下坡口面边缘引弧，连弧操作，压坡口边缘进行焊接（对于盖面层，应压坡口边缘；中间层可在坡口面上焊接），压下坡口边缘的长度为 25～35mm，压下坡口边缘的宽度为 1～2mm。然后横拉焊条运条至上坡口，压上坡口边缘 1～2mm，焊成一个三角形或梯形底座。甲、乙两侧焊缝均从上坡口至下坡口做椭圆形斜拉运条施焊，将三角形底座边缘盖住，然后再一直焊到上部接头为止。

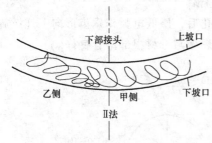

图 5-34　Ⅱ法下部接头斜三角形焊接方法

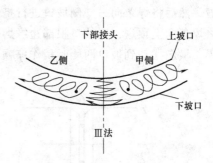

图 5-35　Ⅲ法下部接头斜三角形焊接方法

4. 水平固定大径管对接焊

现以 $\phi610mm \times 10mm$ 管对接焊为例介绍水平固定大径管的对接焊。

（1）装配与焊接参数　试件的装配与焊接参数分别见表 5-17、表 5-18。

表 5-17　水平固定大径管对接焊装配要求

坡口角度/(°)	装配间隙/mm	钝边/mm	错边量/mm
60 ± 5	0 点处 3.2 6 点处 2.5	0.5～1	≤2

表 5-18　大径管全位置焊接参数

焊接层次	焊条直径/mm	焊接电流/A
根焊	2.5	60～80
填充焊	3.2	90～110
盖面焊		90～100

（2）试件位置　大管子水平固定，管轴线处于水平位置，接口在垂直面内。

（3）焊接要点

1）焊道分布为四层四道。

2）根焊。要求根部焊透，背面焊缝成形好。

根焊时沿垂直中心线将管件分为两个半周，称前半周和后半周，各分别进行焊接，仰焊—立焊—平焊。

① 在焊接前半周焊缝时，在仰焊位置的起焊点和平焊位置的终焊点都必须超过试件的半周（超越中心线约20mm），如图5-36所示，焊条角度如图5-37所示。

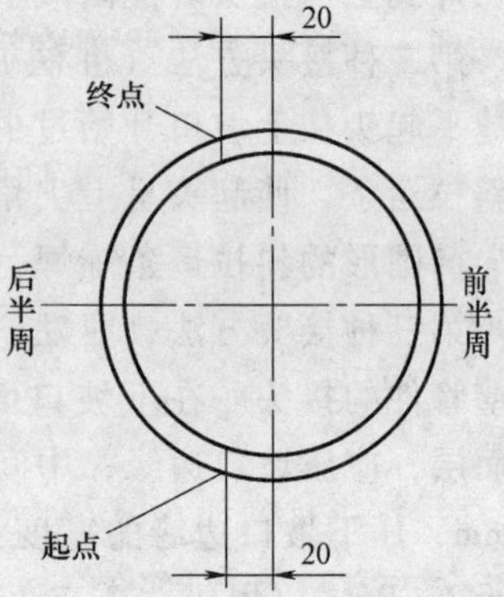

前半周从仰焊位置开始，在起点处引燃电弧后将焊条送到坡口根部的一侧预热施焊并形成局部焊缝，然后将焊条向另一侧坡口进行搭焊，待连上后将焊条向上顶送，当坡口根部边缘熔化形成熔孔后，压低电弧作锯齿形向上连续施焊。横向摆动到坡口两侧时稍作停顿，以保证焊缝与母材根部熔合良好。

图 5-36　前半周焊缝的起点和终点

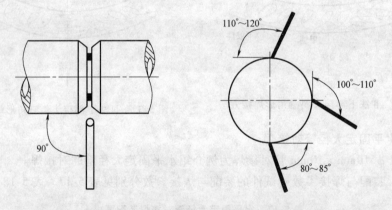

图 5-37　大管径全位置焊的焊条角度

焊接仰焊位置时，易产生内凹、未焊透和夹渣等缺陷。因此焊接时焊条应向上顶送深些，尽量压低电弧，弧柱透过内壁约1/2，熔化坡口根部边缘两侧形成熔孔。焊条横向摆动幅度较小，向上运条速度要均匀，不宜过大，并且要随时调整焊条角度，以防止熔池金属下坠而造成焊缝背面产生内凹和正面焊缝出现焊瘤。

焊接立焊位置时，焊条向坡口内的给送应比仰焊浅些。电弧弧柱透过内壁约1/3，熔化坡口根部边缘两侧，横向摆动的幅度比仰焊可稍大些。平焊位置焊条向坡口内的给送应比立焊再浅些，弧柱透过内壁约1/4，熔化坡口根部边缘的两侧，以防止背面焊缝过高和产生焊瘤、气孔等缺陷。

更换焊条进行焊道中间接头时，采用热接法或冷接法均可。热接法更换焊条时要迅速，在熔池还没有完全冷却，呈红热状态时，在熔孔前方约10mm处引弧施焊，引燃电弧后退至原弧坑处，焊条稍作横向摆动，待填满弧坑、焊至熔孔时，将焊条向试件坡口内压，并稍作停顿，当听到击穿声形成新熔孔时，焊条再进行横向摆动向上正常施焊；采用冷接法，在接头施焊前，先将收弧处打磨成缓坡，然后按热接法的引弧位置、操作方法进行施焊。

②后半周焊道下接头仰焊位置的施焊：在后半周焊缝施焊前，先将前半周焊缝起焊处易产生的气孔、未焊透等缺陷清除掉，然后打磨成缓坡。施焊时在前半周焊道前约10mm处引弧、预热、施焊，焊至缓坡末端时将焊条向内顶送，待听到击穿声说明根部熔透形成熔孔时，即可正常运条向前施焊。其他位置焊法均同前半周。

③焊道上接头水平位置的施焊：在后半周焊道施焊前，应将前半周焊道在水平位置的收弧处打磨成缓坡，当后半周焊道与前半周焊道接头封闭时，要将电弧稍向坡口内压送，并稍作停顿，待根部熔透再焊至超过前半周焊道约10mm，填满弧坑后再熄弧。

在整周焊道的焊接过程中，经过正式定位焊焊缝时，只要将电弧稍向坡口内压送，以较快的速度通过定位焊焊缝，过渡到前方坡口处进行施焊即可。

3）填充焊。要求坡口两侧熔合好，填充焊道表面平整。

填充层施焊前应将根焊层的焊渣、飞溅清理干净，并将焊道接头处的焊瘤等打磨平整。施焊时的焊条角度与根焊时相同，采用锯齿形运条方法，焊条摆动的幅度比根焊时宽，电弧要控制短些，两侧稍作停顿稳弧，但焊接时应注意不能损坏坡口边缘的棱角。

仰焊位运条速度中间要稍快，形成中间较薄的凹形焊缝。立焊位置运条采用上月牙形摆动，防止焊缝下坠。平焊仍改用锯齿形运条，使填充焊道表面平整或稍凸起。

最后一层填充焊道焊完后，应比坡口边缘低1.0~1.5mm，保持坡口边缘的原始状态，以便在盖面层施焊时能看清坡口边缘，以保证盖面层焊道的直线度。

填充层焊道中间接头，更换焊条要迅速，在弧坑上方约10mm处引弧，然后把焊条拉至弧坑处，按弧坑的形状将它填满，然后正常焊接。进行中间焊道接头时，切不可在焊缝接头处直接引弧施焊，这样易使焊条端部的裸露焊芯在引弧时，因无药皮的保护，在焊缝中产生密集的气孔，影响焊缝的质量。

4）盖面焊。要求保证焊缝尺寸，外形美观、熔合好、无超标缺陷。

盖面层施焊前应将填充层的焊渣和飞溅清除干净。施焊时的焊条角度与运条方法均同填充焊，但焊条水平横向摆动的幅度应比填充焊更宽，当摆至坡口两侧时，电弧应进一步缩短，并稍作停顿以避免咬边。从一侧摆至另一侧时应稍快一些，以防止熔池金属下坠而产生焊瘤。

处理好盖面层焊道中间接头是焊好盖面层焊道的重要一环。当接头位置在收弧处打磨点后方时，接头处过高；偏打磨点前方时，则易造成焊缝脱节。焊道接头方法与填充层相同。

第二节　焊条向下焊操作技术

一、纤维素焊条向下焊操作技术

1. 根焊操作技术

（1）设备和材料

1）焊接设备：选用性能良好的直流弧焊机。

2）焊条型号、规格：E6010/φ3.2mm，E6010/φ4.0mm。

3）钢管材质、规格：Q345、X52、X60等，管径≥φ377mm。

（2）焊接操作　管件按时钟位置分三个部位，即平焊段（11～12点或1～12点），立焊段（1～5点和7～11点），仰焊段（5～6点和6～7点），如图5-38所示。焊接参数，见表5-19。

图5-38　焊口分段示意图

表5-19　焊接参数

焊道名称	焊条型号规格 /mm	极性	焊接电流 /A	电弧电压 /V	焊接速度 /（cm/min）
根焊	E6010　φ3.2	正接	60～90	27～33	10～15
	E6010　φ4.0		80～110	27～33	10～18
热焊	E6010　φ4.0	反接	100～130	27～33	15～30
填充焊	E6010　φ4.0		100～130	27～33	15～25
盖面焊	E6010　φ4.0		90～130	27～33	12～20

1）平焊段的焊接。平焊段是整道焊口根焊较难掌握的部位之一，掌握不好就可能出现内部余高过高、焊瘤、未焊透等缺陷，所以焊接时，不要忽视平焊段，焊工要灵活地掌握焊条角度和焊接参数的调整及运用。管子应固定在焊接架上，管的底部与地面应留有一定的空间，一般为400～600mm。焊工在施焊前首先要进行焊接电流的调试，拿一块试板进行试焊，然后根据焊接经验和电流表的读数，在焊接工艺规程规定的范围内确定合适的焊接电流，平焊段的焊接电流应比其他段小一些，尤其是根焊施焊的第一根焊条，如果电流小了，可以停止焊接进行调整；如果电流大造成焊漏就不易进行修补。所以焊工要根据钝边的厚度、间隙的大小灵活地调节焊接电流。焊条施焊角度如图5-39所示。引弧应在坡口内部12点处，不允许在坡口外引弧，当电弧引燃后迅速将电弧压低，送入坡口根部的间隙内，当熔孔形

成后，焊条沿焊接方向匀速行走，电弧高度为2mm
左右，焊速不能过快或过慢，如果焊速过快，熔池
跟不上，易产生焊道脱节和未焊透等缺陷；焊速太
慢焊道背面余高易超高，所以要求焊工在焊接操作
时，运条速度和熔孔的大小应保持均匀一致，因为
电流恒定后，焊道背面成形和焊道余高是由焊工人
为地通过运条速度和电弧长度及熔孔的几何形状来
实现的。焊接过程中发现熔孔变形，通过运条及时
进行调整，如果熔孔偏向坡口的一侧，应迅速将电
弧移到坡口的另一侧，直到恢复正常为止。当第一
根焊条即将焊完收弧时，应将焊条角度增大到90°~

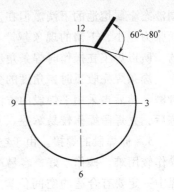

图5-39 平焊段焊条角度

100°间，然后衰减灭弧，如图5-40所示。这样接头处不易产生冷缩孔，同时又将背
面的弧坑填满。接头时，用磨光机将收弧处打磨成缓坡状，因为平焊段接头较容易，
操作熟练后可不必打磨，然后在收弧处上方20mm处引弧，当运条到熔孔处时，应将
焊条轻轻向熔孔内送进，并稍作停留，然后恢复正常焊接，打磨过的焊道接头停留时
间可短些，没有进行打磨的接头停留时间可长一些。以此反复操作结束平焊段。

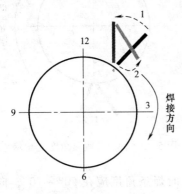

图5-40 收弧示意图

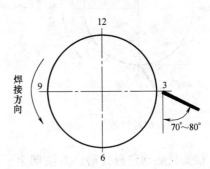

图5-41 立焊段焊条角度示意图

2）立焊段的焊接。立焊段是整个焊口焊接速度较快的一段。焊接过程中由于
液态金属垂直向下，加上液态金属本身的自重，熔池的运行速度和熔滴的过渡，只
有通过表面张力和电弧的吹力来控制。所以在施焊过程中，人为的因素较大，合适
的焊接速度决定焊道的质量和成形。焊接速度太慢，易产生液态金属下淌的现象，
影响正常焊接、焊接速度太快，易造成未焊透、内咬边等缺陷。所以要求焊工在操
作时，要均匀地控制好焊接速度以及熔池和熔孔的几何形状，使焊道内部成形良
好。立焊段焊接时的焊条角度比平焊段小一些，如图5-41所示，因为立焊段背面
焊缝的余高主要是通过焊工在施焊时的焊条角度和电弧的高低决定的。由于焊接速
度较快，液态熔池金属易产生下淌现象，而焊工习惯上愿意将焊条角度减小，来控

制液态金属熔池的下淌。但在实际焊接操作时，焊条角度越小熔池的温度越高，表面张力越小，下淌的现象越严重，只靠电弧的吹力是控制不住液态金属下淌现象的，所以焊工在操作时焊条角度以 70°～80°为最佳。

焊条焊完收弧时，角度的变化和灭弧方法与平焊段相同，焊道接头处必须进行打磨，然后再采用平焊段的方法接头，在熔孔内停留的时间稍短一些，焊工操作熟练后，立焊段操作较易掌握。

3）仰焊段的焊接。由于空间位置所限，焊工受视线和焊接位置的影响，所以操作较困难。操作不好，容易产生内咬边、接头脱节、内凹等缺陷，因此在施焊过程中一定要有合适的空间位置。仰焊段焊条角度如图 5-42 所示。在焊接过程中，电弧尽可能压低，焊速要适中，如果焊速过快，由于熔池液态金属重力的影响，会使焊道产生内凹、内咬边等缺陷，另外在焊接过程中，如果电弧压得过低，坡口两侧的熔化情况不易看清，所以焊接时焊条应采用前后小摆动，以控制熔孔形状，使焊道背面成形良好。收弧的操作方法与平焊段相同如图 5-43 所示。

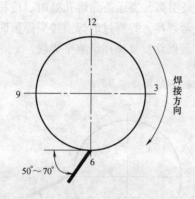

图 5-42　仰焊段焊条角度示意图

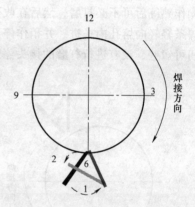

图 5-43　仰焊段收弧角度变化示意图

接头处必须进行打磨，方法同上，焊道接头时焊条角度应在 50°～70°，向内压送的时间稍长一些，最后一根焊条收弧，应超过 6 点位置 10～30mm 为佳，这样便于焊道接头。收弧很关键，收弧产生的熔孔过大，对焊道接头不利，所以焊条角度应变得大一些，12 点处的冷接头，必须要用磨光机进行打磨，打磨的形状如图 5-44 所示，保证一定的坡口角度和宽度，使电弧能有效地吹到坡口的根部，防止产生层间未熔合、夹渣等缺陷。焊道接头时电流小一些，引弧在接头后 10～20mm 处，电弧引燃后不要压得过低，保证熔池均匀地熔化坡口两侧，到达打磨过的冷接头边缘时，压低电弧不做停留，看到形成熔孔后，进入正常焊接状态。6 点位置冷接头

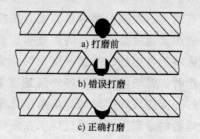

图 5-44　12 点处冷接头打磨示意图

时，不能将收弧处打磨过薄，否则易产生内凹。

以上讲述的是根焊道操作的全部过程，平焊段及仰焊段较难掌握，尤其是 12 点处和 6 点处的冷接头及其他位置的焊道接头，在练习过程中，要根据技术的掌握情况，着重练习，因为焊道接头质量的好与坏，人为的因素较大，所以施焊经验的积累很重要，通过反复练习，才能更好地掌握根部焊道技术。

2. 热焊、填充焊、盖面焊操作技术

（1）热焊道的焊接　热焊是指根焊完成后立即快速进行的第二层焊接热焊道在施焊前，应将根焊道的焊渣用角向磨光机，彻底清除干净，不留死角（图 5-45），然后再进行施焊。由于清渣的同时部分金属被打磨掉，所以根部焊道焊缝金属的厚度较薄，热焊时焊接速度应快一些，电弧高度应稍高些，这样不仅可以防止烧穿而且不易产生夹渣。

施焊时焊条角度如图 5-46 所示，由于热焊道的焊接速度快，焊条角度变化也快，所以要求学员反复练习。施焊过程中焊条不做横向摆动，做上下小摆动运条，焊接时 12 点处的冷接头必须打磨，其他焊道接头均不用打磨。热焊道焊完后，用电动刷将焊渣清除干净，不必打磨。

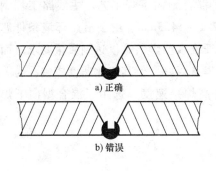

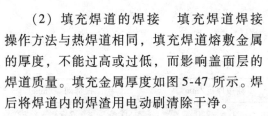

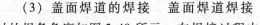

图 5-45　热焊道清根示意图

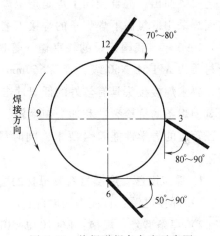

图 5-46　热焊道焊条角度示意图

（2）填充焊道的焊接　填充焊道焊接操作方法与热焊道相同，填充焊道熔敷金属的厚度，不能过高或过低，而影响盖面层的焊道质量。填充金属厚度如图 5-47 所示。焊后将焊道内的焊渣用电动刷清除干净。

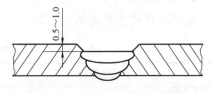

图 5-47　填充金属厚度示意图

（3）盖面焊道的焊接　盖面焊道焊接时的焊条角度如图 5-48 所示，在焊接过程中，一般不做横向摆动，在立焊段可稍做横向摆动，防止产生咬边，仰焊段电流应减小 15%，采用前后摆动运条的方法进行焊接，从而达到控制咬边和焊缝余高的目的，过 6 点位置收弧时，可采用衰减灭弧法收弧，这样可以保证收弧的质量，有利于焊道接头。12 点处的冷接头，接头前应用角向磨光机将接头处打磨成缓坡状，然后在打磨处的前 10～15mm 处引燃电弧，回焊至接头处抬高电弧，将熔池吹开，填满弧坑后电弧恢复到正常焊接状态，6 点处接头电弧高度应低一些，将弧坑填满后采用衰减法收弧，这样的收弧饱满，使焊道接头处焊缝金属不低于母材金属，以免造成外观缺陷影响焊接质量。

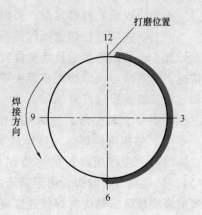

图 5-48　12 点处接头打磨形状示意图

二、低氢焊条向下焊操作技术

随着管道输送压力的不断提高和油气管道钢管强度的不断增加，混合型向下焊工艺脱颖而出，混合型向下焊是指根焊及热焊采用纤维素型向下焊焊条，填充焊及盖面焊采用低氢向下焊焊条的焊接工艺。

1996 年，我国建设的陕京输气管道采用了混合型向下焊工艺。主线路工程钢管材质为 API 5L X60 级，管径 660mm，壁厚 7.1～14.3mm。由于沿途环境条件恶劣，要求焊接接头具有较好的低温冲击韧度，纤维素型焊条难以达到质量要求。而低氢型焊条的抗冷裂性和冲击韧度较纤维素型焊条要好，但其熔化速度较慢。为了保证管道的力学性能符合要求，同时尽可能提高焊接速度，选用了混合型向下焊工艺。

1. 焊接设备、焊接材料及母材的选择

1）焊接电源：直流焊接电源；

2）焊条型号、规格：E6010/ϕ4.0mm　E8018/ϕ4.0mm；

3）管材、规格：X60 钢，管径 ϕ660mm。

2. 管口组对尺寸

管口组对尺寸要求见表 5-20。

表 5-20　管口组对尺寸

坡口角度/(°)	钝边厚度/mm	根部间隙/mm
6±5	1.6～2.0	2～3

3. 焊接参数

焊接参数见表 5-21。

表 5-21　焊接参数

层次	焊条型号规格/mm	极性	焊接电流/A	电弧电压/V	焊接速度/(cm/min)
根焊	E6010 φ4.0	DC -	80 ~ 110	27 ~ 33	10 ~ 18
热焊	E8010 φ4.0	DC +	100 ~ 130	27 ~ 33	15 ~ 30
填充焊	E8018 φ4.0	DC +	180 ~ 220	20 ~ 27	15 ~ 25
盖面焊	E8018 φ4.0	DC +	170 ~ 210	20 ~ 27	15 ~ 22

4. 焊接技术要领

（1）根焊和热焊　根焊和热焊的操作方法与本章第二节一、1 和 2 相同。

（2）填充焊　填充焊道在施焊前应将热焊道的焊渣用角向磨光机清除干净，接头过高处打磨平整，然后进行焊接。由于低氢型焊条的电弧吹力较小，电弧保护性能较差，所以在焊接过程中及焊道接头时容易产生气孔。因此在焊接时必须控制好合适的焊条角度，采用短弧焊接，焊条角度如图 5-49 所示，热焊道具体的操作方法是电弧引燃后应迅速压低电弧，电弧的高度应控制在 2 ~ 4mm 的范围内，一般采用锯齿形运条方法，焊接速度要均匀，控制好坡口两侧的熔化情况，使熔池均匀地熔化坡口的两侧，焊条摆动的目的是为了控制焊道的宽度和熔池的几何形状，使焊道两侧熔合良好，所以焊工在施焊时要根据熔池的几何形状灵活掌握，当一根焊条焊完收弧时，将电弧控制在熔池的中心稍做停留，然后向焊道后方快速收弧，如图 5-50 所示，这样收弧处不容易产生冷缩孔。

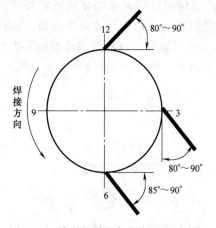

图 5-49　填充焊道焊条角度变化示意图

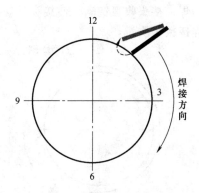

图 5-50　填充焊道收弧示意图

焊道接头时必须将接头处打磨好，然后再进行焊接。由于低氢型焊条引弧端涂有引弧剂，一次引弧就要成功，否则会造成焊条浪费，所以在引弧时一定要找准引弧点，并采用撞击法引弧。电弧引燃后由于电流密度较大，弧光的亮度增加，焊工的视线受到影响，不易看清接头的状态，而且完成接头的时间很短，只有 1 ~ 2s 的时间，所以在焊工培训时要反复认真地练习，低氢焊条焊缝接头方法如图 5-51 所示。为了保证盖面焊道的质量，填充焊应控制熔敷金属的厚度，不能过高或过低，填充金属厚度如图 5-52 所示。焊后将焊道内的焊渣用电动刷清除干净。

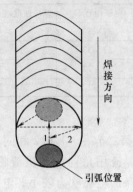

图 5-51　低氢焊条焊道接头方法示意图
1、2—运条顺序

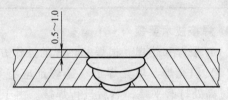

图 5-52　填充金属厚度示意图

（3）盖面焊道　焊条角度同填充焊时的焊条角度，如图 5-49 所示，在焊接过程中，一般不做横向摆动，在立焊段可稍做横向摆动，防止产生咬边，仰焊段电流应减小 15%，采用左右小摆动运条的方法进行焊接，从而达到控制咬边和焊缝余高的目的，过 6 点位置收弧时，可采用在熔池中心收弧法，这样可以保证收弧的质量，有利于焊道接头。在 12 点处的冷接头处，接头前应用角向磨光机，将接头处打磨成缓坡状，如图 5-53 所示。然后在打磨处前 8 ~ 10mm 处引燃电弧后迅速压低电弧，操作方法如图 5-54 所示。将熔池吹开，填满弧坑后电弧恢复到正常焊接状态，6 点处焊道接头电弧高度应低一些，将弧坑填满后采用回焊衰减法收弧。这样的焊道接头收弧饱满，使接头处焊缝金属不低于母材金属，以免造成外观缺陷影响焊接接头质量。

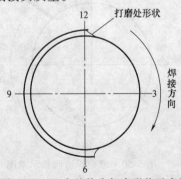

图 5-53　12 点处接头打磨形状示意图

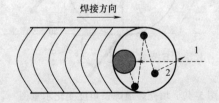

图 5-54　12 点位置冷接头方法示意图
1、2—运条顺序

第三节　自保护药芯焊丝半自动焊操作技术

目前，我国采用的自保护药芯焊丝向下焊工艺，大部分是采用纤维素型向下焊焊条进行根焊，填充及盖面焊采用自保护药芯焊丝半自动焊工艺。

1993 年，我国引进了自保护药芯焊丝半自动焊技术。1996 年建设的库善输气管道首次采用了这种焊接技术。工程钢管材质为 API 5L X65 钢，管径 ϕ610mm，壁厚 7.1 ~ 11.1mm。由于沿途环境条件恶劣，要求焊接接头具有较好的低温冲击韧度，纤维素型焊条难以达到质量要求。而药芯焊丝的抗冷裂性和冲击韧度比纤维素型焊条要好。为了保证管道的力学性能符合要求，同时尽可能提高焊接速度，选用了混合型向下焊工艺（E6010 + E71T8）。

1. 焊接设备、焊接材料及母材

1）焊接电源：直流弧焊机（如：DC-400）。

2）焊接材料：焊条 E6010/ϕ4.0mm　焊丝 E71T8—NiJ/ϕ2.0mm。

3）钢管：材质 X65 钢，规格 ϕ610mm × 7.1mm。

2. 管口组对参数

管口组对参数见表 5-22。

表 5-22　管口组对参数

坡口角度/(°)	钝边厚度/mm	根部间隙/mm
60 ± 5	1.6 ~ 2.0	2 ~ 3

3. 焊接参数

焊接参数见表 5-23。

表 5-23　焊接参数

焊道层次	焊材型号/规格/mm	极性	焊接电流/A	电弧电压/V	焊接速度/(cm/min)	送丝速度/(cm/min)
根焊	E6010/ϕ4.0	正接	80 ~ 110	27 ~ 33	10 ~ 18	—
热焊	E71T8/ϕ2.0	正接	180 ~ 260	18 ~ 22	15 ~ 30	203.2 ~ 254
填充焊	E71T8/ϕ2.0	正接	180 ~ 260	18 ~ 22	15 ~ 30	203.2 ~ 254
盖面焊	E71T8/ϕ2.0	正接	170 ~ 240	18 ~ 22	12 ~ 18	203.2 ~ 228.6

4. 操作技术要领

（1）根焊　根焊的技术要领与本章第二节相同，这里不再重复，但是在用自保护药芯焊丝进行半自动焊时，还要注意如下几点。

1）根部焊道的正面成形要平整如图 5-55 所示，减少焊道两侧的夹角深度，避免在填充焊道时产生缺陷。

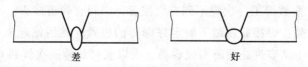

图 5-55　根部焊道正面成形比较

2) 保证根部焊道的金属厚度，避免在焊接填充层时产生烧穿现象。

（2）填充焊　在填充焊前应将根焊道的焊渣清除干净，接头过高处打磨平整，然后进行焊接，焊枪角度如图 5-56 所示。施焊时，由于空间位置的限制，大多数焊工都在 5 点（或 7 点）位置停弧，因此填充焊道及盖面焊道的焊缝接头容易叠加，使焊道内部易产生密集气孔。所以焊接立焊段时，注意焊枪的角度。在盖面焊道施焊前，将填充焊道的过低处进行补焊，过高处采用砂轮机磨平。填充焊道厚度要求如图 5-57 所示。

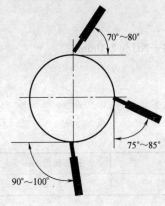

图 5-56　焊枪角度

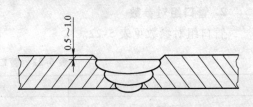

图 5-57　填充焊道厚度要求

（3）盖面焊　焊枪角度与填充焊时一样，如图 5-56 所示，在焊接过程中，一般不做横向摆动，在立焊段可稍做横向摆动，防止产生咬边，仰焊段采用左右小摆动运条的方法进行焊接，以防止咬边和控制焊缝成形，6 点位置收弧时，应将收弧处填满，然后在熔池中心收弧，这样可以保证收弧的质量，有利于焊道接头。对于 12 点处的冷接头，焊道接头前应用角向磨光机将接头打磨成缓坡状，如图 5-58 所示，在打磨处之前 8～10mm 处引燃电弧，将熔池吹开填满弧坑，然后将电弧恢复到正常焊接状态。6 点处的接头同样要将弧坑填满后再停弧，使焊道接头平整饱满，接头处焊缝金属不低于母材金属，以免造成外观缺陷，影响焊缝质量。

另外，焊接过程中尽可能控制好焊丝伸出长度。较合理的焊丝伸出长度为20～25mm，焊丝伸出长度过短会造成导电嘴前端氧化金属飞溅堆积过快，它随着移动的焊丝一起进入熔池如图 5-59 所示，导致产生气孔或夹渣。焊丝伸出长度过长会使电弧电压降低，影响焊接质量。焊工要养成焊前检查及清理导电嘴的习惯。

焊接过程中，多数焊工由于最初平焊时的姿势决定了仅能焊到 4（8）点或 5（7）点的位置，多数焊工一次焊不到 6 点位置，中间有焊道接头。

正确的做法是：焊接前先蹲下确定好仰焊的位置，然后站起来两脚不要移动，进行焊接。这样由站姿过渡到蹲姿较容易，可以较自如地一次焊到 6 点位置，减少了焊缝接头。

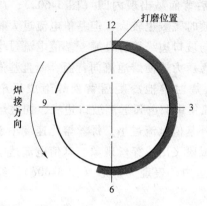

图 5-58　12 点处接头打磨形状示意图

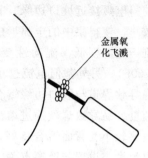

图 5-59　金属氧化飞溅的过渡

盖面焊道最好不要超过 4 个接头，因为焊道接头是密集气孔产生的多发区，各焊道、焊层之间的焊道接头要安排合理。小于 φ610mm 的管口最好一次焊到 6 点位置；大于 φ610mm 的管口，通常有 4 个焊道头。各焊道间，焊道接头必须错开 100mm 以上，避免焊道接头叠加，在管线施工中，12 点处的接头，可以采用热接的方法，即两名焊工同时焊接。

对于自保护药芯焊丝半自动焊，焊接前要认真调整好电弧电压和送丝速度。经常检查导线各连接处和导电嘴以及鹅颈管是否有松动现象，送丝管路要经常进行清理，保证焊丝管路畅通无阻。焊接设备经长期使用后，电流表和电压表的读数会不准确，所以要定期对电流表、电压表进行检定。

第四节　表面张力过渡根焊技术

一、需调整设定的参数及其作用

目前在长输管道焊接施工中，表面张力过渡（STT）技术主要应用到半自动焊的根焊中，采用的焊接电源为美国 LINCOLN 电气公司的 Invertec STT Ⅱ型电源，并匹配 LN—27、LF—37 或 LN—742 送丝机。焊接前需设定的参数有：基值电流、峰值电流、送丝速度、电弧电压、热引弧和尾拖参数。其中基值电流、峰值电流、热引弧和尾拖等参数的调节在 Invertec STT Ⅱ型焊接电源上进行，送丝速度和电弧电压的微调在 LN—27、LF—37 或 LN—742 送丝机上进行。

1. 基值电流

基值电流（Background Current）是一个较为重要的参数，控制热输入，决定了根焊时背面的成形。其他条件一定时，基值电流过大，则熔滴较大，使得电弧分散且飘移，电弧力弱，形成宽而浅的熔池。另外基值电流过大使得熔池温度高，熔池流动性好进而导致宽而浅的熔池，冷凝后背面易出现内凹（图5-60a）；这里还要提及的是基值电流过大，熔滴较大，过渡时飞溅也较大，但基值电流过大时电弧发散使得电弧接近坡口边缘，有利于焊道与坡口边缘熔合良好。基值电流过小，则熔滴较小，使得集中的电弧形成一定的电弧压力迫使熔池流向背面，而且基值电流过小则熔池温度低，流动性变差，致使根焊时熔池冷凝后背面焊道成形窄而高（图5-60b）；另外基值电流过小时由于电弧集中，电弧远离坡口边缘，加之熔池温度低易导致焊道与坡口边缘熔合不良；此外基值电流过小，焊丝熔化速度小于焊丝送进速度，易导致焊丝插进熔池造成焊丝成段飞出或穿丝现象。基值电流适中，根焊时飞溅较小，背面熔合良好，背面余高适中，表现为碗形（图5-60c）。经试验基值电流大小设置与壁厚有关。

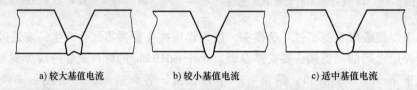

a) 较大基值电流　　　　b) 较小基值电流　　　　c) 适中基值电流

图5-60　基值电流对根部焊道背面成形的影响

2. 峰值电流

峰值电流（Peak Current）也是一个重要参数，影响电弧长度和焊道与坡口边缘的熔合情况，决定根焊时正面的焊道成形。其他条件一定时，峰值电流过小，弧长变短且电弧分布直径小，熔滴未充分长大就与熔池短路并过渡，由于电源的特性决定了短路时熔滴的温度低，致使熔池流动性差而使得正面焊道呈山脊形（图5-61a），此成形会导致焊道与母材夹沟处易产生未熔合和夹渣缺陷；峰值电流适中，电弧长度和分布直径适中，熔滴大小和熔池温度适中，在峰值电流存在的时间段内电磁收缩效应促进熔滴向熔池过渡的能力适中，使得正面焊道成碟形或浅碗形（图5-61b），进行下一道热焊道焊接时熔合良好；峰值电流过大，电弧的长度和分布直径较大，熔滴成长较大，电弧不稳，飞溅也较大，在峰值电流存在的时间段内电磁收缩效应促进熔滴向熔池的能力也较大，使得正面焊道成深碗形（图5-61c），但此时匹配的送丝速度较大，带来的反作用也较大，易使送丝时抖动厉害且导致焊工长时间握枪焊接产生疲劳感。经试验峰值电流大小与壁厚、直径基本无关。

a) 较小峰值电流　　　　b) 适中峰值电流　　　　c) 较大峰值电流

图5-61　峰值电流对根部焊道正面成形的影响

3. 尾拖

尾拖（Tailout）是通过改善电流波形来提高焊接热输入的方法，在不改变熔滴尺寸和电弧长度的情况下提高熔敷速度，改善熔合效果。尾拖与环境温度有关，一般来讲，环境温度越低，设定的尾拖参数值越大。

4. 热引弧

热引弧（Hot Start）是在引弧时提供瞬时大电流，以提高引弧的成功率的引弧方法。

5. 送丝速度

送丝速度（Feed Wire Speed）的大小要与焊接电流相匹配。送丝速度过大，反作用力就大，使得焊工长时间握枪焊接产生疲劳感，并且焊丝易直接插入熔池，导致粘丝和穿丝；送丝速度过小，弧长加长导致电弧不稳，飞溅较大。

6. 电弧电压

电弧电压（Arc Voltage）由焊接电源内部程序自我设定。为获得最佳的电弧稳定性和焊丝熔敷情况，操作者只能在焊接过程中进行 ±10% 在线补偿。

二、表面张力过渡根焊操作技术

1. 坡口准备与预热

表面张力过渡（STT）焊接方法适用于 V 形坡口和复合形坡口，典型坡口如图 5-62 所示。焊接前应将坡口及坡口两侧 100mm 范围内的铁锈、油污、水等清理干净，坡口及坡口两侧 20mm 范围内应见金属光泽。

当管壁厚度小于等于 10mm 时，一般采用 V 形坡口；当管壁厚度大于 10mm 时，采用 U 形和复合形的坡口较为合理。

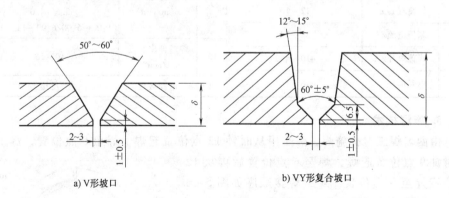

a) V形坡口　　　　　　　　b) VY形复合坡口

图 5-62　STT 根焊坡口形式

焊前是否预热、预热方法和预热温度，应按照焊接工艺规程来执行。当焊接工艺规程要求焊前预热时，应按焊接工艺规程的要求进行预热。预热温度、加热速度、预热宽度和预热温差等均应符合焊接工艺规程的要求。

2. 焊接参数选择

焊接壁厚为 10 ~ 40mm 的长输管道用钢管，在 100% CO_2 作为保护气前提下，

采用直径 φ1.20mm 实心焊丝。通过大量的试焊与试验，得出以下焊接参数的经验值。

1）推荐的基值电流为 50 ~ 55A，此时背面余高 1 ~ 3mm。为防止根部焊道出现内凹，基值电流不宜超过 60A。

2）对于峰值电流，经过试焊得知，当峰值电流低于 400A 时根焊焊道成形开始呈山脊形；当峰值电流小于 360A 时，坡口两侧出现较明显的夹沟，特别易产生未熔合和夹渣；当峰值电流大于 430A 时，熔敷效率提高但焊枪抖动较严重，易导致操作疲劳。故推荐的峰值电流为 400 ~ 430A。

3）对于尾拖，根据不同的环境温度设定，-20℃ 环境温度以上时尾拖设置位置为 "0"，-20℃ 环境温度下尾拖设置位置为 "1"，-30℃ 环境温度下尾拖设置位置为 "2"，-40℃ 环境温度下尾拖设置位置为 "2" ~ "3"。至于热引弧设置位置为 "2" ~ "3" 即可。

针对 X80 钢 φ1219mm 钢管的表面张力过渡技术实心焊丝气体保护焊的根焊，推荐焊接参数见表 5-24。

表 5-24   表面张力过渡技术实心焊丝气体保护焊的根焊焊接参数

序号	参数名称	参数	序号	参数名称	参数
1	焊材型号	ER70S—G	8	焊接速度 /(cm/min)	16 ~ 25
2	焊材规格/mm	φ1.2			
3	保护气体	CO_2	9	送丝速度 /(m/min)	2.3 ~ 3.0 (0—1:00/11:00—12:00 位) 3.5 ~ 4.0 (1:00—6:00/6:00—11:00 位)
4	气体流/(L/min)	12 ~ 16			
5	基值电流/A	52 ~ 54			
6	峰值电流/A	410 ~ 430	10	焊丝伸出长度 /mm	10 ~ 16
7	电弧电压/V	16 ~ 18	11	电源极性	反接

3. 施焊技术

由两名焊工对称施焊，焊工甲从时钟 12 点位置起焊，焊至 6 点位置，焊工乙从时钟 9 点位置起焊，焊至 6 点位置后再从 12 点位置焊至 9 点位置结束，焊接顺序如图 5-63 所示。焊枪轴线应垂直于钢管轴线（图 5-64a），焊枪轴线与钢管的切线应呈 95° ~ 110° 的夹角（图 5-64b）。将焊丝指向坡口的中心，焊枪匀速运行。根焊操作过程中，要控制焊丝伸出长度为 10 ~ 16mm，对口间隙在正常范围内焊枪不摆动。当间隙较大时，焊枪可做小幅度的左右或前后摆动，摆动幅度应控制在 4mm 内。如果存

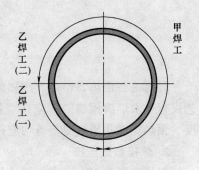

图 5-63　两名焊工对称施焊顺序

在错边，则焊枪应倾斜 5°～15°使电弧对准较低一侧的钝边，如图 5-65 所示。

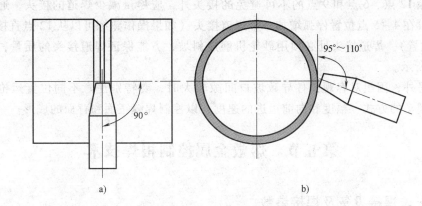

a)   b)

图 5-64　表面张力过渡根焊时焊枪角度

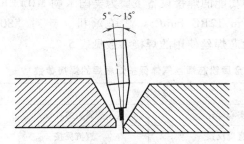

图 5-65　错边时的焊枪位置和角度

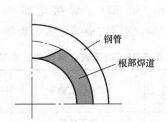

图 5-66　根部焊道接头打磨示意图

在 12 点至 1 点位置或 12 点至 11 点位置焊接时，焊丝保持引弧时伸出长度和焊枪倾角，电弧不要全部伸入坡口根部，要稍快呈月牙形摆动，电弧在坡口两侧停留时间要短。这段位置焊接时要注意控制向下焊接的速度，电弧在坡口面上停留的位置要合适，否则会出现熔池温度过高而下陷、背面焊缝过高现象。在此段也易出现因防止背面焊缝过高，运弧时摆动迈进的幅度过大、电弧伸入得过少、焊丝伸出长度太长而造成未熔合的现象。

1 点至 4 点位置或 11 点至 8 点位置焊接时，焊丝伸出长度逐渐缩短至 10mm，焊枪倾角逐渐减小，同时适当减慢电弧摆动的速度，增加电弧每次摆动向下迈进的幅度和坡口两侧的停留时间，此外，还要始终保持电弧在熔池的前端燃烧，电弧摆动由月牙形转换为轻摆直拉，并时刻注意不能因这段位置熔池的金属液有下淌的趋势而刻意加快向下的焊接速度，否则背面焊缝易出现内凹。

4 点至 6 点位置或 8 点至 6 点位置焊接时，焊枪的倾角要调整至与管垂直，电弧摆动由轻摆直拉转变为锯齿形摆动，电弧要尽可能地伸入坡口根部，焊接向前迈进的幅度、坡口两侧的停留时间要均匀一致，既要保证电弧在熔池的前端燃烧，又要避免因电弧超前造成穿丝。焊接此段时电焊工要选择合适的焊接姿势，保证焊枪的自如运行，并使焊工能清楚地观察熔池的情况，以有效避免这段正面焊缝出现中间凸起、坡口两侧夹沟的现象。

除 12 点、6 点和 9 点的不可避免的接头外，应尽量减少焊道的接头，通常焊工甲可在 4 ~ 5 点位置停弧增加一个焊道接头（如果操作熟练可以从 12 点直接焊到 6 点位置）。焊道接头处必须用砂轮机磨成斜坡，方能保证焊道接头的质量，如图 5-66 所示。

另外，因组对客观条件导致坡口间隙较大时，要特别注意不同位置运枪的角度、摆动的方式、幅度和向前迈进的速度，以控制焊缝正面和背面的成形。

第五节 熔敷金属控制根焊技术

一、焊接设备及焊接参数

目前，有熔敷金属控制（RMD）根焊功能的焊接设备主要为美国米勒 MILLER Pipepro 450 RFC。焊接电源匹配 PipePro 12RC SuitCase™ 送丝机。针对 X80 ϕ1219mm 钢管的根焊，实心焊丝与金属粉芯焊丝使用的焊接参数见表 5-25。

表 5-25 有熔敷金属控制技术实心焊丝与金属粉芯焊丝气体保护焊根焊的焊接参数

序号	参数名称	焊接参数	
		实心焊丝	金属粉芯焊丝
1	电源极性	直流反接	直流反接
2	焊接方向	全位置下向	全位置下向
3	焊材型号	ER70S—G	E80C—Ni1
4	焊材规格/mm	ϕ1.2	ϕ1.2
5	保护气体	85% Ar + 15% CO_2	80% Ar + 20% CO_2
6	气体流量/(L/min)	20 ~ 30	20 ~ 35
7	送丝速度/(m/min)	3.0 ~ 4.6	3.8 ~ 4.6
8	焊接电流/A	125 ~ 170	120 ~ 180
9	电弧电压/V	16 ~ 18	14 ~ 18
10	焊接速度/(cm/min)	16 ~ 25	20 ~ 35
11	焊丝伸出长度/mm	10 ~ 15	8 ~ 15

二、熔敷金属控制根焊操作技术

1. 接头打磨

将待焊接头用磨光机打磨成斜面，在斜面顶部 10mm 处引弧。引燃电弧后，将电弧移至斜面底部，这时要注意观察熔孔。若未形成熔孔则接头处背面焊不透；若熔孔太小，则接头处背面产生缩颈；若熔孔太大，则背面焊缝太宽或形成焊瘤。

2. 焊接操作

（1）平焊　组对焊口时，对口间隙如果过大，容易产生焊瘤和焊接操作困难；若间隙过小，则容易产生背面单侧或双侧未熔合，平焊位置的对口间隙应控制在2.5mm左右。焊接时，焊枪角度和焊丝指向熔池的位置极为重要。平位时，焊枪与焊接方向的夹角为70°～80°，焊丝应指向熔池的前部1/3处并做轻微的横向摆动。若发现熔池下沉，应在减小焊枪角度的同时焊丝上提，并保持伸出长度为10～15mm，这样可以防止焊瘤。

（2）立焊　立焊过程中，应采用直线运弧，焊枪与焊接方向的夹角约为85°～90°。向下焊接的速度如果过快，则容易产生单侧或双侧未熔合；如果过慢，则会产生金属液堆积或导前现象，造成坡口两侧熔合不好，同时增加焊工劳动强度，降低工作效率。所以立位焊接时应保持正常的焊接速度，保证焊道厚度在2.5mm左右。

（3）仰焊　仰焊时应采用直线运弧，焊枪与焊接方向的夹角为80°～90°。焊丝应指向熔池前部1/3处，同时保持伸出长度为10～15mm。焊接速度过快，则会出现穿丝现象；焊接速度过慢，容易造成铁液下坠，使正面焊道夹角过深，背面形成内凹，导致焊接时形成夹渣或未熔合等缺陷。

3. 收弧

焊接结束前，若收弧不当容易产生弧坑，并出现裂纹和气孔等缺陷。收弧时特别要注意克服焊条电弧焊的习惯动作，就是将焊枪向上抬起。熔敷金属控制焊接收弧时如果将焊枪抬起，将破坏弧坑处的保护效果。同时，即使在弧坑已填满，电弧已熄灭的情况下，也要让焊枪在弧坑处停留几秒钟后方能移开，保证熔池凝固时得到可靠的气体保护。

4. 其他注意事项

（1）保护气体的使用　注意气瓶压力应≥1MPa，气体流量达到25L/min。定期检查气带是否有漏气现象，在每次更换气瓶后，要按住验气按钮将空气排出。否则，由于空气的掺杂，将会产生气孔。

（2）送丝软管　焊接过程中，若焊丝的端部出球，同时伴有跳枪现象，则会造成根部未焊透现象。这是由于送丝软管堵塞，造成送丝速度过慢，与焊接电流不匹配，焊丝回烧，因此要对送丝软管进行定期清理。吹扫送丝软管前，将送丝软管弯曲几次，使内部堵塞物松动，再利用气泵进行吹扫。一般每焊完两盘焊丝就需清理一次。

（3）导电嘴　焊丝如果产生轻微的抖动，或焊丝端部与导电嘴之间打火，应及时更换导电嘴。否则容易产生电弧燃烧不稳定，特别是在仰焊时，容易造成正面夹角过深和根部未熔合。另外，焊丝的对中性、送气孔是否堵塞以及护罩是否松动也需及时进行检查。

（4）地线、反馈线检查　地线、反馈线是否接牢，并保持地线接触面呈现金属光泽。如果地线未接牢，会出现电流不稳的现象；如果反馈线未接牢，则无法正常焊接。两个焊工同时焊接时，若出现焊接参数不稳定，则应对两台焊机和连接线进行屏蔽。

（5）焊接姿势　在焊接前，要提前确定好焊接姿势，测量好能焊接到什么位置，避免因焊接姿势引起接头过多的现象。

第六节　管道自动焊操作技术

一、管道内焊机操作技术

1. 管道内自动焊坡口的准备

管道内自动焊需要专用的坡口形式，坡口形式及尺寸如图 5-67 所示。坡口的质量直接决定着焊缝的质量，坡口整形机的性能和操作者的水平决定着坡口的质量，所以应选择性能良好、加工效率高的坡口整形机。由于常用工具较难精确地测量复合坡口的尺寸和误差，所以应根据焊接工艺评定和相关标准做出专用的测量工具，对加工的每个坡口进行测量，每个坡口的测量点数应不少于 4 点，且 4 点应均布在整个圆周上。对管口平面与管轴线的垂直度也应进行测量，每 10 个坡口至少测量一个，测量点数同样不应少于 4 点，且 4 点应均布在整个圆周上。如果发现坡口尺寸和垂直度有超标现象，必须对坡口整形机进行调整，并对不合格的坡口重新进行加工。由于采用自动化焊接，坡口尺寸必须控制在焊接工艺评定和标准要求的范围内，且应力求达到坡口尺寸的一致性。

在坡口整形机（图 5-68）的效率能够满足要求的前提下，应将当天加工的坡口全部焊接完，即加工的坡口不过夜。

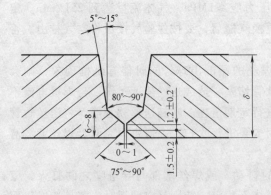

图 5-67　内焊机管道自动焊坡口形式及尺寸

图 5-68　管道坡口整形机

2. 管道内焊机焊接操作

1）检查：焊口在组装前应检查焊口的尺寸是否符合要求，焊口清理是否满足要求（坡口及坡口两侧 100mm 范围内的铁锈、油污、水等清理干净，坡口及坡口两侧 20mm 范围内应见金属光泽）。

2）组装：组装时应力求零间隙、零错边。如果存在不可避免的间隙和错边，则必须保证间隙和错边量在标准允许的范围内，并应尽量将错边均布在整个圆周上。如果由于管口椭圆等原因，错边不能均布在整个圆周上，则应将错边尽量放在立焊位置。若出现了不可避免的间隙，同样应将间隙尽可能放在立焊位置。

3）焊枪的定位：要将 6 个焊枪准确地定位在坡口的中心，偏差不得大于 1mm。

4）焊接：一切准备就绪后即可启动焊接程序。焊接时，要随时观察各焊枪的工作情况（主要是焊接电流和电弧电压）是否正常。如果出现较大的波动，必须立即停机进行检查，找出原因，并将其排除后，方可重新焊接。ϕ1219mm 钢管内焊机根部焊道的焊接参数见表 5-26。

表 5-26　ϕ1219mm 钢管内焊机根部焊道的焊接参数

序号	参数名称	参数	序号	参数名称	参数
1	钢管材质	X80 钢	7	电源极性	反接
2	钢管规格/（直径/mm × 壁厚/mm）	ϕ1219 × 18.4	8	焊接电流/A	170 ~ 210
3	焊材牌号	伯乐 SG3-P	9	电弧电压/V	19 ~ 22
4	焊材规格/mm	ϕ0.9	10	送丝速度/（m/min）	8 ~ 11
5	保护气体成分	75% Ar + 25% CO_2	11	焊接速度/（cm/min）	72 ~ 80
6	保护气体流量/（L/min）	33 ~ 52	12	伸出长度/mm	8 ~ 12

二、管道外自动根焊操作技术

1. 坡口及组装要求

对于管道外自动根焊工艺来说，坡口质量和组装质量对焊缝质量的影响尤其明显。也就是说坡口和组装质量是焊接质量的基础，应在坡口形状、坡口尺寸和组装质量上多下功夫。在保证焊接质量的前提下，应尽量降低坡口的宽度，这可有效地提高焊接速度，降低焊接成本。坡口形状、尺寸及组装要求如图 5-69 ~ 图 5-72 所示。

由于送丝速度、焊接速度、摆动幅度等参数都是预先设定的，所以要求坡口形状、尺寸和组装间隙应具有严格的一致性，波动范围越小越好。

坡口清理，应采用钢丝刷或砂布进行清理，当采用砂轮机清理时，应注意不要损伤坡口。坡口及坡口两侧 100mm 范围内的铁锈、油污、水等清理干净，坡口及坡口两侧 20mm 范围内应见金属光泽。

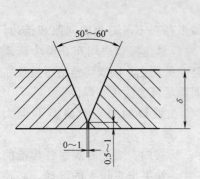

图 5-69 V 形坡口（δ≤10mm）

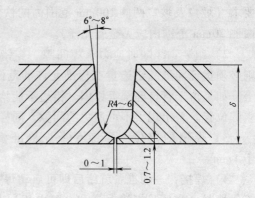

图 5-70 U 形坡口（δ≥8mm）

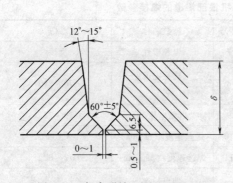

图 5-71 复合形坡口（δ≥12mm）

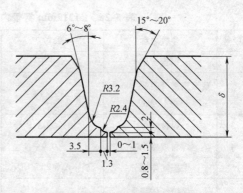

图 5-72 双 U 形复合式坡口

经检查坡口清理合格后，即可进行组装，组装间隙为零。如果存在不可避免的间隙，则最大间隙不应超过1mm，并应尽可能将间隙放在立焊位置。当存在不可避免的错边时，应将错边均布于整个圆周上；若无法均布，应将较大的错边放于立焊位置。

2. 焊接操作

坡口质量达到工艺规范要求时即可进行焊接。焊前应先将坡口质量、组装间隙等观察一遍，做到心中有数。坡口质量正常，基本无组装间隙，也无错边的情况下，焊枪应对准坡口的中心，焊丝伸出长度保持10mm左右。焊枪位置、焊缝接头位置分别如图 5-73 和图 5-74 所示。

当焊接到错边位置时，应将焊枪向钝边低的一侧偏移 1~2mm，如图 5-75 所示。钝边偏厚时，焊枪应压低些；钝边偏薄时，焊枪应抬高些。当存在对口间隙时，焊枪应适当抬高些。

3. 焊接参数

PWT CWS. 02NRT 管道外自动根焊焊接参数见表 5-27。

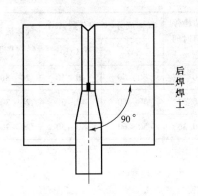

图 5-73 无错边时焊枪的位置

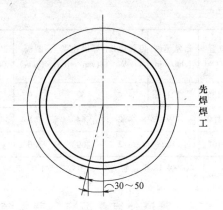

图 5-74 焊道 6 点处接头位置示意图

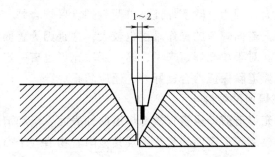

图 5-75 有错边时焊枪的位置

表 5-27 PWT CWS.02NRT 管道外自动根焊焊接参数

位置[①] /(°)	送丝速度 /(dm/min)	电弧电压 /V	焊接速度 /(cm/min)	摆幅 /(mm)	摆动速度 /(cm/min)	边缘停留时间 /(ms)	气体成分(体积分数,%)		气体流量 /(L/min)
							Ar	CO_2	
0	122	24.4	58	1.5	180	0.20	50~60	40~50	20~30
15	123	24.4	60	1.0	190	0.14	50~60	40~50	20~30
30	124	24.4	64	0.5	200	0.00	50~60	40~50	20~30
45	125	24.6	68	0.5	200	0.00	50~60	40~50	20~30
60	126	24.6	72	0.5	200	0.00	50~60	40~50	20~30
75	127	24.6	76	0.5	200	0.00	50~60	40~50	20~30
90	127	24.6	76	0.5	200	0.00	50~60	40~50	20~30
105	125	24.6	73	0.5	200	0.00	50~60	40~50	20~30
120	123	24.4	70	0.5	200	0.00	50~60	40~50	20~30

（续）

位置[1]/(°)	送丝速度/(dm/min)	电弧电压/V	焊接速度/(cm/min)	摆幅/(mm)	摆动速度/(cm/min)	边缘停留时间/(ms)	气体成分(体积分数,%)		气体流量/(L/min)
							Ar	CO₂	
135	121	24.4	67	1.0	188	0.30	50~60	40~50	20~30
150	119	24.2	64	1.5	182	0.34	50~60	40~50	20~30
165	116	24.2	60	2.0	176	0.36	50~60	40~50	20~30

① 以时钟 12 点位置为 0°，由控制软件设定。

三、管道外自动填充、盖面焊操作技术

对于一条焊缝来说，各层焊道同等重要，没有次要的焊道。所以焊接任何一层焊道，都应认真对待。但从操作的难易程度上是存在较大区别的。一般来说，根部焊道的操作难度最大，因为它除要保证坡口两侧的良好熔合外，还要保证焊道的内部成形和外部成形。盖面焊道的操作难度也较大，这是因为盖面焊道要能保证焊缝的余高和圆滑过渡。对于填充焊道来说，第一层填充焊也有一定的操作难度，主要是因为第一层填充焊道除保证熔合良好外，还应防止烧穿。

1. 第一层填充焊道的焊接

焊接第一层填充焊道前，应检查根部焊道的外表面质量和清理状况。首先，应采用电动钢丝刷将根部焊道表面的氧化层及其他附着物清理干净，然后检查根焊道的表面质量，如果凸起过高、两侧存在沟槽较深、焊道接头处过高等，均应采用砂轮机将其磨至不影响第一层填充焊道的焊接为准。采用砂轮机打磨时，应特别注意不要损伤坡口。若根焊道存在肉眼可见的缺陷，必须将缺陷全部清除，如果磨去的深度低于正常焊道厚度 2mm 时，应将其补平后方可进行填充焊道的焊接。

第一层填充焊道也是整个焊缝中关键的焊道。既要保证良好的熔合，同时也要保证不产生烧穿，所以必须选用合适的送丝速度、电弧电压、摆动幅度和焊丝伸出长度等参数。

2. 其他填充焊道的焊接

第一层填充焊道焊接完成后即可焊接其他填充焊道，其他填充焊道主要应确保熔合良好，并应保证各层的厚度均匀一致。最后一层填充焊道应焊至距坡口表面 1mm 左右，且焊道表面的凸起高度应越小越好。每层焊道焊完后，应清理表面的氧化层和表面附着物，焊道接头凸起的高度必须磨除。

焊枪的摆动位置和最后一层填充焊道的高度分别如图 5-76 和图 5-77 所示。

3. 盖面焊道的焊接

盖面焊道也是焊接难度较大的焊道，对于管道环焊缝的全位置自动焊来说，常见的盖面焊道缺陷是整个焊道的宽度不一致（12 点处较宽，6 点处较窄）、咬边、

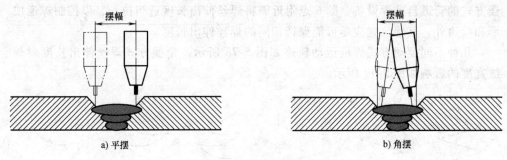

a) 平摆　　　　　　　　　　　　b) 角摆

图 5-76　填充焊摆幅示意图

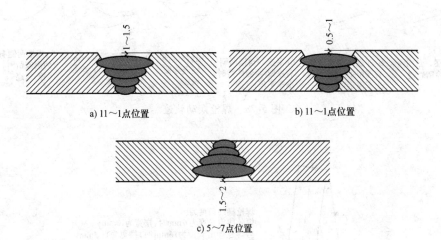

a) 11～1点位置　　　　　　　　b) 11～1点位置

c) 5～7点位置

图 5-77　最后一遍填充焊道高度示意图

焊道的余高不均匀（12 点附近偏高，3、9 点附近偏低，6 点附近最高）。为了克服上述缺陷应采取如下措施：

1）对于焊接过程中能够对送丝速度、电弧电压、摆动宽度、摆动频率（摆动速度）和两侧停留时间进行调节（分为自动调节和手动调节）的管道自动焊设备，应降低 6 点附近的送丝速度、适当增大 6 点附近的电弧电压、适当增大 6 点附近的摆动宽度、适当降低 6 点附近的摆动频率、适当增加 6 点附近的两侧停留时间。焊接操作上，6 点处应适当增加焊丝伸出长度。

2）对于焊接过程中不能调节焊接参数的管道自动焊设备来说（部分参数能进行一定范围的调节），必须将焊接参数调节到能够适用各焊接位置的适中参数。需要焊工具有较高的操作水平，主要靠调节焊丝伸出长度来保证焊缝的成形。4（或8）点位置向下，焊丝伸出长度应适当逐渐加长。

3）焊枪摆动方式为平摆或旗摆的管道自动焊设备，焊丝伸出长度的变化对焊缝宽度的影响不明显。但焊枪摆动方式为角摆的管道自动焊设备，焊丝伸出长度的变化对焊缝宽度的影响较大，焊丝伸出长度拉长，焊缝的宽度也随之增大。所以角摆方式的管道自动焊设备，除 6 点附近需将焊丝伸出长度适当拉长，以控制焊道成形和咬边外，其他位置应尽可能保持相同的焊丝伸出长度。

几种不同摆动方式焊枪运动轨迹如图 5-78 所示。角摆方式焊丝伸出长度对焊缝宽度的影响如图 5-79 所示。

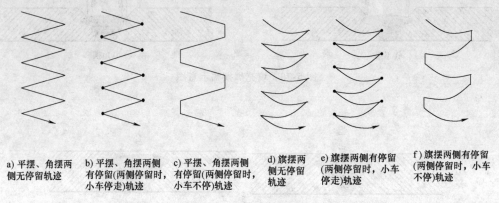

a) 平摆、角摆两侧无停留轨迹 b) 平摆、角摆两侧有停留(两侧停留时，小车停走)轨迹 c) 平摆、角摆两侧有停留(两侧停留时，小车不停)轨迹 d) 旗摆两侧无停留轨迹 e) 旗摆两侧有停留(两侧停留时，小车停走)轨迹 f) 旗摆两侧有停留(两侧停留时，小车不停)轨迹

图 5-78　焊枪摆动轨迹

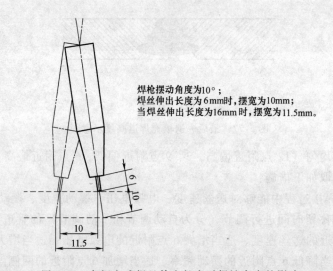

焊枪摆动角度为 10°；
焊丝伸出长度为 6mm 时，摆宽为 10mm；
当焊丝伸出长度为 16mm 时，摆宽为 11.5mm。

图 5-79　角摆方式焊丝伸出长度对焊缝宽度的影响

思 考 题

1. 电弧的引燃、运条和收弧方式有哪几种？

2. 简述平板根焊时的操作技术注意事项。

3. 简述 ϕ610mm × 10mm 钢管水平固定位传统焊条向上焊时根焊和盖面焊的操作要点。

4. 简述 ϕ610mm × 10mm 钢管水平固定位纤维素焊条根焊和盖面焊的操作要点。

5. 简述 ϕ610mm × 10mm 钢管水平固定位自保护药芯焊丝盖面焊的操作要点。

6. 简述表面张力过渡技术根焊时需调整的参数及作用。针对目前长输管道的焊接，参数一般设定为多少？

7. 简述熔敷金属控制技术半自动焊时焊接操作技术要点。

8. 采用内焊机进行根焊时，为防止组对间隙较大（1.0mm 左右）处烧穿，施工现场可采用何种措施予以避免？

9. 简述自动焊盖面焊时的操作技术要点。

第六章

长输管道工程常见焊接缺欠

第一节　焊接缺欠的危害

焊接接头中的不连续性或不规则性称为焊接缺欠，达到某一验收标准（规范）拒收要求的缺欠称为缺陷。压力管道焊接缺欠主要有焊接裂纹、未熔合、未焊透、夹渣（杂）、气孔、夹钨、咬边、凹陷、焊瘤和焊缝外观缺欠等。

焊接缺欠尤其是焊接缺陷会对焊接构件造成严重的危害，主要表现在：

1）引起应力集中。焊接接头中应力的分布是十分复杂的。凡是结构截面有突然变化的部位，应力的分布就特别不均匀，在某些点的应力值可能比平均应力值大许多倍，这种现象称为应力集中。造成应力集中的原因很多，而焊缝中存在工艺缺欠是其中一个很重要的因素。焊缝内存在的裂纹、未焊透及其他带尖缺口的缺欠，使焊缝截面不连续，产生突变部位，在外力作用下将产生很大的应力集中。当应力超过缺陷前端部位金属材料的断裂强度时，材料就会开裂破坏。

2）缩短使用寿命。对于承受低周疲劳载荷的构件，如果焊缝中的缺欠尺寸超过一定界限，循环一定周次后，缺欠会不断扩展、长大，直至引起构件发生断裂。

3）造成脆裂，危及安全。脆性断裂是一种低应力断裂，是结构件在没有塑性变形情况下，产生的快速突发性断裂，其危害性很大。焊接质量对产品的脆断有很大的影响。

此外，焊接缺欠还减少焊缝截面积，降低承载能力；降低构件疲劳强度，缩短构件疲劳寿命；作为裂纹形核源，加快应力腐蚀开裂等。

上述焊接缺欠中，危害最大的是裂纹和未熔合。

第二节　长输管道工程常见焊接缺欠成因及控制

一、裂纹

裂纹是指材料在应力或环境（或两者同时）作用下产生的裂隙。按其产生部位不同可分为纵向裂纹、横向裂纹、根部裂纹、弧坑裂纹、熔合区裂纹和热影响区裂纹等；按其产生的温度和时间不同又可分为热裂纹（包括结晶裂纹和热影响区液化裂纹等）、冷裂纹（包括氢致裂纹和层状撕裂等）以及再热裂纹。典型裂纹如图 6-1 和图 6-2 所示。

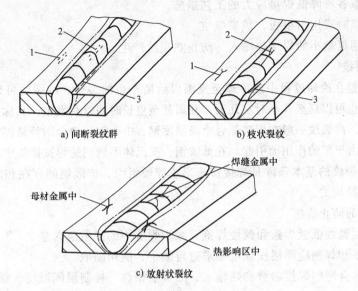

a) 间断裂纹群　　　　　　　　b) 枝状裂纹

c) 放射状裂纹

图 6-1　裂纹的形态及可能出现的部位
1—母材金属中　2—焊缝金属中　3—热影响区中

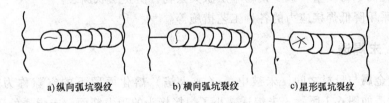

a) 纵向弧坑裂纹　　　　b) 横向弧坑裂纹　　　　c) 星形弧坑裂纹

图 6-2　弧坑裂纹的形态

1. 热裂纹

热裂纹一般是指高温下所产生的裂纹，所以又叫高温裂纹。它的产生原因是焊接熔池在结晶过程中存在着偏析现象，偏析出的物质多为低熔点共晶物和杂质，它们在结晶过程中以液态间层存在。由于熔点低往往最后结晶凝固，强度极低，当焊接拉应力足够大时，会将液态间层拉开或在凝固后不久被拉断而形成裂纹。

热裂纹的防止措施：

1）限制钢材及焊材中易偏析元素和有害杂质的含量，减少硫、磷等元素含量及降低碳含量。

2）调节焊缝金属化学成分，改善焊缝组织，细化焊缝晶粒，以提高塑性，减少或分散偏析程度，控制低熔点共晶的有害影响。

3）提高焊条和焊剂的碱度，以降低焊缝中杂质含量，改善偏析程度。

4）控制焊接规范，适当提高焊缝成形系数，采用多层多道焊法，避免中心线偏析，防止中心线裂纹。

5）采取各种降低焊接应力的工艺措施。

6）断弧时采用引出板，填满弧坑。

7）采用尽量小的焊接热输入，防止热裂纹产生。

2. 冷裂纹

冷裂纹是在冷却过程中或冷却至室温以后所产生的裂纹。冷裂纹可以在焊接后立即出现，也可以延至几小时、几天、几周甚至更长时间以后发生，又称为延迟裂纹或氢致裂纹。冷裂纹一般在焊接低合金高强度钢、中碳钢、合金钢等易淬火钢时容易发生，主要由于氢的作用而引起。在低碳钢、奥氏体不锈钢的焊接接头中较少出现。

形成冷裂纹的基本条件是焊接接头形成淬硬组织、扩散氢的存在和浓集、存在较大的焊接拉应力。

冷裂纹的防止措施：

1）选用碱性低氢焊条和碱性焊剂，减少焊缝中的扩散氢含量。

2）焊条和焊剂应严格按规定要求进行烘干，随用随取。

3）选择合理的焊接参数和热输入，如焊前预热，控制层间温度、缓冷等。

4）焊后立即进行消氢处理，使氢充分逸出焊接接头。

5）焊后及时进行热处理，改善其韧性。

6）提高钢材质量，减少钢材中层状夹杂物，防止层状撕裂。

7）采用降低焊接应力的各种工艺措施等。

二、未焊透

焊缝金属与母材之间，未被电弧（或火焰）熔化而留下的空隙称为未焊透。典型未焊透如图 6-3 所示。未焊透减小了焊接接头的受力截面，未焊透处还会造成应力集中而引起裂纹，重要的焊接接头不允许有未焊透存在。

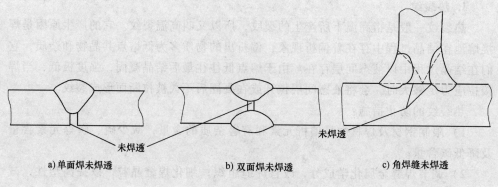

a) 单面焊未焊透   b) 双面焊未焊透   c) 角焊缝未焊透

图 6-3　未焊透示意图

1. 产生原因

接头的坡口角度小，间隙过小或钝边过大；管子厚薄不均，错边量过大；焊接电流过小，或焊速过大等都容易形成未焊透。

2. 防止措施

正确选用坡口尺寸，严格按工艺要求保证根部间隙和合适的钝边，正确选择焊接参数（焊接电流、焊接速度和焊条角度等），严格控制错边量，壁厚不同的管子应按要求加工成缓坡形。

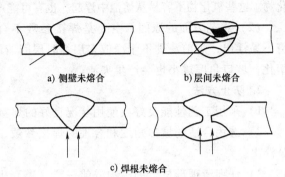

a) 侧壁未熔合   b) 层间未熔合

c) 焊根未熔合

图 6-4 典型未熔合示意图

三、边缘及层间未熔合

焊缝金属与母材之间，焊缝金属之间彼此没有完全熔合在一起的现象称为未熔合。典型未熔合如图 6-4 所示。

1. 产生原因

未熔合产生的原因有：热能过小或焊接速度过快；焊条、焊丝偏于坡口一侧，或焊条偏心、偏弧使电弧偏于一侧，使母材或前一层焊缝金属未得到充分熔化就被填充金属敷盖。当母材坡口或前一层焊缝表面有铁锈或污物，焊接时由于温度不够，未能将其熔化而盖上填充金属，也会形成边缘及层间未熔合，错边严重或根部间隙过小也会导致焊根处单边未熔合。

2. 防止措施

焊条和焊枪的角度要合适，运条要适当，要注意观察坡口两侧熔化情况；选用稍大的焊接电流；适当控制焊速，使热量增加足以熔化母材或前一层焊缝金属；发现焊条偏心或偏弧，应及时调整角度，使电弧处于正确方向；仔细清理坡口和焊缝上的污物；焊口组对时控制错边量和间隙等。

四、夹渣

夹杂在焊缝中的非金属夹杂物称为夹渣。典型夹渣如图 6-5 所示。

夹渣尺寸较大，且不规则，会减弱焊缝的有效截面积，降低焊接接头的塑性和韧性。在夹渣的尖角处会造成应力集中，

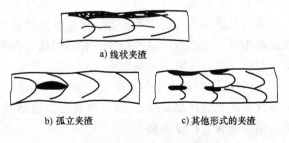

a) 线状夹渣

b) 孤立夹渣   c) 其他形式的夹渣

图 6-5 典型夹渣示意图

因而对淬硬倾向较大的焊缝金属，易在夹渣尖角处扩展为裂纹。夹杂物若尺寸很小

且呈弥散分布时（硫化物等低熔点夹杂物除外）对强度影响不大。

1. 产生原因

（1）冶金方面的原因　主要是冶金反应产生了高熔点、密度大的金属或非金属氧化物。这些氧化物不容易从熔池中浮起；也有可能产生了低熔点硫化物共晶形式夹渣。

（2）工艺方面的原因　主要是焊接参数不合适，使熔池温度低，冷却快，熔渣不易浮出；焊前清理不干净或多层焊时层间清渣不彻底；焊条药皮块状脱落未被熔化；坡口角度过小也会产生夹渣。

2. 防止方法

1）采用工艺性能良好或使用状况良好的焊接材料。

2）选用合适的坡口角度和合理的焊接参数，使熔池达到一定温度，让熔渣充分浮出。

3）仔细清理母材上的污物或前一层（道）上的焊渣，焊接过程中始终要保持清晰的熔池熔渣和液态金属良好分离。

4）运条要平稳，焊条摆动的方式要有利于熔渣上浮，碱性焊条操作中要采用短弧焊接。

五、气孔

气孔是由于焊接熔池在高温时吸收了过多的气体，冷却时气体来不及逸出而残留在焊缝金属内形成的。形成气孔的气体来自大气、溶解于母材、焊丝和焊条钢芯中的气体、焊条药皮或焊剂熔化时产生的气体、焊丝和母材上的油、锈等污物在受热后分解产生的气体以及各种冶金反应所产生的气体。熔焊中，氢气、一氧化碳是产生气孔的主要气体。

氢气孔的形成是由于在高温时，氢在焊接熔池液态金属和熔滴中的溶解度很高，而当冷却凝固时，氢在金属中溶解度急剧下降，例如从液态变为固态铁时，氢的溶解度可从 $32mL/100g$ 降为 $10mL/100g$。因此氢将析出成为气泡，如果焊接熔池结晶速度很快，氢气泡会来不及逸出，但氢的扩散能力强，它一般可以上浮到达焊缝表面，形成旋涡状、喇叭形开口的表面气孔。

氮气孔的形成与氢气孔相似，但它常呈蜂窝状且成堆出现。一般情况下，在焊接生产中氮气孔出现的概率较小，多因引弧、收弧未作适当停留或电压太高或气保护焊时供气回路短时不顺畅引起。

CO 气孔主要是由于焊接冶金反应产生大量的 CO，在结晶过程中来不及逸出而形成残留在焊缝内部的气孔。CO 气孔常以沿结晶方向的长条虫形状出现在焊缝内部，很少能到达焊缝表面。

典型气孔如图 6-6 所示。

1. 产生原因

焊接过程中一切导致产生大量气体的因素都是产生气孔的原因，主要有以下两

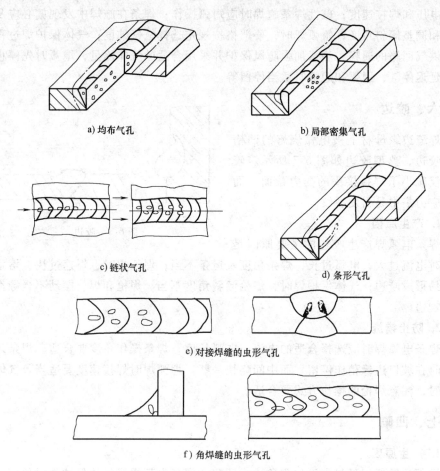

a) 均布气孔　　　　　　　b) 局部密集气孔

c) 链状气孔　　　　　　　d) 条形气孔

e) 对接焊缝的虫形气孔

f) 角焊缝的虫形气孔

图 6-6　气孔的形态与分布

方面原因。

（1）焊接材料方面　焊条或焊剂受潮，或未按规定进行烘干；焊条药皮变质，脱落，或因烘干温度过高而使药皮中部分成分变质失效；焊芯锈蚀，焊丝清理不干净，焊剂中混入污物、保护气体水分过大等均易产生气孔。

（2）焊接工艺方面　焊条电弧焊时，采用过大的电流造成焊条药皮发红而失去保护效果，使用碱性低氢焊条焊接时电弧拉得过长；电弧焊时使用过高的电弧电压，或网路压力波动太大；钨极氩弧焊时氩气纯度低，保护不良或焊速过快，焊丝添加不均匀，保护气体流量过大、过小防风措施不良，引弧、行走和收弧过快等都易形成气孔。

2. 防止措施

不使用药皮脱落、开裂、变质、偏心及焊芯锈蚀的焊条；各种焊条、焊剂都应按规定要求进行烘干；焊接坡口两侧应按要求清理干净；要选用合适的焊接电流、电弧电压和焊接速度；碱性焊条施焊时应短弧操作；焊条在施焊中发现偏心应及时转动和调整倾斜角度；氩弧焊时，要严格按规定选择氩气纯度；气体保护焊过程中注意供气回路的通畅，注意加强防风保护并采用合适的气体流量，熄弧时先停止送丝，延迟停气；引弧和熄弧时适当停留等。

六、咬边

焊缝边缘母材上被电弧烧熔的凹槽称为咬边，典型咬边如图 6-7 所示。咬边不仅减小了焊接接头的受力截面，而且因应力集中易引发裂纹。

图 6-7　咬边

1. 产生原因

焊条电弧焊产生咬边的主要原因是焊接时电流过大，电弧过长，焊条角度及运条不当；埋弧焊时，焊速过快，熔宽下降，易形成咬边；气体保护焊时，焊枪倾斜角度不当，焊枪和焊丝摆动不当等都易产生咬边。

2. 防止措施

焊条电弧焊时应选择合适的电流、电弧长度，焊条操作角度要合适。焊条运条摆动时在坡口边缘稍作停留、而中间略快一些。埋弧焊时焊接速度要适当。气体保护焊时，注意焊枪的操作方式要合适。

七、凹陷

1. 产生原因

根部焊缝低于母材表面的现象称为凹陷，焊条电弧焊或气体保护焊时单面焊双面成形管子仰焊常产生这种缺陷。仰焊时，由于熔池在高温时的表面张力小，使铁液在自重作用下下坠，产生凹陷。

2. 防止措施

应选择合理的焊接坡口，其角度和组装间隙不宜过大，钝边不宜过小；焊接电流应适中，施焊过程调整好焊接电流，严格控制好熔池形状和大小，操作时要注意两侧稳弧。

八、焊瘤

焊接过程中，熔化金属流淌到焊缝之外未熔化的母材上所形成的金属瘤称为焊瘤，如图 6-8 所示。

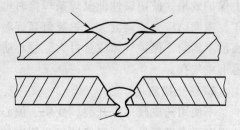

1. 产生原因

操作不熟练或运条不当、焊接速度

图 6-8　焊瘤示意图

不合适、焊接电流过大等引起。

2. 防止措施

立焊、仰焊时应严格控制熔池温度，不使其过高，尽量采用短弧焊；焊条摆动中间宜快，两侧稍慢些；坡口间的组装间隙不宜过大，焊接电流要适当，不宜过大；当熔池温度过高时应灭弧，待熔池温度稍下降后再引弧焊接。

九、弧坑

收尾处产生的下陷部分叫作弧坑，它不仅会使该处焊缝的受力截面减小，而且还会由于产生弧坑裂纹和冷缩孔，而引起整条焊缝被破坏，如图 6-9 所示。

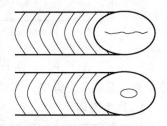

图 6-9 弧坑裂纹和冷缩机

1. 产生原因

主要是熄弧停留时间过短，方法不正确，没填满弧坑，或焊接时使用焊接电流过大。埋弧焊时没有分两步按下"停止"按钮。

2. 防止措施

焊条电弧焊收弧时，焊条需在熔池处作短时间停留或作几次定位焊，使足够的填充金属填满熔池；薄壁管焊接时要正确选择焊接电流；自动焊时要分两步按"停止"按钮，即先停止送丝后切断电源。

十、电弧擦伤

由于焊条（丝）或焊钳不慎与工件接触，或地线与工件接触不良，引起电弧而使工件表面留下的伤痕，如图 6-10 所示。

电弧擦伤一般不被人们注意，但是它的危害极大。由于电弧擦伤处快速冷却，硬度很高，有脆化作用。在易淬火钢和低温钢中，可能成为发生脆性破坏的起源点；不锈钢构件上有电弧擦伤，会降低耐蚀性。所以在施焊过程中，不得在坡口以外的地方引弧，管子与地线接触一定要良好，发现电弧擦伤，必须打磨，并视深度予以补焊。

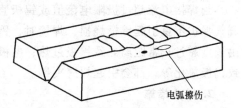

电弧擦伤

图 6-10 电弧擦伤示意图

十一、焊缝尺寸不符合要求

焊缝尺寸不符合要求主要是指焊缝成形粗劣，焊缝高低不平、宽窄不齐、尺寸过大或过小，如图 6-11 所示。

焊缝尺寸过小，使焊接接头强度降低；焊缝尺寸过大，不仅浪费焊接材料，还会增加焊件的应力和变形；内凹过大的焊缝，使焊接接头承载截面减少；余高过大

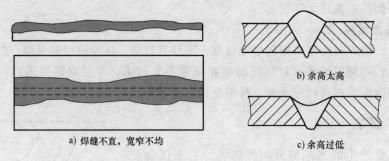

a) 焊缝不直，宽窄不均   b) 余高太高   c) 余高过低

图 6-11　焊缝尺寸不符合要求

的焊缝，造成应力集中，减弱结构的工作性能。

1. 产生原因

坡口角度不当或装配间隙不均匀、焊接参数选择不当、运条（枪）速度、焊条（丝）角度不当或操作不熟练，都会引起焊缝尺寸不符合要求。

2. 防止措施

坡口角度要合适，装配间隙要均匀；选择正确的焊接参数；强化焊工技能培训，确保电弧焊时焊工要熟练掌握运条（枪）、焊接速度、焊条（丝）角度以获得均匀美观的外观成形。

十二、夹钨

钨极氩弧焊中，用接触引弧或因钨极强烈地发热，端部熔化、蒸发，而使钨过渡到焊缝并残留在焊缝内形成夹钨。

1. 产生原因

当焊接电流超过极限电流值或钨极直径太小，使钨极强烈地蒸发，端部熔化；氩气保护不良引起钨极烧损；焊接时，钨极触及熔池或焊丝而产生飞溅等；钨极伸出长度超过正常距离导致钨极过热；电极夹收不紧；保护气体流速不够或者过大导致钨极氧化等；都会引起焊缝夹钨。

2. 防止措施

应根据工件厚度选择焊接电流和钨棒直径；焊接过程中减小钨极伸出长度；使用纯度符合标准要求的氩气并采用合适的气体流量；施焊时，尽量采用高频引弧，接触引弧时速度要快，不影响操作的情况下，尽量采用短弧，增加保护效果，电弧停止后持续送气至少5s以防钨极氧化；操作要仔细，避免触及熔池和焊丝，并按时修磨钨棒端部；紧固电极夹。

十三、烧穿

烧穿是指熔池塌陷导致在焊缝中形成孔洞，如图 6-12 所示，这是一种宏观缺欠。其可通过补焊来修复。

1. 产生原因

焊接速度太小、焊接电流过高、根焊完成后层间打磨过薄、根部钝边过小、根部间隙过大、焊工技能缺乏等会导致烧穿。

2. 防止措施

焊接过程中选择合适的焊接电流和焊接速度，强化焊工技能培训，小

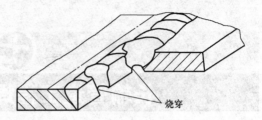

图 6-12　烧穿示意图

心打磨保证合适的钝边高度，组对过程中确保合适的间隙大小，根焊道尽可能焊得厚一些，根焊完成后层间打磨不要过薄等措施可以控制烧穿现象的发生。

十四、飞溅

飞溅是指在焊接过程中，焊缝金属或填充金属飞出，黏附在母材表面或固化在接头金属上的一种现象，如图 6-13 所示。飞溅本身只是一个美观问题，看似并不影响焊接质量，但是飞溅通常是由焊接电流引起的，它是焊接工艺不理想的外在表现，因此通常存在其他问题，如热输入过高等。

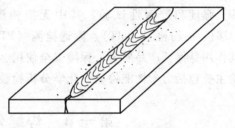

图 6-13　严重的飞溅

1. 产生原因

焊接电流过大、焊接参数设置不当、电弧偏吹、不熟练的操作、焊材潮湿、不良的熔滴过渡形式和采用 100% CO_2 均会产生飞溅。

2. 防止措施

降低焊接电流、缩短电弧长度、采用合适的焊接参数、重视焊材的烘干、重视焊工的技能培训、采用加 Ar 的活性气体、气体保护焊时采用波控特性焊接电源等均能改善飞溅情况。

思　考　题

1. 简述焊接缺欠的危害。
2. 简述冷裂纹的形成条件及防止措施。
3. 简述边缘未熔合的成因及防止措施。
4. 简述夹渣的成因及防止措施。
5. 简述气孔的成因及防止措施。
6. 简述内凹的成因及防止措施。
7. 简述烧穿的成因及防止措施。

第七章

长输管道工程焊接质量检验

焊接检验包括非破坏性检验（无损检验）和破坏性检验。非破坏性检验是指以不损坏其将来使用和使用可靠性的方式，对材料或制件或此两者进行宏观缺欠检测，几何特性测量，化学成分、组织结构和力学性能变化的评定，并就材料或制件对特定应用的适用性进行评价。非破坏性检验主要包括外观及尺寸检验、无损检测、强度和严密性试验。其中无损检测通常是指射线检测（RT）、超声检测（UT）、磁粉检测（MT）、渗透检测（PT）、涡流检测（ET）等探测缺欠的方法，其作用是保证产品质量、保障安全使用、改进制造工艺和降低生产成本。破坏性检验主要包括力学性能检验、化学分析检验、金相检验。

第一节　焊缝外观及尺寸检验

一、焊缝的目视检验

1. 目视检验的方法

（1）直接目视检验　直接目视检验也称为近距离目视检验，是用肉眼或不超过30倍的放大镜对焊件进行检查，用以判断焊接接头外表的质量。这种检验方法适用于能够充分接近被检物体，直接观察和分辨缺欠形貌的场合。一般情况下，目视距离约为600mm，眼睛与被检工件表面所成的视角不小于30°。在检验过程中，采用适当照明，利用反光镜调节照射角度和观察角度，或借助于低倍放大镜观察，以提高眼睛发现缺欠和分辨缺欠的能力。

（2）远距离目视检验　远距离目视检验是指眼睛不能接近被检物体而必须借助于望远镜、内窥镜、照相机等进行观察的检验。这些设备系统至少应具备相当于直接目视观察所获得检验效果的能力。

2. 目视检验的程序

目视检验工作较简单、直观、方便、高效，因此应对焊接结构的所有可见焊缝进行目视检验。对于结构庞大、焊缝种类或形式较多的焊接结构，为避免目视检验时遗漏，可按焊缝的种类或形式分为区、块、段逐次检验。

3. 目视检验的项目

焊接工作结束后，要及时清理焊渣和飞溅，然后进行检验。检验项目有焊缝的清理质量、焊缝的几何形状、焊缝表面缺欠（如裂纹、未熔合、气孔、咬边、焊瘤、未焊透、夹渣、烧穿、凹陷、电弧划伤等）等。目视检验是一种最简单而不可缺少的检查手段。

目视检验若发现裂纹、未熔合、夹渣、焊瘤等不允许存在的缺欠，应清除、补焊、修磨，使焊缝表面质量符合要求。

二、对接焊缝尺寸的检验

对接焊缝尺寸的检验是按图样标注尺寸或技术标准规定的尺寸对实物进行测量检查。通常，在目视检验的基础上，选择焊缝尺寸正常部位、尺寸异常变化的部位进行测量检查，然后相互比较，找出焊缝尺寸变化的规律，与标准规定的尺寸对比，从而判断焊缝的几何尺寸是否符合要求。

检查对接焊缝的尺寸主要就是检查焊缝的余高和焊缝宽度 B。其中又以测量焊缝余高 a 为主，因为现行的一般标准只对焊缝余高 a 及焊缝宽度 B 有明确定量的规定和限制，不同的验收标准规定的具体数据不同。

检查对接焊缝尺寸的方法是用焊接检验尺测余高 a 和宽度 B，如图 7-1 所示。其中测余高时有两种情况。当组装工件存在错边时，测量焊缝的余高应以表面较高一侧为基准进行计算，如图 7-2 所示。当组装工件存在错边时，测量焊缝的余高应以表面较高一侧母材为基准进行计算，或保证两母材之间焊缝呈圆滑过渡，如图 7-3 所示。

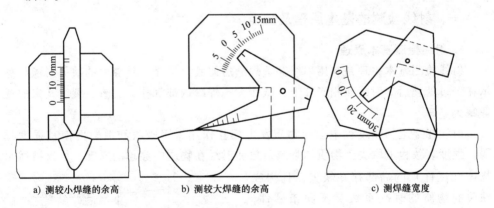

a) 测较小焊缝的余高　　b) 测较大焊缝的余高　　c) 测焊缝宽度

图 7-1　用焊接检验尺测量焊缝余高和宽度

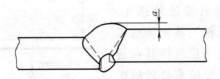

图 7-2　对接错边时计算余高

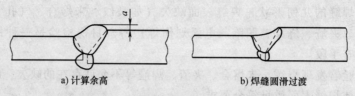

a) 计算余高　　　　　　　　　b) 焊缝圆滑过渡

图 7-3　工件厚度不同时的对接焊缝

第二节　射　线　检　测

　　射线检测是长输管道焊缝无损检测应用最广泛、最成熟和最有效的检测方法之一，本书仅讲解射线检测相关知识。

　　射线，实质上是运动着的微观粒子流。射线通常分为带电粒子射线和非带电粒子射线。电子射线、质子射线、氦核粒子射线、氘核粒子射线等都是带电粒子射线。带电粒子射线的粒子载有电荷，在电场中发生运动，在磁场中发生偏转。在与物质的作用中，射程比较短，贯穿能力较差。它们仅在薄层物质的探伤或测厚中有所应用。非带电粒子射线不带电荷，在电场、磁场中不发生偏转，贯穿物质的能力很强。目前应用于无损检测的非带电粒子射线有 X 射线、γ 射线、中子射线三种，其中 X 射线和 γ 射线广泛用于锅炉压力容器、压力管道焊缝和其他工业产品、结构材料的缺欠检测，而中子射线仅用于一些特殊场合。

一、射线检测的基本原理及特点

1. 射线检测基本原理

　　射线检测基本原理是利用射线穿透焊缝后使胶片感光，焊缝中的缺欠影像便显示在经过处理后的射线照相底片上，从而发现焊缝内部气孔、夹渣、裂纹及未焊透等缺欠。

　　射线在穿透物体过程中会与物质发生相互作用，因吸收和散射而使其强度减弱。强度衰减程度取决于物质的衰减系数和射线在物质中穿越的厚度，如果被透照物体（试件）的局部存在缺欠，且构成缺欠的物质的衰减系数又不同于试件，该局部区域透过射线的强度就会与周围产生差异，如图 7-4 所示。

　　另一方面，射线具有使胶片感光，能激发荧光物质发光，使气体物质电离等性质。把胶片放在适当位置使其在透过射线的作用下感光，经暗室处理后得到底片。底片上各点的黑度取决于射线

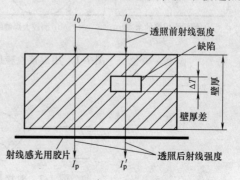

图 7-4　射线照相基本原理示意图

照射量（射线强度×照射时间），由于缺欠部位和完好部位的透射射线强度不同，底片上相应部位就会出现黑度差异。底片上相邻区域的黑度差定义为"对比度"。

射线透照及胶片感光成像有以下特点：①其他条件一定，射线沿程的物质密度和厚度越大，吸收射线能力越强，穿透工件的射线强度越弱；②感光胶片接受的射线强度越大，经显影、定影后，相应区域的黑度越大；③目前来讲，管线钢焊缝中仅夹钨、焊瘤、高密度夹杂物及余高过高处等缺欠在底片上的影像黑度和周围无缺欠处相比较小（即和周围相比"发白"），其他缺欠影像黑度较周围无缺欠处相比较大（即和周围相比"发黑"）。

把底片放在观片灯光屏上借助透过光线观察，可以看到由对比度构成的不同形状的影像，评片人员据此判断缺欠情况并评价试件质量。

2. 射线检测的特点

射线检测适宜的检测对象是各种熔焊方法（电弧焊、气体保护焊、电渣焊、气焊等）的对接接头，也适宜检查铸钢件，特殊情况下也可用于检测角焊缝或其他一些特殊结构试件。它不适宜钢板、钢管、锻件的大面积检测，也不适宜钎焊、摩擦焊等焊接方法的接头检测。

射线检测用底片作为记录介质，可以直接得到缺欠的直观图像，且可以长期保存。通过观察底片能够比较准确地判断出缺欠的性质、数量、尺寸和位置。

射线检测容易检出那些形成局部厚度差的缺欠，如对气孔、夹杂物、未焊透等体积型缺欠有很高的检出率，但对裂纹、细微未熔合等面积型缺欠，在透照方向不适合时不容易发现。特别是长条状裂纹，当裂纹平面垂直于射线方向时，在底片上很难发现。射线检测不能检出垂直于照射方向的薄层缺欠，例如钢板的分层。

射线检测所能检出的缺欠高度尺寸与透照厚度有关，可以达到透照厚度的1%，甚至更小。所能检出的长度和宽度尺寸分别为毫米数量级和亚毫米数量级，甚至更小。

用射线法检测薄工件没有困难，几乎不存在检测厚度下限，但检测厚度上限受射线穿透能力的限制。而穿透能力取决于射线光子能量。420kV 的 X 射线机能穿透的钢厚度约 80mm，^{60}Coγ 射线穿透的钢厚度约 150mm。更大厚度的试件则需要使用特殊的设备——加速器，其最大穿透厚度可达到 500mm。

射线检测几乎适用于所有材料，在钢、钛、铜、铝等金属材料上使用均能得到良好的效果，它对工件的形状、表面粗糙度没有严格要求，材料晶粒度对其不产生影响。

射线检测的成本较高，检测速度不快。射线对人体有伤害，需要采取防护措施。

二、射线底片评定

底片评定是射线检测的最后一道工序，也是最重要的一道工序。通过观片灯观察底片来辨别工件有无缺欠，说明缺欠的性质，解释缺欠存在的情况，推测缺欠可能发展的趋势等，同时根据对被检工件要求的高低来决定其是否合格。因此在对射线底片进行评定时，要多了解被检工件的生产过程、缺欠的生成原因以及做些实际解剖观察工作，有时还需配合其他试验才能得出正确的结论。

底片评定时，首先应评定底片本身质量是否合格。在底片合格的前提下，再对底片上的缺欠进行定性、定量和定位，对照标准评出工件质量等级，写出检测报告。

对底片的质量要求包括：

1）底片的黑度应在规定范围内，影像清晰，反差适中，灵敏度符合标准要求。标准规定的 X 射线底片黑度为 1.5 ~ 3.5，γ 射线底片黑度为 1.8 ~ 3.5，灵敏度应能识别标准规定的像质指数。

2）标记齐全，摆放正确。必须摆放的标记有设备号、焊缝号、底片号、中心标记和边缘标记等，标记一般应放置在距焊缝边缘至少 5mm 以外的部位。

3）在评定区内无影响评定的伪缺欠。底片上产生的伪缺欠有：划伤、水迹、折痕、压痕、静电感光、显影斑纹、霉点等。

三、典型缺欠的射线底片影像

底片上影像千变万化、形态各异，很难用文字表达叙述清楚，人眼的感官识别只有在大量的观片实践中积累经验，才能对底片上的影像做出正确的判断。底片影像按其来源大致可分为三类：由缺欠造成的缺欠影像；由试件外观形状造成表面几何影像；由材料、工艺条件或操作不当造成的伪缺欠影像。下面介绍几种典型缺欠在底片上的影像。

1. 盖面焊道余高过高影像（图 7-5）

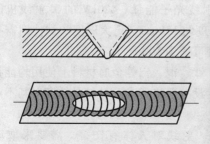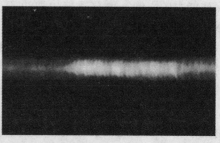

图 7-5　盖面焊道余高过高

2. 盖面焊道单侧深咬边影像（图 7-6）

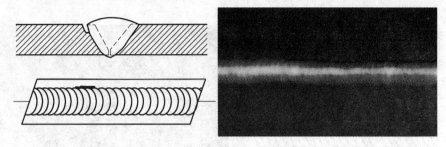

图 7-6　盖面焊道单侧深咬边

3. 盖面焊道低于母材影像（图 7-7）

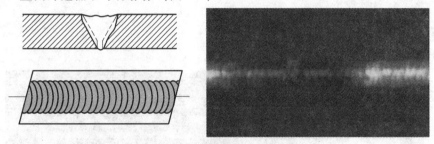

图 7-7　盖面焊道低于母材

4. 根焊道内咬边影像（图 7-8）

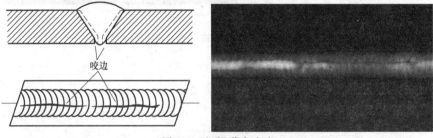

图 7-8　根焊道内咬边

5. 焊缝中气孔影像（图 7-9）

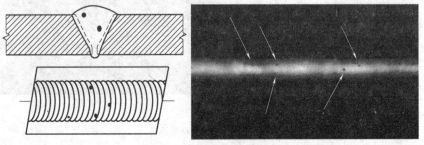

图 7-9　焊缝中气孔

6. 根部内凹影像（图 7-10）

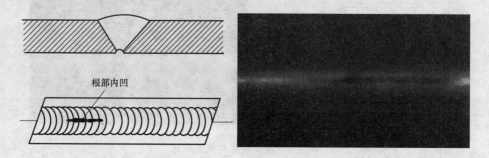

图 7-10　根部内凹

7. 盖面焊道层密集气孔影像（图 7-11）

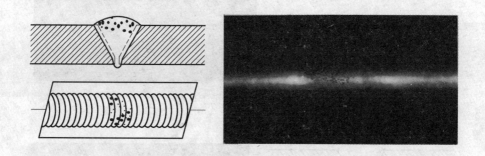

图 7-11　盖面焊道层密集气孔

8. 根部未焊透影像（图 7-12）

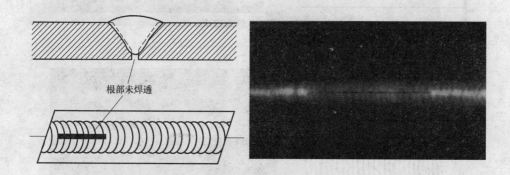

图 7-12　根部未焊透

9. 盖面焊道表面氧化夹杂物影像（图 7-13）

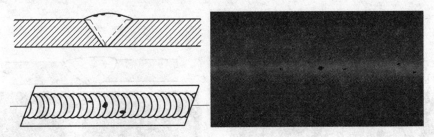

图 7-13　盖面焊道表面氧化夹杂物

10. 焊缝中独立夹渣影像（图 7-14）

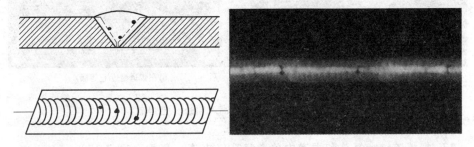

图 7-14　焊缝中独立夹渣

11. 根焊道咬边和根焊道错边未熔合影像（图 7-15）

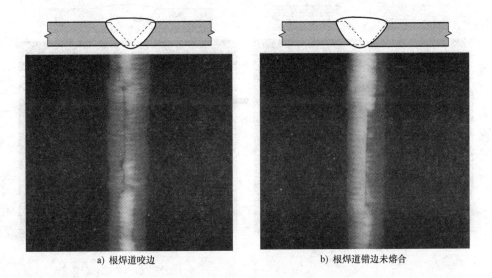

a) 根焊道咬边　　　　　　　　　　　b) 根焊道错边未熔合

图 7-15　根焊道咬边和根焊道错边未熔合

12. 根焊道余高过高和错边（已焊满）影像（图7-16）

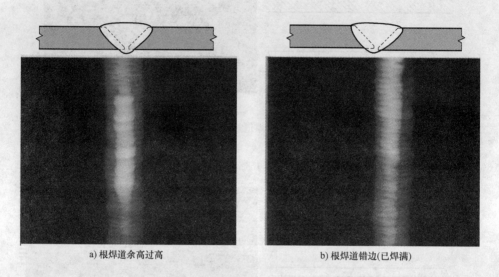

a) 根焊道余高过高

b) 根焊道错边(已焊满)

图7-16 根焊道余高过高和错边（已焊满）

13. 根焊道链状气孔和焊道中单个气孔（夹渣）影像（图7-17）

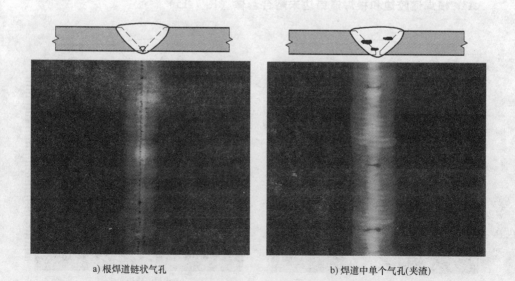

a) 根焊道链状气孔

b) 焊道中单个气孔(夹渣)

图7-17 根焊道链状气孔和焊道中单个气孔（夹渣）

14. 根焊道烧穿和夹钨影像（图 7-18）

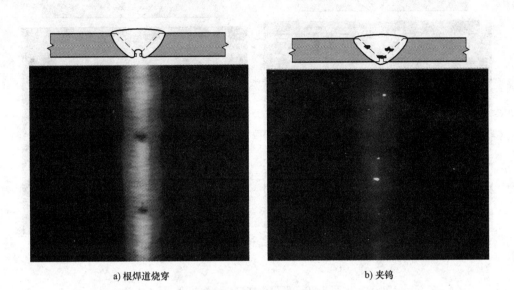

a) 根焊道烧穿　　　　　　　　　　　　b) 夹钨

图 7-18　根焊道烧穿和夹钨

15. 根焊道线状夹渣和空心焊道（伴夹珠）**影像**（图 7-19）

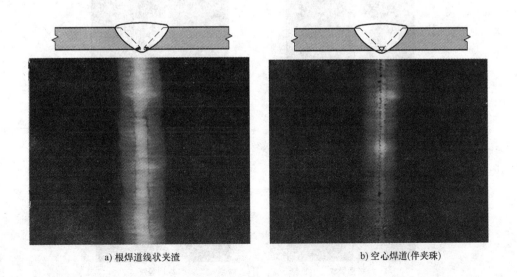

a) 根焊道线状夹渣　　　　　　　　　　b) 空心焊道(伴夹珠)

图 7-19　根焊道线状夹渣和空心焊道（伴夹珠）

16. 根焊道坡口边缘未熔合影像（图 7-20）

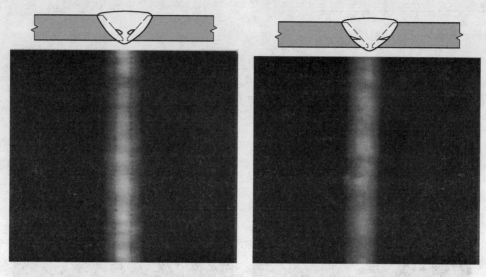

a) 根焊道双侧坡口边缘未熔合　　　　　　　b) 根焊道单侧坡口边缘未熔合

图 7-20　根焊道坡口边缘未熔合

17. 纵向裂纹与横向裂纹影像（图 7-21）

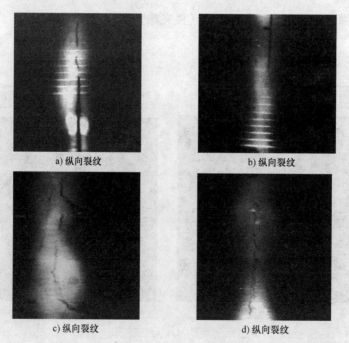

a) 纵向裂纹　　　　　　　　b) 纵向裂纹

c) 纵向裂纹　　　　　　　　d) 纵向裂纹

图 7-21　纵向和横向裂纹

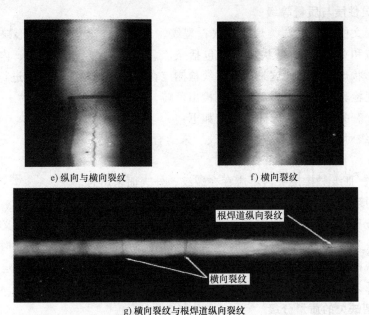

e) 纵向与横向裂纹　　　　　　　　f) 横向裂纹

g) 横向裂纹与根焊道纵向裂纹

图 7-21　纵向和横向裂纹（续）

18. 焊缝中深孔影像（图 7-22）

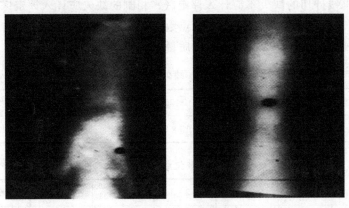

图 7-22　焊缝中深孔

四、质量分级

长输管道对接接头射线检测底片评定一般执行 SY/T 4109—2013 标准，这里简单介绍质量分级的有关规定。

1. 级别划分

根据对接接头内存在缺欠的性质和数量，将对接接头质量分为四个等级，Ⅰ级质量最好，Ⅳ级质量最差，长输管道对接接头质量要求不低于Ⅱ级为合格。

2. 缺欠性质与质量等级

标准正文中提到了八类焊接缺欠：裂纹、未熔合、未焊透、圆形缺欠（包括气孔、夹渣和夹钨等）、条状缺欠（包括条渣、条孔）、内凹、烧穿、内咬边。未提及其他形状焊接缺欠，这是因为射线检测应在焊缝外观检验合格后进行，形状缺欠应由目视检验发现，不属无损探伤检出范畴，因此不作评级规定。

标准中有关缺欠性质的评级规定如下：

1）Ⅰ级对接接头内不应存在裂纹、未熔合、未焊透、条形缺欠、烧穿、内凹和内咬边。

2）Ⅱ、Ⅲ级对接接头内不应存在裂纹、外表面未熔合。

3）对接接头中缺欠超过Ⅲ级者为Ⅳ级。

对夹渣和气孔按长宽比重新分类：长宽比小于或等于 3 的缺欠定义为圆形缺欠。圆形缺欠可以是圆形、椭圆形、锥形或带有"尾巴"（在测定尺寸时应包括尾部）等不规则形状，包括气孔、夹渣和夹钨等；长宽比大于 3 的缺欠定义为条形缺欠（包括条孔和条渣）。

3. 典型缺欠的质量分级

（1）圆形缺欠的质量分级　圆形缺欠用圆形缺欠评定区进行评定，评定区域的大小见表 7-1。评定区框线的长边应与焊缝平行，框线内应包含最严重区域的主要缺欠，与框线外切的缺欠不应计入评定区，相割的缺欠应计入评定区。

圆形缺欠应按表 7-2 的规定换算成点数。不计点数的圆形缺欠应符合表 7-3 的规定。圆形缺欠应按表 7-4 的规定进行质量分级。

表 7-1　缺欠评定区　　　　　　　　　（单位：mm）

母材厚度 T	≤25	>25 ~ 50
评定区尺寸	10 × 10	10 × 20

表 7-2　缺欠点数换算表

缺欠长/mm	≤1	>1 ~ 2	>2 ~ 3	>3 ~ 4	>4 ~ 6	>6 ~ 8	>8
点数	1	2	3	6	10	15	25

表 7-3　不计点数的缺欠尺寸　　　　　　　（单位：mm）

母材厚度 T	缺欠长径
≤25	≤0.5
>25 ~ 50	≤0.7

由于材质或结构等影响，进行返修可能会产生不利后果的对接接头，各级别的圆形缺欠点数可放宽一点至二点。Ⅰ级对接接头和母材厚度小于或等于 5mm 的Ⅱ

表 7-4　圆形缺欠的质量分级

评定区/(长/mm × 宽/mm)		10 × 10			10 × 20
母材厚度/mm		2 ~ 5	> 5 ~ 15	> 15 ~ 25	> 25 ~ 50
等级	I	1	2	3	4
	II	3	6	9	12
	III	6	12	18	24
	IV	缺欠点数大于III级者			

级对接接头内不计点数的圆形缺欠，在评定区内多于 10 个时，焊缝质量应降低一个级别。圆形缺欠长径大于 $T/3$（T 为母材厚度）时，应评为 IV 级。底片上黑度较大的缺欠，如确认为柱孔或针孔时，应评为 IV 级。

（2）条形缺欠的质量分级　条形缺欠的质量分级应符合表 7-5 和表 7-6 的规定。

表 7-5　条形缺欠的质量分级

质量级别	缺欠宽度/mm	单个缺欠长度/mm	缺欠累计长度
II	≤2	≤$T/3$ 最小可为 10	任何连续 300mm 的焊缝长度内，其累计长度不应超过 25mm
III		≤$2T/3$ 最小可为 15	任何连续 300mm 的焊缝长度内，其累计长度不应超过 50mm
IV	大于III级者或缺欠影像黑度超过相邻较薄侧母材黑度者		

T—母材厚度。

表 7-6　小径管对接接头条形缺欠的质量分级

质量级别	缺欠宽度 /mm	单个缺欠长度 /mm	缺欠累计长度
II	≤2	≤T 且小于等于 8	小于或等于 5% L，且不应超过 12mm
III		≤$2T$ 且小于等于 13	小于或等于 8% L，最小可为 20mm，最大不超过 25mm
IV	大于III级者		

L—被检管道焊缝长度（mm）；T—母材厚度。

（3）夹层未熔合质量分级　夹层未熔合的质量分级应符合表 7-7 和表 7-8 的规定。

表 7-7　夹层未熔合的质量分级

质量级别	单个缺欠长度/mm	缺欠累计长度
II	≤12.5	任何连续 300mm 的焊缝长度内，其累计长度不应超过 25mm
III	≤25	任何连续 300mm 的焊缝长度内，其累计长度不应超过 50mm
IV	大于III级者或缺欠的影像黑度超过相邻较薄侧母材影像黑度者	

注：缺欠影像中任意部位的黑度大于较薄侧母材黑度时，即应认为缺欠的影像黑度大于较薄侧母材黑度。

表 7-8　小径管夹层未熔合的质量分级

质量级别	单个缺欠长度/mm	缺欠累计总长度
Ⅱ	≤8	小于或等于 5%L，且不应超过 12mm
Ⅲ	≤13	小于或等于 8%L，且不应超过 20mm
Ⅳ		大于Ⅲ级者或缺欠的影像黑度超过相邻较薄侧母材影像黑度者

注：缺欠影像中任意部位的黑度大于较薄侧母材黑度时，即应认为缺欠的影像黑度大于较薄侧母材黑度。

　　L—被检管道焊缝长度（mm）。

（4）根部未熔合质量分级　根部未熔合质量分级应符合表 7-9 和表 7-10 的规定。

表 7-9　根部未熔合的质量分级

质量级别	单个缺欠长度/mm	缺欠累计长度
Ⅱ	≤10	任何连续 300mm 的焊缝长度内，其累计长度不应超过 20mm
Ⅲ	≤12.5	任何连续 300mm 的焊缝长度内，其累计长度不应超过 25mm
Ⅳ		大于Ⅲ级者或缺欠的射线影像黑度超过相邻较薄侧母材黑度者

注：缺欠影像中任意部位的黑度大于较薄侧母材黑度时，即应认为缺欠的影像黑度大于较薄侧母材黑度。

表 7-10　小径管根部未熔合的质量分级

质量级别	单个缺欠长度/mm	缺欠累计总长度
Ⅱ	≤5	小于等于 5%L，但最大不应超过 10mm
Ⅲ	≤7.5	小于等于 8%L，但最大不超过 15mm
Ⅳ		大于Ⅲ级者或缺欠的影像黑度超过相邻较薄侧母材影像黑度者

注：缺欠影像中任意部位的黑度大于较薄侧母材黑度时，即应认为缺欠的影像黑度大于较薄侧母材黑度。

　　L—被检管道焊缝长度（mm）。

（5）根部未焊透和错边未焊透的质量分级　根部未焊透和错边未焊透的质量分级应符合表 7-9 和表 7-10 的规定。

（6）中间未焊透的质量分级　中间未焊透的质量分级应符合表 7-11 的规定。

表 7-11　中间未焊透质量分级

质量级别	单个缺欠长度/mm	缺欠累计总长度
Ⅱ	≤12.5	任何连续 300mm 的焊缝长度内，其累计长度不应超过 25mm
Ⅲ	≤25	任何连续 300mm 的焊缝长度内，其累计长度不应超过 50mm
Ⅳ		大于Ⅲ级者或缺欠的射线影像黑度超过相邻较薄侧母材黑度者

注：缺欠影像中任意部位的黑度大于较薄侧母材黑度时，即应认为缺欠的影像黑度大于较薄侧母材黑度。

（7）内凹的质量分级　内凹的影像黑度小于或等于较薄侧母材黑度时，长度不计，应评为Ⅱ级；内凹的影像黑度大于较薄侧母材黑度时，应按表 7-12 和表

7-13 评定。

表 7-12　内凹的质量分级

质量级别	单个缺欠长度/mm	缺欠累计总长度
Ⅱ	≤25	任何连续 300mm 的焊缝长度内，其累计长度不应超过 50mm
Ⅲ	≤50	任何连续 300mm 的焊缝长度内，其累计长度不应超过 75mm
Ⅳ		大于Ⅲ级者

注：缺欠影像中任意部位的黑度大于较薄侧母材黑度时，即应认为缺欠的影像黑度大于较薄侧母材黑度。

表 7-13　小径管内凹的质量分级

质量级别	连续或断续内凹累计长度
Ⅱ	≤15% L 且不应超过 25mm
Ⅲ	≤20% L 且不应超过 35mm
Ⅳ	大于Ⅲ级者

注：缺欠影像中任意部位的黑度大于较薄侧母材黑度时，即应认为缺欠的影像黑度大于较薄侧母材黑度。

L—被检管道焊缝长度（mm）。

（8）烧穿的质量分级　烧穿的影像黑度小于较薄侧母材黑度时，长度不计，应评为Ⅱ级。烧穿的影像黑度大于较薄侧母材黑度时应按表 7-14 和表 7-15 进行评定。缺欠影像中任意部位的黑度大于较薄侧母材黑度时，即应认为缺欠的影像黑度大于较薄侧母材黑度。

表 7-14　烧穿的质量分级

质量级别	单个缺欠长度/mm	缺欠累计长度
Ⅱ	≤T 且 ≤6	任何连续 300mm 的焊缝长度内,其累计长度不应超 13mm
Ⅲ	≤13	任何连续 300mm 的焊缝长度内,其累计长度不应超 25mm
Ⅳ		大于Ⅲ级者

T—接头较薄侧母材的基本壁厚。

表 7-15　小径管对接接头烧穿的质量分级

质量级别	缺欠长度/mm
Ⅱ	≤T 且 ≤6
Ⅲ	≤9
Ⅳ	大于Ⅲ级者或任意尺寸的缺欠多于 1 个

T—接头母材基本壁厚，不等厚母材对接时，T 为接头较薄侧母材基本壁厚厚度（mm）。

（9）内咬边的质量分级　内咬边的影像黑度小于或等于较薄侧母材黑度时，长度不计，应评为Ⅱ级。影像黑度大于较薄侧母材黑度时的质量分级见表 7-16 和表 7-17。缺欠影像中任意部位的黑度大于较薄侧母材黑度时，即应认为咬边的影像黑度大于较薄侧母材黑度。

表 7-16　内咬边的质量分级

质量级别	单个缺欠长度/mm	缺欠累计长度
Ⅱ	≤25	任何连续 300mm 焊缝长度内，其累计长度不应超过 50mm
Ⅲ	≤35	任何连续 300mm 焊缝长度内，其累计长度不应超过 75mm
Ⅳ		大于Ⅲ级者

表 7-17　小径管内咬边的质量分级

质量级别	连续或断续内咬边长度
Ⅱ	≤10% L
Ⅲ	≤15% L
Ⅳ	大于Ⅲ级者

L—被检管道焊缝长度（mm）。

（10）其他要求　在任何连续 300mm 的焊缝长度中，Ⅱ级对接接头内条形缺欠、未熔合及未焊透的累计长度不应超过 35mm；Ⅲ级对接接头内条形缺欠、未熔合及未焊透的累计长度不应超过 50mm。

4. 射线的安全防护

（1）射线的危害　射线具有生物效应，超辐射剂量可能引起放射性损伤，破坏人体的正常组织出现病理反应。辐射具有积累作用，超辐射剂量照射是致癌因素之一，并且可能殃及下一代，造成婴儿畸形和发育不全等。由于射线具有危害性，所以在射线照相中，防护是很重要的。

（2）射线防护方法　射线防护是指在尽可能的条件下采取各种措施，以保证完成射线检测任务的同时，使操作人员接受的剂量当量不超过限值，并且应尽可能地降低操作人员和其他人员的吸收剂量。主要的防护措施有以下三种：屏蔽防护、距离防护和时间防护。

屏蔽防护就是在射线源与操作人员及其他邻近人员之间加上有效合理的屏蔽物来降低辐射的方法。屏蔽防护应用很广泛，如射线检测机衬铅、现场使用流动铅房和建立固定曝光室等都是屏蔽防护。

距离防护是用增大射线源距离的办法来防止射线伤害的防护方法。因为射线强度 I 与距离 R 的平方成反比，即：

$$I_2 = I_1 R_1^2 / R_2^2$$

所以在没有屏蔽物或屏蔽物厚度不够时，用增大射线源距离的办法也能达到防护的目的。尤其是在野外进行射线检测时，距离防护更是一种简便易行的方法。

时间防护就是减少操作人员与射线接触的时间，以减少射线损伤的防护方法。因为人体吸收射线量是与人接触射线的时间成正比的。

以上三种防护方法各有其优缺点，在实际探伤中，可根据当时的条件选择。为了得到更好的效果，往往是三种防护方法同时使用。

另外，在施工现场进行辐射防护时，还要落实以下几点：

1）放射卫生防护应符合 GB 18871—2002、GBZ 117—2015 和 GBZ 132—2008 的有关规定。

2）现场进行 X 射线检测时，应按 GBZ 117—2015 的规定划定控制区和管理区，并应设置警告标志。

3）现场进行 γ 射线检测时，应按 GBZ 132—2008 的规定划定控制区和监督区，并应设置警告标志。

4）现场检测时，检测工作人员应佩戴个人剂量计，并应携带射线报警仪，进行 γ 射线检测时应配备辐射监测仪。

第三节　长输管道工程焊缝的强度和严密性试验

焊缝强度试验的目的是检验管道焊缝及管体的强度是否满足要求。强度试验的压力高，但时间短，是为了保证在压力急升等突发情况下管道的承受能力。严密性试验的目的是检验管道焊缝、法兰等部位是否有泄漏。严密性试验压力低，但时间长，因为有些细小的泄漏是需要长时间才能发现的。强度试验和严密性试验最终目的主要是保障管线持久安全运行，避免管道运行期间发生重大爆破性事故。

长输管道强度和严密性试验执行 GB 50369—2014《油气长输管道工程施工及验收规范》规定。

一、一般规定

1）石油天然气长输管道在下沟回填后应清管、测径及试压，且均应分段进行。

2）河流大中型穿跨和铁路、高速公路、二级及以上公路穿越的管段应单独进行试压。

3）分段试压合格后，连接各管段的连头焊缝应进行 100% 超声检测和射线检测，不再进行试压；预制件及连头管段应在安装之前预先试压；经单独试压的线路截断阀及其他设备可不与管线一同试压。

4）试压中如有泄漏，应泄压后修补，修补合格后应重新试压。

5）管道清管、测径及试压施工前，应编制施工方案，制定安全措施；应考虑施工人员及附近公众与设施安全；清管、测径及试压作业应统一指挥，并配备必要的交通工具、通信及医疗救护设备。

6）试压介质的选用应符合下列规定：

① 输油管道试压介质应采用水，在高寒、陡坡等特殊地段，经设计校核可采用空气作为试压介质，但管材必须满足止裂要求。试压时必须采取防爆安全措施。

② 输气管道位于一、二级地区的管段宜用水作试压介质，在高寒、陡坡等特殊地段可采用空气作试压介质。

③ 输气管道位于三、四级地区的管段应采用水作试压介质。

④ 管道试压水质应使用洁净水。

7）试压装置包括阀门和管道，应经试压检验合格后方能使用。现场开孔和焊接应符合压力管道安装有关标准的规定。试压装置与主管连接口应进行全周长射线检测，合格级别与主管线相同。

二、清管、测径

分段试压前，应清管、测径，相应要求见 GB 50369—2014 相关章节内容要求，这里不再赘述。

三、水压试验

1）水压试验应符合现行国家标准 GB/T 16805—2009《液体石油管道压力试验》的有关规定。

2）分段水压试验的管段长度不宜超过 35km，应根据该段的纵断面图，计算管道低点的静水压力，核算管道低点试压时所承受的环向应力，其值不应大于管材最低屈服强度的 0.9 倍，对特殊地段经设计允许，其值最大不得大于 0.95 倍。试验压力值的测量应以管道最高点测出的压力值为准，管道最低点的压力值应为试验压力与管道液位高差静压之和。

3）试压充水宜加入隔离球，并在充水时采取背压措施，以防止空气存于管内，隔离球可在试压后取出。应避免在管线高点开孔排气。压力试验宜在 24h 后进行，以缩小温度差异。

4）输油管道分段水压试验时的压力值、稳压时间及合格标准应符合表 7-18 的规定。

表 7-18　输油管道水压试验压力值、稳压时间及合格标准

分　　类		强度试验	严密性试验
输油管道一般地段	压力	1.25 倍设计压力	设计压力
	稳压时间/h	4	24
输油管道大中型穿、跨越及管道通过人口稠密区	压力	1.5 倍设计压力	设计压力
	稳压时间/h	4	24
合格标准		无变形、无泄漏	压降不大于 1%试验压力，且不大于 0.1MPa

5）输气管道分段水压试验时的压力值、稳压时间及合格标准应符合表 7-19 的规定。

表 7-19 输气管道水压试验压力值、稳压时间及合格标准

分 类		强度试验	严密性试验
一级地区输气管道	压力	1.1 倍设计压力	设计压力
	稳压时间/h	4	24
二级地区输气管道	压力	1.25 倍设计压力	设计压力
	稳压时间/h	4	24
三级地区输气管道	压力	1.4 倍设计压力	设计压力
	稳压时间/h	4	24
四级地区输气管道	压力	1.5 倍设计压力	设计压力
	稳压时间/h	4	24
合格标准		无变形、无泄漏	压降不大于1%试验压力,且不大于 0.1MPa

6）架空输气管道采用水压试验前,应核算管道及其支撑结构的强度,必要时应临时加固,防止管道及支撑结构受力变形。

7）试压宜在环境温度5℃以上进行,当不能满足时,应采取防冻措施。

8）试压合格后,应将管段内积水清扫干净,山区清扫时应采取背压等措施,清扫出的污物应排放到规定区域,清扫以不再排出游离水为合格。

四、气压试验

1）分段气压试验的管段长度不宜超过18km。

2）试压用的压力表应经过校验,并应在有效期内。压力表准确度应不低于1.6级,量程为被测最大压力的1.5~2倍,表盘直径不应小于150mm,最小刻度应能显示0.05MPa。试压时的压力表应不少于2块,分别安装在试压管段的两端。稳压时间应在管段两端压力平衡后开始计算。试压管段的两端应各安装1支温度计,且避免阳光直射,温度计的最小刻度应小于或等于1℃。

3）试压时的升压速度不宜过快,压力应缓慢上升,每小时升压不得超过1MPa。当压力升至0.3倍和0.6倍强度试验压力时,应分别停止升压,稳压30min,并检查系统有无异常情况,如无异常情况继续升压。

4）检漏人员在现场查漏时,管道的环向应力不应超过钢材规定的最低屈服强度的20%;在管道的环向应力首次开始从钢材规定的最低屈服强度的50%提升到最高试验压力,直到又降至设计压力为止的时间内,试压区域内严禁有非试压人员,试压巡检人员应与管线保持6m以上的距离。试压设备和试压段管线50m以内为试压区域。

5）油、气管道分段气压试验的压力值、稳压时间及合格标准见表7-20的规定。

表 7-20　气压试验压力值、稳压时间及合格标准

分　类		强度试验	严密性试验
输油管道	压力	1.1 倍设计压力	设计压力
	稳压时间/h	4	24
一级地区输气管道	压力	1.1 倍设计压力	设计压力
	稳压时间/h	4	24
二级地区输气管道	压力	1.25 倍设计压力	设计压力
	稳压时间/h	4	24
合格标准		不破裂、无泄漏	压降不大于1%试验压力,且不大于 0.1MPa

6）气体排放口不得设在人口居住稠密区、公共设施集中区。

第四节　焊接接头的破坏性试验

焊接接头破坏性试验的目的是为了评价长输管道环焊接头的使用性能,长输管道环焊接头破坏性试验一般仅进行拉伸试验、弯曲试验、刻槽锤断试验、冲击韧度试验、宏观金相检验、硬度试验等力学性能试验,特殊情况下还需要进行抗氢致裂纹（Hydrogen Induced Cracking, HIC）试验和抗硫化物应力腐蚀开裂（Sulfide Stress Corrosion Cracking, SSCC 或 SSC）试验及其他试验。

一、试样的取样位置及数量

当前,长输管道的建设向着大口径、高钢级、厚壁化方向发展,这里仅介绍管径大于 323.9mm 的长输管道环焊接头破坏性试验的相应要求,试验内容及试样数量要求见表 7-21,破坏性试验取样位置如图 7-23 所示。

表 7-21　焊接工艺评定试验的试样类型及数量

钢管外径/mm	试样数量/个									
	横向拉伸	刻槽锤断	横向弯曲试验			冲击试验[2][3]		宏观金相	硬度试验	HIC试验[4]	总数
			背弯[1]	面弯[1]	侧弯[1]	焊缝	热影响区				
DN > 323.9	壁厚≤12.7mm										
	4	4	4	4	0	3×2[5]	3×2[5]	3	1	3	35
DN > 323.9	壁厚>12.7mm										
	4	4	0	0	8	3×2[5]	3×2[5]	3	1	3	35

① 当试件焊缝两侧的母材之间,或焊缝金属与母材之间的弯曲性能有显著差别时,可用 1 个纵向面弯代替 2 个横向面弯,1 个纵向背弯代替 2 个横向背弯试验。

② 当焊缝两侧母材的代号不同时,每侧热影响区都应取 3 个冲击试样。

③ 当无法制备 5mm×10mm×55mm 小尺寸冲击试样时,免做冲击试验。

④ 当管道的焊接接头有耐蚀性要求时进行此试验。

⑤ 焊接接头的冲击试样,分别从平焊位置和立焊位置两个位置制取。

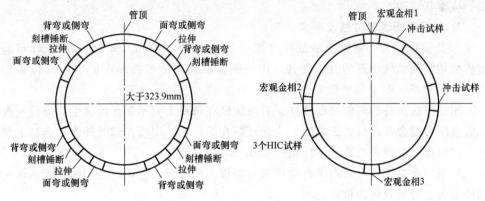

图 7-23　破坏性试验取样位置

二、试验方法及要求

1. 焊接接头拉伸试验方法及要求

（1）试样加工　拉伸试样（图 7-24）长约 230mm，宽 25mm，试样可通过机械切割或氧气切割的方法制备。除有缺口或不平行外，试样可不进行其他加工。如有需要，应进行机加工处理使试样边缘光滑和平行。

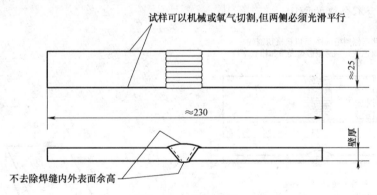

图 7-24　拉伸试样

（2）试验方法　拉伸试样应在拉伸载荷下拉断。使用的拉伸机应能测量出拉伸试验时的最大载荷。

（3）结果判定　要求每个试样的抗拉强度应大于或等于管材的规定最小抗拉强度，但不需要大于或等于管材的实际抗拉强度。

1）如果试样断在母材上，且抗拉强度大于或等于管材的规定最小抗拉强度时，则该试样合格。

2）如果试样断在焊缝或熔合区，其抗拉强度大于或等于管材的规定最小抗拉强度时，且断面缺欠符合下述刻槽锤断试样的验收要求，则该试样合格。

3）如果试样是在低于管材规定的最小抗拉强度下断裂，则该环焊接头不合格，应重新试验。

2. 刻槽锤断试验方法及要求

（1）试样加工　刻槽锤断试样（图 7-25）长约 230mm，宽 25mm，试样可通过机械切割或氧气切割的方法制备。用钢锯在试样两侧焊缝断面的中心（以根焊道为准）锯槽，每个刻槽深度约 3mm。

用此方法准备的刻槽锤断试样，有可能断在母材上而不断在焊缝上。当前一次试验表明可能会在母材处断裂时，为保证断在焊缝上，则可在焊缝外表面余高上刻槽，但深度从焊缝表面算起不应超过 1.6mm。

如用户有要求，可对用半自动焊或自动焊方法进行工艺评定的刻槽锤断试样在刻槽前先进行宏观腐蚀检查。

（2）试验方法　刻槽锤断试样可在拉伸机上拉断；或支撑两端，打击中部锤断；或支撑一端，打击另一端锤断。焊缝断裂的暴露面宽不应少于宽 19mm，如图 7-25 所示。

（3）结果判定　每个刻槽锤断试样的断裂面应完全焊透和熔合；任何气孔的最大尺寸应不大于 1.6mm，且所有气孔的累计面积应不大于断裂面积的 2%；夹渣深度（厚度方向尺寸）应小于 0.8mm，长度应不大于钢管公称壁厚的 1/2，且小于 3mm。相邻夹渣之间至少应有 13mm 无缺欠的焊缝金属，测量方法如图 7-26 所示。白点不作为不合格的原因。

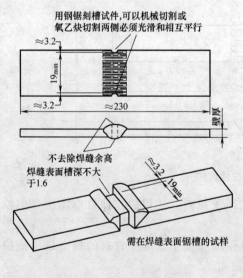

图 7-25　刻槽锤断试样

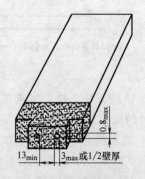

图 7-26　刻槽锤断试样缺欠尺寸的测量方法

3. 弯曲试验方法及要求

（1）试样加工　背弯和面弯试样长约 230mm，宽 25mm，且其长边的边缘应磨成圆角（图7-27）。试样可通过机械切割或氧气切割的方法制备。焊缝内外表面余高应去除至与试样母材表面平齐。加工表面应光滑，加工痕迹应轻微并垂直于焊缝轴线。

　　侧弯试样长约230mm，宽13mm，且其长边的边缘应磨成圆角（图7-28）。试样可先通过机械切割或氧气切割的方法制成宽度约19mm的粗样，然后用机加工或磨削方法制成宽13mm的试样。试样各表面应光滑平行。焊缝的内外表面余高应去除至与试件表面平齐。

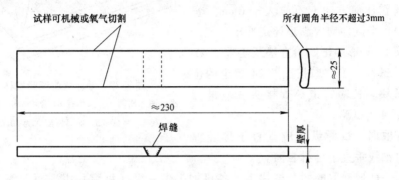

图 7-27　背弯和面弯试样（壁厚小于或等于 12.7mm）

注：内外表面的焊缝余高应去除至与试样表面平齐。试样在试验前不应压平。

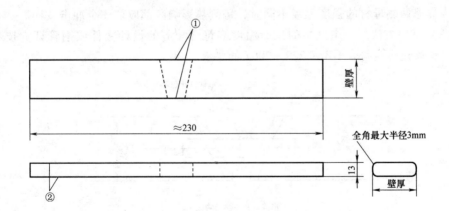

图 7-28　侧弯试样（壁厚大于 12.7mm）

① 内外表面的焊缝余高应去除至与试样表面平齐。

② 试样机加工宽 13mm，或氧乙炔切割约 19mm 后再机加工或平滑打磨至宽 13mm。切割表面应光滑平行。

　　（2）试验方法　侧弯试样应在类似于图 7-29 所示的导向弯曲试验模具上弯曲。将试样以焊缝为中心放置在下模上，焊缝表面应与模具呈 90°。施加上模压

力，将试样压入下模内，直到试样弯曲成
近似 U 形。

（3）结果判定　弯曲后，试样拉伸弯
曲表面上的焊缝和熔合线区域所发现的任
何方向上的任一裂纹或其他缺陷尺寸不应
大于钢管基本壁厚的 1/2，且不大于 3mm。
除非发现其他缺陷，由试样边缘上产生的
裂纹长度在任何方向上不应大于 6mm。弯
曲试验中每个试件均应满足评定要求。

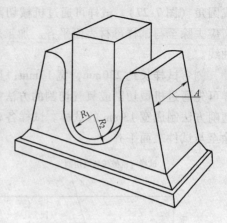

图 7-29　导向弯曲试验模具
注：图无比例，冲头半径 R_1 为 45mm，胎具半
径 R_2 为 60mm，胎具厚度 A 为 50mm。

4. 夏比 V 形冲击试验方法及要求

（1）试样加工　应按图 7-24 规定的位
置截取试块。长输管道环焊接头一般进行
夏比 V 形冲击试验。

试样取向：试样纵轴应垂直于焊缝轴
线，缺口轴线垂直于母材表面。

在同一区域截取的两个试块上，各机加工出一组（每组六块）夏比 V 形缺口
冲击试样，其中三块缺口应开在焊缝垂直中心线上，另三块缺口应开在热影响区
上，如图 7-30 所示。热影响区试样的缺口轴线至试样轴线与熔合线交点的距离大
于零，且应尽可能多地通过热影响区。

当焊缝两侧母材的强度等级不同时，每侧热影响区都应取 3 个冲击试样。

（2）试验方法　冲击试验的试验温度应符合相应的设计文件或钢管订货技术
要求，试验过程应符合 GB/T 229—2007 的要求。

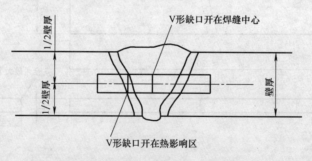

图 7-30　冲击试样缺口位置示意图

（3）结果判定　不同的长输管线因使用管材、输送介质、设计压力、铺设地
段、使用温度等要求的不同，对环焊接头的韧性指标要求不一致，这里不作介绍。

5. 宏观检验方法及要求

（1）试样加工　在垂直焊缝轴线方向上应按图 7-23 规定的位置截取试样，试

样尺寸如图 7-31 所示。试样的一个断面应
经研磨腐蚀后，作为检测面。

（2）试验方法　应使用五倍手持放大
镜对检测面进行宏观检验。

（3）结果判定　宏观检验面不应有裂
纹和未熔合，并应满足刻槽锤断试样的验
收要求。

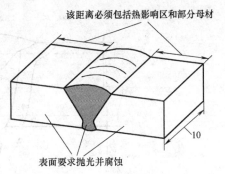

图 7-31　宏观组织检验试样

6. 焊接接头硬度试验方法及要求

（1）试样加工　焊接接头硬度测定应
在宏观组织检验试样上进行。对向下焊工
艺，应取立焊三点位置试样进行试验；对向上焊工艺，应取仰焊六点位置试样进行
试验。

（2）试验方法　试验应选用 10kg 载
荷，并应按 GB/T 4340.1—2009 规定的
方法测定接头硬度并计算维氏硬度值
（HV10）。硬度测定压痕点位置如图7-32
所示。

（3）结果判定

1）X80 级钢管焊接接头所有硬度测
定点的维氏硬度值（HV10）不应大
于 300。

2）X70 级钢管焊接接头所有硬度测
定点的维氏硬度值（HV10）不应大
于 275。

3）X65 级及以下强度等级钢管焊接

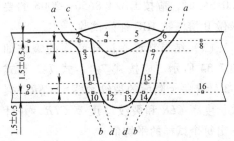

图 7-32　硬度测定压痕点位置

注：1. ab 线为腐蚀后可见的焊
接热影响区与母材的分界线。

2. cd 线为腐蚀后可见的焊缝金属与焊
接热影响区的分界线，即熔合线。

3. 测试点 2、6、10、14 应尽可能接近熔合线。

接头所有硬度测定点的维氏硬度值（HV10）不应大于 245。

对于在应变设计地区（易发生地震、泥石流等自然灾害的地区）应用的钢管，
还应通过焊接接头硬度试验确定某种焊接工艺的热影响区软化程度，硬度测定压痕
点示意图如图 7-33 所示。热影响区的宽度应不大于壁厚的 15%，软化造成的硬度
降应不大于母材硬度的 10%。否则，应采用补强覆盖的方法进行焊接。

7. 抗氢致裂纹（HIC）性能试验方法及要求

（1）试样加工　从环焊接头立焊（时钟位置 3 点或 9 点）位置上截取试验试
块，如图 7-23 所示。但试样应包含焊缝、热影响区及母材，且焊缝位于试样中心
位置，试样数量不应少于三个。

（2）试验方法　当焊接材料的含硫量为 $w(S) \leqslant 0.009\%$（根据焊材生产厂家
提供的与焊材批号相同的材质单确定）时，焊缝可不作抗 HIC 性能试验。当焊接

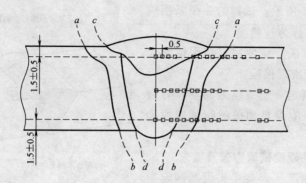

图 7-33　焊接热影响区软化程度的硬度测定压痕点示意图

注：硬度测定压痕点行的数量可根据钢管壁厚或填充层数量确定，一般应大于等于 3 行。

材料的含硫量为 0.009% < $w(S)$ < 0.015% 时，应按 GB/T 8650—2006 的要求做 B 溶液抗 HIC 性能试验。

（3）结果判定　试样断面的裂纹如图 7-34 所示。应按式 7-1、式 7-2 和式 7-3 计算每个断面的裂纹敏感率 CSR、裂纹长度率 CLR 和裂纹厚度率 CTR，并计算出每个试样的平均值。

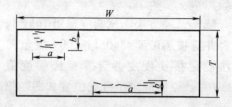

图 7-34　裂纹示意图

a—裂纹长度（mm）　b—裂纹厚度（mm）
W—试样宽度（mm）　T—试样厚度（mm）

$$裂纹敏感率\ CSR = \sum (a \times b)/(W \times T) \times 100\% \tag{7-1}$$

$$裂纹长度率\ CLR = \sum a/W \times 100\% \tag{7-2}$$

$$裂纹厚度率\ CTR = \sum b/T \times 100\% \tag{7-3}$$

每个试样的平均值应符合以下要求：$CSR \leqslant 1.5\%$、$CLR \leqslant 15\%$、$CTR \leqslant 3\%$。

8. 焊接接头抗应力腐蚀（SSC）试验

（1）试件的制备　从环焊缝立焊（3 点或 9 点）位置上截取试块。

（2）试验方法　按标准 GB/T 4157—2006 中 B 法——弯梁法（即三点弯曲法）和 GB/T 15970.2—2000 四点弯曲试验方法执行。

（3）结果判定

1）三点弯曲试件的临界应力值应大于 1033.5MPa，否则认为不合格。

2）四点弯曲试件在加 $0.72R_{eL}$ 倍的载荷下，不断裂为合格。

思　考　题

1. 简述焊接检验包括的主要内容。

2. 简述射线检测的基本原理。

3. 简述圆形缺欠（包括气孔、夹渣和夹钨等）的质量分级。

4. 简述条状缺欠（包括条渣、条孔）的质量分级。

5. 简述内凹的质量分级。

6. 简述烧穿的质量分级。

7. 简述内咬边的质量分级。

8. 简述长输管道的强度和严密性试验的要求？

9. 焊接接头的力学性能试验主要有哪些？

10. 简述拉伸试验、刻槽锤断试验、弯曲试验、硬度试验的验收要求。

第八章

焊接安全与防护

本章主要介绍压力管道安全、焊接安全技术，主要包括：安全用电、防火防爆基础知识、各项安全操作规范、压力管道抢险操作规范、劳动卫生与防护、安全管理。

第一节 安全用电

所有用电的焊工都有触电的危险，必须懂得安全用电常识。

一、电流对人体的危害

电对人体有三种类型的危害：即电击、电伤和电磁场生理伤害。

1) 电击。电流通过人体内部、破坏心脏、肺部或神经系统的功能叫电击，通常称触电。

2) 电伤。由电流的热效应、化学效应、机械效应等对人体造成的外部伤害，分为电灼伤、金属溅伤和电烙印。

3) 电磁场生理伤害。是指在高频电磁场作用下，使人头晕、乏力、记忆力衰退、失眠多梦等神经系统的症状。

1. 造成触电的原因

(1) 流经人体的电流　研究发现，几十毫安的工频交流电即可引起心室颤动或心跳停止，终止血液循环，造成脑死亡；电流通过头部会使人昏迷，严重时造成脑坏死；电流通过脊髓可引起半截肢体瘫痪。电流对人体生理作用按电流的大小，可划分为四个等级：

Ⅰ级：电流范围 $0 \sim 25\text{mA}$。从 0.5mA 开始产生恼怒现象，从 15mA 开始产生肌肉痉挛现象，一般不会致死。

Ⅱ级：电流范围 $25 \sim 80\text{mA}$。从 50mA 起心脏出现停止跳动情况，还由于呼吸肌肉系统的抽搐而失去知觉。

Ⅲ级：电流范围 $80\text{mA} \sim 5\text{A}$。由于心脏颤动而致死。

Ⅳ级：电流范围 $I > 5\text{A}$。在短时间内心脏受到电击而停止跳动，有产生燃烧的危险性。

根据人能触及的电压，可将触电分成两种情况：

1）单相触电：当人站在地上或其他导体上，身体其他部位碰到一根火线引起的触电事故叫单相触电，此时碰到的电压是交流220V，是比较危险的。

2）两相触电：当人体同时接触两根火线引起的触电事故叫两相触电，因碰到的电压是交流380V，触电的危险会更大些。

（2）通电时间　电流通过人体的时间越长，危险性越大，人的心脏每收缩扩张一次，中间约有0.1s间歇，这段时间心脏对电流最敏感。若触电时间超过1s，肯定会与心脏最敏感的间隙重合，增加危险。

（3）电流通过人体的途径　通过人体的心脏、肺部或中枢神经的电流越大，危险越大，因此人体从左手到右脚的触电事故最危险。

（4）电流的频率　现在使用的工频交流电是最危险的频率。

（5）人体的健康状况　人的健康状况不同，对触电的敏感程度不同，凡患有心脏病、肺病和神经系统疾病的人，触电伤害的程度都比较严重，因此一般不允许有这类疾病的人从事电焊作业。

2. 焊接作业用电特点

不同的焊接方法对焊接电源的电压、电流等参数的要求不同，我国目前生产的焊条电弧焊机的空载电压一般限制在90V以下，工作电压为25~40V；自动电弧焊机的空载电压是65V左右；等离子弧切割电源的空载电压高达300~450V，所有焊接电源的输入电压为220~380V，都是50Hz的工频交流电，因此触电的危险是比较大的。

3. 焊接操作时造成触电的原因

（1）直接触电

1）更换焊条、电极和焊接过程中，焊工的手或身体接触到焊条、焊钳或焊枪的带电部分，而脚或身体其他部位与地或工件间无绝缘防护。当焊工在金属容器、管道、锅炉、船舱或金属结构内部施工，或当人体大量出汗，或在阴雨天或潮湿地方进行焊接作业时，特别容易发生这种触电事故。

2）在接线、调节焊接电流或移动焊接设备时，易发生触电事故。

3）在登高焊接时，碰上低压线路或靠近高压电源线引起触电事故。

（2）间接触电

1）焊接设备的绝缘烧损、振动或机械损伤，使绝缘损坏部位碰到机壳，而人碰到机壳引起触电。

2）焊机的火线和零线接错，使外壳带电。

3）焊接操作时人体碰上了绝缘破损的电缆、电闸带电部分等。

二、安全用电注意事项

1）焊工必须穿胶鞋，戴橡胶手套，目前我国使用的劳保用鞋、橡胶手套偶然接触220V或380V电压时，还不致造成严重后果。

2）焊工在拉、合电闸或接触带电物体时，必须单手进行操作。因为双手拉合电闸或接触带电物体，如发生触电，会通过人体心脏形成回路、造成触电者迅速死亡。

3）绝对禁止在电焊机开动情况下，连接地线和焊把线。

4）焊接电缆软线（二次线），外皮烧损超过两处，应更换检修再用。

5）在容器内部施焊时，照明电压应采用12V，登高作业不准将电缆线缠在焊工身上或搭在背上。

6）焊接设备及其他辅助设备供电回路设置保护切断与漏电保护装置。

第二节　防火、防爆基础知识

所有焊接现场都要严格管理防火、防爆。

一、焊接现场发生爆炸的可能性

爆炸是指物质在瞬间以机械功的形式释放出大量气体和能量的现象。

焊接时可能发生爆炸的几种情况：

（1）可燃气体的爆炸　工业上大量使用的可燃气体，如乙炔（C_2H_2）、天然气（CH_4）等，与氧气或空气均匀混合达到一定限度，遇到火源便发生爆炸。这个限度称为爆炸极限，常用可燃气在混合物中所占体积百分比来表示。例如：乙炔与空气混合爆炸极限为2.2%～81%；乙炔与氧气混合爆炸极限为2.8%～93%；丙烷或丁烷与空气混合爆炸极限分别为2.1%～9.5%和1.55%～8.4%。

（2）可燃液体或可燃液体蒸气的爆炸　在焊接场地或附近放有可燃液体时，可燃液体或可燃液体的蒸气达到一定浓度，遇到焊接火花即会发生爆炸（例如汽油蒸气与空气混合，其爆炸极限为0.7%～6.0%）。

（3）可燃粉尘的爆炸　可燃粉尘（例如镁、铝粉尘，纤维素粉尘等），悬浮于空气中，达到一定浓度范围，遇火源（例如焊接火花）也会发生爆炸。

（4）焊接直接使用可燃液体蒸气的爆炸　例如使用乙炔发生器，在加料、换料（电石含磷过多或碰撞产生火花），以及操作不当而产生回火时，均会发生爆炸。

（5）密闭容器的爆炸　对密闭容器或正在受压的容器上进行焊接时，如不采取适当措施也会产生爆炸。

二、防火、防爆措施

1）焊接场地禁止放置易燃、易爆物品，场地内应备有消防器材，保证足够照明和良好的通风。

2）焊接场地10m内不应放置储存油类或其他易燃、易爆物质的储存器皿或管线、氧气瓶。

3）对受压容器、密闭容器、各种油桶和管道、沾有可燃物质的工件进行焊接时，必须事先进行检查，并经过冲洗除掉有毒、有害、易燃、易爆物质，解除容器及管道压力，消除容器密闭状态后，再进行焊接。

4）焊接密闭空心工件时，必须留有出气孔，焊接管子时，两端不准堵塞。

5）在有易燃、易爆物的车间、场所或煤气管、乙炔管（瓶）附近焊接时，必须取得消防部门的同意。操作时采取严密措施，防止火星飞溅引起火灾。

6）焊工不准在木板、木砖地上进行焊接操作。

7）焊工不准在焊把线或接地线裸露情况下进行焊接操作。

8）气焊气割时，要使用合格的电石，乙炔发生器及回火防止器、压力表（乙炔、氧气）要定期校验，还要应用合格的橡胶软管。

9）离开施焊现场时，应关闭气源、电源，并将火种熄灭。

第三节　焊接安全规定

一、电焊作业

1）电焊作业要严格遵守电气安全技术规程。除电焊机二次线路外，电焊工不许操作其他电气线路。

2）焊接工作前，先检查焊机和工具是否安全可靠。焊机外壳应接地、焊机各接线点接触应良好，焊接电缆的绝缘应无破损。

3）施焊前应佩戴齐全防护用品，面罩应严密不漏光，清焊渣时，必须佩戴防护镜或防护罩，防止焊渣伤眼。

4）在地面上或沟下作业时，应先检查管线垫墩和沟壁情况，沟下作业时，沟上应设专人负责监护，如有管线滚动和塌方可能，要立即停止作业并报告领导，采取措施后，方准作业。

5）在高空和水上作业时，要采取防坠落、防触电等措施，在容器内、隧道内施焊时应采取通风和排烟措施，防止中毒，并设专人监护。

6）焊接储存、运输易燃易爆或有毒介质的容器或管线，在焊接前必须经过检测和处理，按动火审批权限办理审批手续，否则不得施工。

7）电焊工的手和身体外露部分不得接触二次回路。特别是身体和衣服潮湿时，更不准接触焊件和其他带电体。焊机空载电压较高时以及潮湿地点，应在操作点地面铺绝缘材质垫板。

8）在工作地点移动焊机、更换熔断器、检修焊机或更换工件、改装二次回路等，必须切断电源。推拉刀开关时，必须戴橡胶手套，同时头部应偏斜，以防电弧火花灼伤脸部。不允许拖拽电缆，焊接结束应将焊把、电缆放于支架上。

9）不得使人身、机器设备或其他金属构件等成为焊接回路，以防焊接电流造成人身伤害或设备损坏事故。

10）焊接操作应注意电传导和热传导作业，避免电火花和高温引起火灾爆炸事故。

11）焊接地点周围 5m 内，必须清除一切易燃易爆物品，否则，应采取防护措施。

二、气焊作业

1）工作前戴好防护用品，检查工具设备，确认安全后，方准作业。

2）搬运氧、乙炔瓶时，应有支架固定，夏季要防晒遮阴，不准摔、碰、撞击。装卸氧气表或试风时，瓶口应避开人。乙炔气瓶要直立 15min 后方可使用。

3）输、储氧气和乙炔的容器和管路必须严密。禁止用纯铜材质的连接管连接乙炔管。输、储乙炔的工具设备冻结时，不准用明火烘烤。

4）氧气瓶、乙炔瓶的放置位置应避开输电线路。氧、乙炔瓶距明火地点 10m 以外，氧气瓶和乙炔瓶间距大于或等于 5m。存放应通风、遮阴。

5）氧气瓶严禁沾染油脂，有油脂的衣服、手套等禁止与氧气瓶、减压阀、氧气软管接触。

6）有故障的焊割具，未经修复合格不准使用。在易燃易爆区域施焊或对储装过易燃易爆品的容器、管线、设备进行焊接，应按动火审批程序办理手续。

7）在高空和容器内进行焊割作业时，必须采取防坠落、中毒等安全措施。

三、管道维修的安全

有计划的检修及事故抢修时，常需要更换管段或对漏气、破裂的管线补焊，还有的是在不停输的情况下进行，即使停输后维修，也不可能完全排空长距离管线内的油或气。因此操作中必须注意防火、防爆和人身安全。

1）严格动火管理：长距离输气管道维修动火，大部分都是在生产运行过程中进行的，相应的危险性也较大。有的虽然经过放空，但有的管段较长，很难达到理想的条件，因此凡在输气管道和工艺站场动火，都必须按照规定程序和审批权限，办理动火手续。

动火审批主要应考虑的安全问题：一是动火设备本身，二是动火时的周围环境。动火施工时，必须经过动火负责人检查确认无安全问题，待措施落实，办好动火票后，方可动火。要做到"三不动火"：即没有批准动火票不动火；防火措施不落实不动火；防火监护人不到现场不动火。动火过程中应随时注意环境变化，发现异常情况时要立即停止动火。

2）动火现场安全要求：动火现场不许有可燃气体泄漏。坑内、室内动火作业，可燃气体浓度必须经仪器监测小于爆炸下限的 25%，否则应采取强制通风措施，排除余气。动火现场 5m 以内无易燃物。坑内作业应有出入坑梯，以便于紧急撤离。作业结束后应检查现场，确认无火种后，才能离开。

3）更换大直径输气管段的安全要求：更换直径大于 250mm 的管段时，应首先关闭该管段上、下游的截断阀，断绝气源；放空管段内余气，为了避免吸入空气，管内应留有 0.08 ~ 1.18MPa（80 ~ 120mm H_2O）的余压。在更换管段两端 3 ~ 5m 处开孔放置隔离球，隔离余气或用 DN 型开孔封堵器开孔，保证操作安全。

排放管内天然气时，应先点火，后放空。若管道地形起伏，从多处放空口排放时，处于低洼处的放空管将先于高处放完。为了保证管内留有一定余压，在放空口火焰降至大约 1m 高时，关闭放空阀门。

隔离球孔宜采用机械开孔。采用气割时，必须事先准备好消防器材，切割完后立即用石棉布盖住孔口并灭火。若管内有凝析油，应先用手提式电钻在管线上钻一个小孔，用软管插入孔内向管内注入氮气后，再切割隔离球孔。切割过程中应不断充氮。向隔离球中充入的气体常用氮气或二氧化碳，严禁用氧气或可燃性气体。

割开的管段内沉淀有黑色的硫化铁时，应用水清洗干净，防止其自燃。若管内有凝析油，动火前应在管道低洼处开小孔，将油抽出，开孔及抽油过程中不断注入氮气。

管段焊完恢复输气时，应首先置换管内空气。若有硫化铁存在，可在清管前推入一段水或惰性气体，将自燃的硫化铁熄灭，防止混合气爆炸。

4）输气站内管线维修的安全要求：输气站内设备集中、管线复杂、人员较多，除了遵守上述维修安全要求外，维修人员应熟悉站内流程及地下管线分布情况，熟悉所维修设备的结构、维修方法。还应注意对动火管段必须截断气源，放空管内余气，用氮气置换或用水蒸气吹扫管线。该段与气源相连通的阀门应设置"禁止开阀"的标志并派专人看守，对边生产边检修的站场，应严格检查相连部位有否串气、漏气现象，或加隔板隔断有气部分，经检测确认无漏气时才能动火。

管道组焊或打磨坡口前必须先做"打火试验"，防止"打炮"伤人。

站内或站场四周放空时，站内不得动火；站内施工动火过程中，不得在站内或站场四周放空，动火期间，要保持系统压力平稳，避免安全阀起跳。

第四节　焊接劳动卫生和防护

一、焊接有害因素

焊接时发生的有害因素与所采用的焊接方法、工艺规范、焊接材料及焊件材料等有关，大致有弧光辐射、有毒气体、焊接烟尘、高频电磁场、射线和噪声六大有害因素。

1. 电焊弧光辐射

包括红外光、可见光和紫外线，焊条电弧焊弧光辐射的波长范围见表 8-1。光辐射作用到人体上，被体内吸收，引起组织的热作用、光化学作用和电离作用。在防护不好的情况下，能造成皮肤和眼睛的损害。皮肤疾病主要是皮炎、红斑和小水泡渗出；眼睛疾病主要是电光性眼炎和红外光白内障。

表 8-1　焊接弧光波长范围 （单位：nm）

红 外 光	可见光	紫 外 线
	红、橙、黄、绿、青、蓝、紫	
>760	400~760	<400

2. 焊接烟尘和有毒气体

焊接烟尘是焊条（焊丝）及母材金属在电弧高温作用下熔融时蒸发、凝结和氧化而产生的。钢铁材料焊接时发尘量及主要毒物见表 8-2。焊接烟尘主要化学成分见表 8-3。烟尘中主要毒物是锰、氟、铁、硅，这些尘粒极细，大多在 $3\mu m$ 以下，在空气中停留的时间较长，容易被吸入肺内并沉积于肺泡而造成危害。

有毒气体主要是臭氧、氮氧化物、一氧化碳和氟化氢。焊接烟尘和有毒气体引起的症状见表 8-4。

表 8-2　钢铁材料焊接时发尘量及主要毒物

焊 接 工 艺		发尘量/(g/kg)	烟尘中主要毒物
焊条电弧焊	低氢型普低钢焊条(结 507)	11.1~13.1	F、Mn
	钛钙型低碳钢焊条(结 422)	7.7	Mn
	钛铁型低碳钢焊条(结 423)	11.5	Mn
	高效率铁粉焊条	10~22	Mn
气体保护电弧焊	CO_2 保护药芯焊丝	11~13	Mn
	CO_2 保护实心焊丝	8	Mn
	$Ar+5\%O_2$ 保护实心焊丝	3~6.5	Mn

表 8-3　焊接烟尘主要化学成分

焊条	化 学 成 分 （%）									
	Fe_2O_3	Fe_2O	SiO_2	MnO_2	K_2O	Na_2O	CaO	KF	NaF	CaF
结 422	44	1.49	17.7	7.26	6.15	5.15	1	9.5	—	—
结 507	24.6	—	5.89	6.35	—	17.5	4.6	6.19	13.15	16.05

表 8-4　焊接烟尘和有毒气体引起的症状

中 毒 类 型	毒 物
急性呼吸器官中毒	Cr、Cu、Ni、NO_2、O_3、V、Zn、Cd、氟化物、CO、醛类
慢性呼吸器官中毒	Ni

（续）

中 毒 类 型	毒 物
急性系统中毒①	Cu、Pb、Mn、Ni、Zn
慢性系统中毒	Pb、Mn、Cd、氟化物
刺激皮肤、眼睛	Cr、Ni、V、醛类
危害较小	Fe、Al、Sn、微量烟雾
诱致尘肺	$10\mu m$ 以下（特别是 $5\mu m$）的尘粒

① 指各种生理系统如神经系统、泌尿系统、造血系统等的中毒

3. 射线

非熔化极氩弧焊使用的钍钨电极，可自发地放射 α（占 90%）、β（9%）、γ（1%）三种射线。焊接电弧的高温能使钍钨极熔化并蒸发，在空气中形成放射性气溶胶、钍射气；打磨钍钨极时还产生钍粉尘。人体如果吸入这些粒子就将产生从体内向体外的射线照射，称为内照射，其将长期作用于人体，危害比外照射严重得多。人体长期受超过容许剂量的射线外照射，或放射性物质进入人体内并积蓄，都可引起病变，引起中枢神经系统、造血器官和消化系统疾病。严重时破坏造血功能，引起白细胞下降，破坏人体免疫功能；对眼睛晶状体和皮肤也有严重损伤。

4. 噪声

噪声以等离子弧切割和喷涂时的强度最高。噪声的频率越高，强度越大，危害也越大。长期受噪声影响，可使听觉迟钝并引起耳聋、耳鸣、头晕及失眠、神经过敏、幻听等症状。噪声还作用于中枢神经，使精神紧张、恶心、烦躁、疲倦，引起血压增高、心跳及脉搏改变等。

5. 高频电磁场

钨极氩弧焊或等离子弧焊采用高频振荡器引弧时，瞬间（约 $2 \sim 3s$）产生高频电磁波向空间辐射，即高频电磁场。高频电磁场可通过焊枪电缆与人体空间电容耦合，在人体感应出脉冲电流，最大时可达 7mA。

人体受高频电磁场的作用，将产生生物效应。引起头晕、头痛、疲乏无力、记忆减退、心悸、胸闷、精神衰弱及自主神经紊乱等。严重者血压下降或上升，出现窦性心律不齐等。

二、焊接防护措施

1. 电焊烟尘和有毒气体防护

防护措施主要有四个方面：一是通风技术措施；二是改革焊接工艺；三是改进焊接材料；四是个人防护。

（1）通风技术措施 分全面通风和局部通风两类。前者需要大量换气，设备投资大，运转费用高，且不能立即降低局部烟尘和有毒气体浓度，效果不显著。对于大车间、寒冷季节热量损失大，不易维持正常温度，所以只能作为辅助措施。首

先考虑的应是焊接作业点的局部通风。

局部通风有送风和排气两种。局部排气使用效果最好，方便灵活，费用小，被广泛应用。局部排气有使用排烟罩、排烟焊枪、强力小风机等几种方法。

（2）改革焊接工艺　使焊接操作实现机械化、自动化，以减少焊工接触烟尘和有毒气体的机会，是焊接卫生防护的一项根本措施。例如，采用埋弧焊代替焊条电弧焊；在电弧焊接工艺中应用各种形式的专用机械手；合理设计焊接容器的结构，尽可能采用单面焊双面成形等新工艺，减少或避免在容器中施焊，以减轻尘毒的危害等。

（3）改进焊接材料　采用无毒或低毒的焊接材料代替毒性大的焊接材料。我国已研制出一批新型号或新药皮配方的低氢型碱性焊条，这些药皮均具有低锰、低氟、低尘的特点。

（4）个人防护措施　包括眼、耳、口鼻、身的防护用品。除了一般防护用品如口罩、头盔、护耳器等之外，还应根据具体要求，采用适合焊接作业的特殊防护用品，如送风防护头盔、送风口罩、分子筛除臭氧口罩等。

2. 电焊弧光防护

为保护眼睛不受弧光伤害，焊接时必须使用镶有特制防护镜片的面罩。防护镜片有吸收式滤光镜片和反射式防护镜片两种。滤光镜片根据颜色深浅分为几种牌号（表 8-5），应按照焊接电流的强度选用。近年来研制成的高反射护目镜片效果最好，在吸收式滤光镜片表面镀上铬—铜—铬三层金属薄膜，能将弧光反射回去，从而避免了滤光镜片吸收弧光辐射后转变为热能的缺点。

为防止弧光灼伤皮肤，除采用面罩保护脸部外，焊工还必须穿好工作服，带好手套、鞋盖等。

表 8-5　国产护目玻璃的牌号及用途

玻璃牌号	颜色深浅	用途
12	最暗的	供电流大于 350A 的焊接用
11	中等的	供电流在 100~350A 的焊接用
10	最浅的	供电流小于 100A 的焊接用

3. 射线防护

（1）氩弧焊和等离子弧焊的射线防护措施

1）综合性措施。如对施焊区实行密闭，用薄金属板制成密闭罩，将焊枪和工件置于罩内，罩的一侧设有观察防护镜。这样使有毒气体、电罩烟尘都被最大限度地控制在一定空间内，再通过净化装置排出。

2）焊接地点应设有单室。钍钨棒存储地点最好是在地下室，并且存放在封闭式铁箱内，大量存放时铁箱安置通风装置。

3）钍钨棒磨尖设备有专用砂轮机，并须安装除尘设备，砂轮机地面上的磨屑应经常作湿式扫除，并集中深埋处理。地面、墙壁最好铺设瓷砖或水磨石，以利清扫污物。

4）选用合理的工艺规范，可避免钍钨棒的过量烧损。

5）接触钍钨棒后应以流动水和肥皂洗手，并经常清洗工作服及手套等。

6）以铈钨棒电极代替钍钨棒电极。

（2）真空电子束焊的射线防护措施

1）对电子束焊机采取屏蔽防护，防止 X 射线漏出。

2）工作电压比较高时，操作者应佩戴铅玻璃眼镜，保护眼睛晶状体。

3）不影响工作的情况下，增加焊工与工件之间的距离，并根据现场测定照射量，确定合理的工作时间。

4）电子束焊机启用前或在更换电子枪后，应进行 X 射线检测。

4. 噪声防护

噪声强度与焊接工作气体的流量有关，因此在保证等离子弧切割、喷涂等工艺要求的前提下，尽量选择低噪声的工作参数。焊工应戴隔声耳罩或隔声耳塞。在房屋和设备上装设吸声和隔声材料。采用适合于焊枪喷口部位的小型消声器。

5. 高频电磁场防护

使工件良好接地，降低高频电流，接地点距离工件越近效果越好。焊接电缆和焊枪装设屏蔽，其方法是把金属编织线套在胶皮电缆线外面，一直套到焊把处，并在焊机出头处接地。在不影响使用的情况下，适当降低振荡器频率。

第五节　焊接安全管理

加强安全管理对预防焊接工伤事故和职业危害有重要意义。如果安全管理水平低，即使有完善的安全技术措施，工伤事故和职业危害还是可能发生。

一、焊接作业点组织及消防措施

1. 焊接工作点组织

1）焊接作业现场应有必要的通道，一旦发生事故便于消防、撤离和医务人员抢救。车辆通道宽度不得小于 3m，人行通道不得小于 1.5m。

2）焊接作业点的设备、工具和材料等应排列整齐，不得乱堆乱放。所有气焊胶管、焊接电缆等不得互相缠绕。可燃气瓶和氧气瓶应分别存放，用毕的气瓶应及时移出工作场地，不得随便卧放。

3）焊工作业面积不应小于 4m²，地面应干燥。工作地点应有良好的天然采光或局部照明，保证工作面照度达 50% ~ 100%。

4）室内切割作业应通风良好，不使可燃易爆气体或蒸气滞留。多电焊割作业或有其他工种混合作业时，各工位间应设防护屏。

5) 室外焊割作业的工作地面，应与登高作业、起重设备吊运、车辆运输等密切配合，秩序井然地工作，不得互相干扰。

6) 在地沟、坑道、检查井、管段和半封闭地段，以及在油漆未干的室内、油舱等焊接时，应先判明其中有无爆炸和中毒的危险。必须用仪器进行检测分析，禁止用火柴、燃着的纸及其他不安全的方法进行检查。作业点附近的敞开孔洞和地沟应用石棉板盖严，防止火花飞入。

7) 焊割作业点周围 10m 范围内，如有不能清除、撤离的易燃易爆物品如木材垛、化工原料等，应采取可靠的安全措施，如用水盆、覆盖石棉布、湿麻袋等。在操作现场附近有可燃性隔热保湿材料的设备和工程结构，也应预先采取隔绝火星的安全措施，防止在其中隐藏火种，酿成火灾。

2. 消防措施

1) 电焊设备着火时，首先要拉闸断电，然后再扑救。在未断电之前，不能用水或泡沫灭火器灭火，否则容易触电伤人。应当用干粉灭火器、二氧化碳灭火器、四氯化碳灭火器或 1211 灭火器扑救。但应注意，干粉灭火器不适用于旋转式直流焊机的灭火。

2) 电石桶、电石库着火时，不能用水或泡沫灭火器灭火。泡沫灭火器作用时的化学反应式为 $2NaHCO_3 + H_2SO_4 \Longrightarrow Na_2SO_4 + 2H_2O + 2CO_2$，反应产生的水分可助长电石分解而扩大火势。也不能用四氯化碳灭火器扑救，而应用干砂、干粉灭火器和二氧化碳灭火器。

3) 乙炔发生器着火时，应先关闭出气阀门，停止供气，并使电石与水脱离接触。可用二氧化碳灭火器或干粉灭火器扑救，禁止用四氯化碳灭火器、泡沫灭火器或水。采用四氯化碳灭火器扑救乙炔的着火，不仅有发生爆炸的危险，而且会产生剧毒的气体。

4) 液化石油气瓶在使用或储运过程中，如果瓶阀泄漏而又无法制止时，应立即把瓶体移至室外安全地带，让其逸出，直到瓶内气体排尽为止。同时在气态石油气扩散所及的整个范围内，禁止出现任何火源。如果瓶阀漏气着火，应立即关闭瓶阀，若无法靠近时，应立即用大量冷水喷注，使气瓶降温，抑制瓶内升压和蒸发，然后关闭瓶阀，切断气源灭火。

5) 氧气瓶着火时，应迅速关闭氧气阀门，停止供氧，使火自行熄灭。如邻近建筑物或可燃物失火，应尽快将氧气瓶转移到安全地点，防止受火场高热影响而爆炸。

二、焊接急性中毒的预防

1. 发生急性中毒的原因

1) 在狭小的作业空间焊接有涂层（如镀铅、镀锌、涂漆等）或经过脱脂的工件时，涂层物质和脱脂剂在高温作用下蒸发或裂解，形成有毒气体和蒸气。

2）由于设备内部尚存在超过允许浓度的生产性毒物（如苯、汞蒸气、涂漆等），或焊接经过脱脂的工件时，涂层物质和脱脂剂在高温作用下蒸发或裂解形成有毒气体和蒸气。

3）某些焊接工艺过程产生较多的窒息性气体（如 CO_2 保护焊产生的一氧化碳）和其他有毒气体（如低氢型焊条产生的氟化氢），由于作业空间狭小、通风不良等，可能造成焊工急性中毒。

4）焊接铜、铅等有色金属时，产生有害的金属氧化物烟尘。

2. 预防急性中毒的措施

1）焊接经过脱脂处理或有涂层的焊材时，应在操作地点装设局部排烟装置，也可预先除去焊缝周围的涂层。

2）当焊接作业的室内高度小于 $3.5 \sim 4m$，每个焊工工作空间小于 $200m^3$，或工作间内部有影响空气流动的结构，而使焊接作业点的烟尘及有毒气体超过允许浓度时，应采取全面通风换气，每个焊工有 $57m^3/min$ 的通风量。

3）容器置换后，焊工进入焊补前，应先用空气再置换，并取样化验容器内的氧含量和有毒物质是否符合安全要求。

4）焊工进入容器或地沟施焊时，应设专人看护，还应在焊工身上系一条牢靠的安全绳，另一端系铜铃并固定在容器或地沟外。焊工在操作中一旦发生紧急情况，即以响铃为信号，又可利用绳子作为容器里救出焊工的工具。

三、焊接灼伤和机械伤害的预防

1. 预防灼烫措施

1）焊工必须穿戴完好的工作服和防护用具。上衣不可塞在裤里，以免金属熔滴飞入致伤。裤脚口或鞋盖应罩住工作鞋，工作服的口袋应盖好。焊工应戴隔热性能好，并有一定绝缘性能的干燥手套，避免灼伤手臂。

2）预热工件时，为避免灼伤，焊接的烧热部分应当用石棉板遮盖，只露出焊接部位，为防止清渣时灼烫眼睛，焊工应戴透明度较好的防护眼镜。

3）操作焊接开关时，应当在焊接线路完全断开、没有焊接电流的情况下方可操作开关，预防发生飞弧灼伤。旋转式直流焊机应当用磁力启动器启动，严禁直接用刀开关启动。

2. 预防机械伤害措施

1）工件必须放置平稳，尤其是躺卧在构件底下的仰焊作业时更需注意。焊接前应选用或制作合适的夹具，使焊接固定牢靠。不得在行车吊运的工件上施焊。焊接转胎的机械传动部分应设置防护罩。

2）在已停止转动的设备和机械内进行焊接时，必须切断设备和机器的主机、辅机、运转机构的电源和气源，锁住启动开关，以防误动作而发生机械伤害事故。

3）在行车轨道上焊接时，应预先与行车司机取得联系，并设防护装置。在点火机车上焊接时,应注意听取呼唤信号,以免在试闸动车时发生挤轧摔落事故。

4)清铲工件边角时,应戴护目镜。并注意避免崩屑伤害附近人员,必要时装设防护屏。

四、制定焊接安全操作规程

焊接安全操作规程是保障焊工安全健康,促进安全生产的指导性文件,是安全管理一项必不可少的重要措施。应根据不同的焊接工作建立相应的安全操作规程,还应按照企业的专业特点和作业环境制定相应的安全操作规程。

思 考 题

1. 电对人体的伤害有哪几种?
2. 简述电流对人体生理作用。
3. 简述安全用电注意事项。
4. 简述电焊作业的安全注意事项。
5. 简述管道维修的安全注意事项。
6. 焊接的有害因素有哪些?
7. 简述焊接防护措施。
8. 简述焊接安全管理注意事项。

附 录

附录 A 钢材的牌号、性能和热处理基础知识

一、碳素结构钢的牌号和性能

碳素钢简称碳钢，是指碳的质量分数小于 2.11% 的铁碳合金。碳钢中除含有铁、碳元素外，还有少量硅、锰、硫、磷等杂质。碳素钢比合金钢价格低廉，产量大，具有必要的力学性能和优良的金属加工性能等，在机械工业中应用很广。

1. 分类

常用的分类方法有以下几种：

（1）按钢的含碳量分类

1）低碳钢，$w(C) < 0.25\%$。

2）中碳钢，$w(C) = 0.25\% \sim 0.60\%$。

3）高碳钢，$w(C) > 0.60\%$。

（2）按钢的质量分类 根据钢中有害杂质硫、磷含量多少可分为：

1）普通质量钢 $w(S) \leq 0.05\%$，$w(P) \leq 0.045\%$。

2）优质钢 $w(S) \leq 0.035\%$，$w(P) \leq 0.035\%$。

3）高级优质钢 $w(S) \leq 0.025\%$，$w(P) \leq 0.025\%$。

4）特级质量钢 $w(S) < 0.015\%$，$w(P) < 0.025\%$。

（3）按钢的用途分类

1）结构钢 主要用于制造各种机械零件和工程结构件，其碳的质量分数一般都小于 0.70%。

2）工具钢 主要用于制造各种刀具、模具和量具，其碳的质量分数一般都大于 0.70%。

2. 普通碳素结构钢性能特点

普通碳素结构钢因价格便宜，产量较大，故大量用于金属结构和一般机械零件。

碳素结构钢的牌号由代表屈服点的拼音字母"Q"、屈服点数值、质量等级（A、B、C、D）符号和脱氧方法（F、b、Z、TZ）符号四个部分按顺序组成，如

Q195Z、Q215Ab、Q235AF、Q255BZ 钢。这类钢的牌号、化学成分、力学性能及用途举例可查相关标准。牌号中的 F 表示沸腾钢，b 表示半镇静钢，Z 表示镇静钢，TZ 表示特殊镇静钢。

3. 优质碳素结构钢性能特点

一般用来制造重要的机械零件。使用前一般都要经过热处理来改善力学性能。

（1）牌号　优质碳素结构钢的牌号用两位数字表示，这两位数字表示该钢平均碳含量的万分之几，例如 45 钢表示平均碳含量为 0.45%（质量分数）的优质碳素结构钢。

（2）分类　优质碳素结构钢根据钢中锰含量不同，分为普通含锰钢 $[w(Mn)<0.80\%]$ 和较高含锰钢 $[w(Mn)=0.70\%\sim1.20\%]$ 两组。较高含锰钢在牌号后面标出元素符号"Mn"或汉字"锰"，如 15Mn、30Mn。若为沸腾钢、半镇静钢或为了适应各种专门用途的某些专用钢，则在牌号后面标出规定的符号，如"08F"、"20g"或"20 锅"（即碳的平均质量分数为 0.20% 的锅炉钢）。优质碳素结构钢的牌号、化学成分和力学性能可查相关标准。

（3）性能与用途

1）08 钢～25 钢碳含量低，属于低碳钢。这类钢的强度、硬度较低，塑性、韧性及焊接性良好，主要用于制作冲压件，焊接结构件及强度要求不高的机械零件及渗碳件。

2）30 钢～55 钢属于中碳钢。这类钢具有较高的强度和硬度，其塑性和韧性随碳含量的增加而逐步降低，切削性能良好。这类钢经调质后，能获得较好的综合性能。主要用来制造受力较大的机械零件。

3）60 钢以上的牌号属于高碳钢。这类钢具有较高的强度、硬度和弹性，但焊接性不好，切削性稍差，冷变形塑性低。主要用来制造具有较高强度、耐磨性和弹性的零件。

4）锰含量较高的优质碳素结构钢（如 15Mn、25Mn），其用途和上述相同牌号的钢基本相同，但淬透性稍好，可制作截面稍大或要求力学性能稍高的零件。

二、合金钢的牌号、性能和用途

合金钢是在碳钢的基础上，为了获得特定的性能，有目的地加入一种或多种合金元素的钢。加入的元素有硅、锰、铬、镍、钨、铝、钒、钛、铝及稀土等元素。

1. 分类及编号

（1）按用途分类

1）合金结构钢：用于制造机械零件和工程结构的钢。

2）合金工具钢：用于制造各种加工工具的钢。

3）特殊性能钢：具有某种特殊物理、化学性能的钢，如不锈钢、耐热钢、耐磨钢等。

（2）按所含合金元素总含量分类

1）低合金钢：合金元素总含量＜5%（质量分数）。

2）中合金钢：合金元素总含量5%～10%（质量分数）。

3）高合金钢：合金元素总含量＞10%（质量分数）。

2. 合金钢的性能特点

（1）普通低合金结构钢　普通低合金结构钢虽然是一种低碳［$w(C)$＜0.20%］、低合金（一般合金元素总的质量分数＜3%）的钢，由于合金元素的强化作用，这类钢比相同碳含量的碳素结构钢的强度（特别是屈服点）要高得多，并且有良好的塑性、韧性、耐蚀性和焊接性。广泛用来制造桥梁、船舶、车辆、锅炉、压力容器、输油（气）管道和大型钢结构。常用低合金钢的牌号有Q345（Q345Cu）、Q390（Q390Cu）、14MnMoV（14MnMoVCu）等，常用低合金钢的牌号性能可查阅相关标准。

（2）不锈钢　不锈钢是具有耐大气、酸、碱、盐等腐蚀作用的不锈耐酸钢的统称。通常是在大气中能抵抗腐蚀作用的钢，称不锈钢。在较强腐蚀介质中能耐腐蚀作用的钢，称耐酸钢。要达到不锈耐蚀的目的，必须使钢中$w(Cr)$≥13%。常用不锈钢类型及牌号有马氏体型（12Cr13、40Cr13）、铁素体型（10Cr17、16Cr25N）、奥氏体型（12Cr18Ni9、06Cr19Ni10）等，常用低合金钢的牌号性能可查阅相关标准。

1）马氏体型不锈钢：具有较高的抗拉强度，较好的热加工性和良好的切削加工性，但冷冲压性和焊接性较差，耐蚀性较其他不锈钢差。焊后应力较大，必须在几小时内进行退火。

2）铁素体型不锈钢：这类钢从室温加热到高温（960～1000℃）组织无明显变化，具有较高的耐蚀性、良好的抗氧化性和高的塑性；焊接性能比马氏体型不锈钢好。广泛用于化工生产。

3）奥氏体型不锈钢：450～850℃易产生晶间腐蚀。在固溶处理状态下塑性很好（$A=40%$），适宜于进行各种冷塑性变形，但对加工硬化很敏感，所以切削性很差，焊接性能比上述两种不锈钢好。焊后为消除焊接应力，以防止应力腐蚀，一般重新加热到850～950℃，保温1～3h，然后空冷或水冷，进行去应力回火。

（3）耐热钢　耐热钢是指在高温下具有一定热稳定性和热强性的钢。金属材料的耐热性包括高温抗氧化性和高温强度两个部分。

1）抗氧化钢：其特点是在高温下不起氧化皮。主要用于长期在高温下工作，但强度要求不高的零件。如锅炉钢管、各种加热炉板等。常用的有15CrMo、12CrMoV等。

2）珠光体耐热钢：其碳含量均较低，因此除有良好的工艺性能外，对高温性能也有利。所以一般用于工作温度为300～500℃，要求受较大负荷的构件。如锅炉钢管、锅炉、汽轮机零件等，其用量非常大。这类钢的热处理一般是采用正火。

常用钢材有 15CrMo、12CrMoV。

三、钢的热处理

钢在固态下加热到一定温度，在这个温度下保持一定时间，然后以一定冷却速度冷却到室温，以获得所希望的组织结构和工艺性能，这种加工方法称为热处理。热处理在机械制造业中占有十分重要的地位。

热处理之所以能使钢的性能发生变化，其根本原因是由于铁有同素异构转变，从而使钢在加热和冷却过程中，其内部发生了组织与结构变化的结果。

热处理工艺在机械制造业中应用极为广泛。它能提高零件的使用性能，充分发挥钢材的潜力，延长零件的使用寿命。此外，热处理还可改善工件的加工工艺性能，提高加工质量，减少刀具磨损。因此它在机械制造业中占有十分重要的地位。

钢是金属和合金产品中采用热处理工艺最为广泛的金属材料。钢的热处理根据加热、冷却方法的不同可分为退火、正火、淬火、回火等。

1. 退火

（1）定义　将钢加热到适当温度 Ac_1 以上或以下温度，保温然后缓慢冷却（一般随炉冷却）以获得近乎平衡状态组织的热处理工艺称为退火。

（2）目的　退火的目的是：①降低钢的硬度，提高塑性，以利于切削加工及冷变形加工；②细化晶粒，均匀钢的组织及成分，改善钢的性能或为以后的热处理作准备；③消除钢中的残余应力和加工硬化，以防止变形和开裂。

（3）分类　常用的退火方法有完全退火、球化退火、去应力退火等几种。

1）完全退火：将钢完全奥氏体化，随之缓慢冷却，获得接近平衡状态组织的工艺称为完全退火。它可降低钢的强度，细化晶粒，充分消除内应力。

完全退火主要用于中碳钢及低、中碳合金结构钢的锻件、铸件等。

2）球化退火：为使钢中碳化物球状化而进行的退火称为球化退火。它不但可使材料硬度低，便于切削加工，而且在淬火加热时，奥氏体晶粒不易粗大，冷却时工件的变形和开裂倾向小。

球化退火适用于共析钢及过共析钢，如碳素工具钢、合金工具钢、轴承钢等。

3）去应力退火：为了去除由于塑性变形、焊接等原因造成的以及铸件内存在的残余应力而进行的退火称为去应力退火。其工艺是：将钢加热到略低于 Ac_1 的温度（一般取 $600 \sim 650℃$），经保温缓慢冷却即可。在去应力退火中，钢的组织不发生变化，只是消除内应力。

零件中存在内应力是十分有害的，如不及时消除，将使零件在加工及使用过程中发生变形，影响工件的精度。此外，内应力与外加载荷叠加在一起还会引起材料发生意外的断裂。因此锻造、铸造、焊接以及切削加工后（精度要求高）的工件应采用去应力退火，以消除加工过程中产生的内应力。

2. 正火

（1）定义 将钢材或钢件加热到 Ac_3 或 Ac_{cm} 以上 30～50℃，保温适当的时间后，在静止的空气中冷却的热处理工艺称为正火。

（2）目的 正火与退火两者的目的基本相同，但正火的冷却速度比退火稍快，故正火钢的组织较细，它的强度、硬度比退火钢高。

正火主要用于普通结构零件，当力学性能要求不太高时可作为最终热处理。

3. 淬火

（1）定义 将钢件加热到 Ac_3 或 Ac_1 以上某一温度，保持一定时间，然后以适当速度冷却（达到或大于临界冷却速度），以获得马氏体或贝氏体组织的热处理工艺称为淬火。

（2）目的 淬火是把奥氏体化的钢件淬火成马氏体，从而提高钢的硬度、强度和耐磨性，更好地发挥钢材的性能潜力。但淬火马氏体不是热处理所要求的最终组织，因此在淬火后，必须配以适当的回火。淬火马氏体在不同的回火温度下，可以获得不同的力学性能，以满足各类工具或零件的使用要求。

4. 回火

（1）定义 钢件淬火后，再加热到 Ac_1 点以下的某一温度，保温一定时间，然后冷却到室温的热处理工艺称为回火。

（2）目的 回火目的是：①减少或消除工件淬火时产生的内应力，防止工件在使用过程中的变形和开裂；②通过回火提高钢的韧性，适当调整钢的强度和硬度，使工件达到所要求的力学性能，以满足各种工件的需要；③稳定组织，使工件在使用过程中不发生组织转变，从而保证工件的形状和尺寸不变，保持工件的精度。

对于一般碳钢和低合金钢，根据工件的组织和性能要求，回火有低温回火（150～250℃）、中温回火（350～500℃）、和高温回火（500～650℃）三种。由于淬火处理所获得的淬火马氏体组织很硬、很脆，并存在大量的内应力，易于突然开裂，因此淬火后必须经回火热处理才能使用。淬火和随后的高温回火叫作调质处理。

附录 B 长输管道工程焊工考试

从事长输管道焊接的焊工通常要持有焊工等级证（初级、中级、高级、技师和高级技师）、压力管道焊工资格证、特种作业人员安全合格证（金属焊接与切割），较大的管道工程还要持有工程建设单位组织考试的焊工上岗证。一名焊工要同时持有四个证，且证书上的合格项目要与所承担的焊接工作相符。

一、焊工等级证考试

焊工等级证现由地方劳动部门颁发。职业学校和职业技术学院的毕业生一般持有中级工等级证；地方上办的各类培训学校（非学历教育）从社会上招收的行业青年进行 3~6 个月的培训，也能取得中级工等级证。上述各类学校的文化水平和人员素质不同，虽然都持有中级工等级证书，但他们的基础理论知识、操作技术水平和发展潜力却存在着较大的差异。

虽然劳动与社会保障部对焊工的等级技术标准有较为明确的规定，但由于焊工所在行业的不同、所采用的焊接方法的不同、所焊接构件的不同和技术要求的不同，对焊工技术水平的要求肯定存在较大的差异。

从事长输管道焊接的焊工，目前绝大部分是各类职业学校焊接专业的毕业生，这些学生刚从学校毕业，虽然持有中级电焊工证书，但不具备从事长输管道焊接的技术。所以从上述学校毕业的学生要进行 3~6 个月的管道焊接操作技术培训后，方能达到焊接长输管道的技术水平。

目前我国的初、中、高级工基本上不与焊工的技术水平相对应，而主要是工作时间长短的代表。非焊接专业的毕业生，经过一段时间的培训后，能够从事简单的焊接工作的焊工就是初级焊工；有了 3~5 年的焊接工作经历后就是中级工；再经过 3~5 年的焊接经历后就是高级工了。

电焊技师和电焊高级技师除有一定的焊接工作年限要求外，还应具备高级电焊工资格，并有一定的焊接理论知识和较高的焊接操作技术，经考试合格后，方能取得电焊技师资格。对电焊高级技师的要求是具备技师资格，并具有较全面的焊接理论水平和极高的焊接操作技术水平，经考试合格后，方能取得高级技师资格。

二、焊接安全操作证考试

焊工的安全知识培训，应由取得安全培训机构资格的单位进行，安全培训机构资格一般由省级安全生产监督管理局颁发。焊工经安全考试机构考试合格后，由市级安全生产监督管理局颁发安全操作证书。焊接安全操作证的考试分为理论考试和操作考试两部分。理论考试为闭卷考试，考试成绩 70 分以上为合格；操作考试应达到合格要求。理论和操作考试均合格者，获得安全操作证书。焊工要独立承担焊接作业，必须持有焊接安全操作证书，否则不得单独从事焊接作业。

取得安全操作证的焊工每两年至少进行一次安全知识的复训，每一次复训并经考试合格者，其安全操作证的有效期增加两年；若复训后考试不合格或没有按时间参加复训的焊工，焊接安全操作证作废。若需从事焊接作业，必须重新参加取证培训并经考试合格后，方能重新从事焊接作业。

三、焊工资格证考试

1. 基本要求

（1）一般规定　从事长输（油气）管道工程焊接作业的焊工（包括焊机操作

工）均应按 TSG Z6002—2010《特种设备焊接操作人员考核细则》进行考试，考试合格者获得《特种设备作业人员证》。并且只能从事与焊工资格证有效合格项目相适应的焊接工作。

长输（油气）管道焊工资格证考试应由国家质量监督检验检疫总局公布的有相应考试资格的焊工考试机构来组织，考试过程中，省级质监部门或者授权设区的市的质量技术监督部门（以下简称市级质监部门），对焊工考试进行监督，并负责焊工考试的审批、发证和复审。

焊工考试包括基本知识考试和焊接操作技能考试两部分。考试内容应当与焊工所申请的项目范围相适应。基本知识考试采用计算机答题方法，满分为 100 分，不低于 60 分为合格。焊接操作技能考试采用施焊试件并且进行检验评定的方法，各试件按照《特种设备焊接操作人员考核细则》规定的检验内容逐项进行，每个试件的各项检验要求均合格时，该考试项目为合格。

《特种设备焊接操作人员考核细则》还规定：

1）持证手工焊焊工或者焊机操作工某焊接方法中断特种设备焊接作业 6 个月以上，该手工焊焊工或者焊机操作工若再使用该焊接方法进行特种设备焊接作业前，应当复审抽考。

2）年龄超过 55 岁的焊工，需要继续从事特种设备焊接作业，根据情况由发证机关决定是否需要进行考试。

3）有下列情况之一的，原发证机关可吊销或者撤销其《特种设备作业人员证》：

① 以考试作弊或者以其他欺骗方式取得《特种设备作业人员证》的；

② 违章操作造成特种设备事故的；

③ 考试机构或者发证机关工作人员滥用职权，玩忽职守，违反法定程序或者超越范围考试发证的。

特别的，以考试作弊或者以其他欺骗方式取得《特种设备作业人员证》的焊工，吊销证书后 3 年内不得重新提出焊工考试申请。

（2）基本知识考试要求　焊接基本知识考试的主要内容包括：

1）特种设备的分类、特点和焊接要求。

2）金属材料的分类、牌号、化学成分、使用性能、焊接特点和焊后热处理。

3）焊接材料（包括焊条、焊丝、焊剂和气体等）类型、型号、牌号、性能、使用和保管。

4）焊接设备、工具和测量仪表的种类、名称、使用和维护。

5）常用焊接方法的特点、焊接参数、焊接顺序、操作方法与焊接质量的影响因素。

6）焊缝形式、接头形式、坡口形式、焊缝符号与图样识别。

7）焊接缺陷的产生原因、危害、预防方法和返修。

8）焊缝外观检查方法和要求，无损检测方法的特点、适用范围。

9）焊接应力和变形的产生原因和防止方法。

10）焊接质量控制系统、规章制度、工艺纪律基本要求。

11）焊接作业指导书、焊接工艺评定。

12）焊接安全和规定。

13）特种设备法律、法规和标准。

14）法规、安全技术规范有关焊接作业人员考核和管理规定。

在具体的焊工考试时，是针对焊工所从事的焊接方法、焊接结构、焊接钢材、所用焊接材料等。要有针对性地培训，考与所要从事的焊接内容有直接联系的基础知识。

有下列情况之一的，应当进行相应基本知识考试：

1）首次申请考试。

2）改变焊接方法。

3）改变或者增加母材种类（如钢、铝、钛等）。

4）被吊销《特种设备作业人员证》的焊工重新申请考试的。

（3）操作技能考试的要求　焊接基础理论知识考试合格者，方能参加操作技能考试。

操作技能考试的项目很多，一个人考试合格的项目再多，也不可能满足所有构件的焊接。另外，焊工合格项目的有效期为 4 年，4 年后要重新考试或办理免试。所以焊工的考试项目不是越多越好，够用就行。

焊工在进行考试项目和试件厚度等方面的选择时，应该考虑用较少的考试项目，覆盖较广的焊件。

技能考试过程中，应有相应的焊接工艺评定和焊接工艺规程；试件应有质量证明书，并符合标准要求；焊接材料应符合标准要求，并按要求验收、保管、烘烤、发放和回收；焊接设备运转正常，各种计量仪表准确并在检定期内；安全设施齐全并符合要求。

此外，考试过程中，质量技术监督部门现场代表应对以下内容进行监督：①试件是否与考试项目相符；②焊接材料是否与考试项目相符并按要求进行了烘烤；③焊接参数是否在工艺规程范围内；④ 焊接设备的操作是否规范；⑤试件位置是否正确；⑥ 安全方面是否符合要求。

试件完成后，应进行外观检查、无损检测、弯曲试验、金相检验。所有要求的检验项目均合格的试件，则此试件为合格；任一检验项目不合格，则该试件不合格。

2. 焊接操作技能考试要素的分类、代号

这里仅针对长输管道工程焊工操作技能考试进行相关内容摘述。

（1）焊接方法分类、代号　焊接方法与代号见表 B-1，每种焊接方法都可以表现为手工焊、机动焊、自动焊等操作方式。

表 B-1 焊接方法及其代号

焊接方法	代号
焊条电弧焊	SMAW
钨极气体保护焊	GTAW
熔化极气体保护焊	GMAW（含药芯焊丝电弧焊 FCAW）
埋弧焊	SAW

（2）金属材料类别及代号　金属材料类别及代号见表 B-2。

表 B-2 金属材料类别与示例

类别	代号	型号、牌号、级别				
低碳钢	Fe I	Q195 Q215 Q235 Q245R Q275	10 15 20 25 20G	HP245 HP265	L175 L210 WCA	S205
低 合 金 钢	Fe II	HP295 HP325 HP345 HP365 Q295 Q345 Q390 Q420	L245 L290 L320 L360 L415 L450 L485 L555 S240 S290 S315 S360 S385 S415 S450 S480	Q345R Q345 Q370R Q390 20MnMo 10MnWVNb 13MnNiMoR 20MnMoNb 07MnCrMoVR 12MnNiVR 20MnG 10MnDG	15MoG 20MoG 12CrMo 12CrMoG 15CrMo 15CrMoR 15CrMoG 14Cr1Mo 14Cr1MoR 12Cr1MoV 12Cr1MoVG 12Cr2Mo 12Cr2Mo1 12Cr2Mo1R 12Cr2MoG 12CrMoWVTiB 12Cr3MoVSiTiB	09MnD 09MnNiD 09MnNiDR Q345D Q345DR Q345DG 15MnNiDR 15MnNiNbDR 20MnMoD 07MnNiCrMoVDR 08MnNiCrMoVD 10Ni3MoVD 06Ni3MoDG ZG230-450 ZG20CrMo ZG15Cr1Mo1V ZG12Cr2Mo1G
奥氏体钢、 奥氏体与铁 素体双相钢	Fe IV	06Cr19Ni10 06Cr19Ni11Ti 022Cr19Ni10 CF3 CF8	06Cr17Ni12Mo2 06Cr17Ni12Mo2Ti 06Cr19Ni13Mo3 022Cr17Ni12Mo2 022Cr19Ni13Mo3 022Cr23Ni5Mo3N	06Cr23Ni13 06Cr25Ni20 12Cr18Ni9		

（3）填充金属类别及代号　填充金属类别、示例与适用范围见表 B-3。

表 B-3　填充金属类别、示例与适用范围

类　别	试件用填充金属类别代号	相应型号、牌号	适用于焊件填充金属类别范围	相应标准
碳钢焊条、低合金钢焊条、马氏体钢焊条、铁素体钢焊条	Fef1（钛钙型）	E××03	Fef1	NB/T 47018.1～47018.7—2011［GB/T 5117—2012 GB/T 5118—2012 GB/T 983—2012（奥氏体、奥氏体与铁素体双相钢焊条除外）］
	Fef2（纤维素型）	E××10　　E××11 E××10-×　E××11-×	Fef1 Fef2	
	Fef3（钛型、钛钙型）	E×××(×)-16 E×××(×)-17	Fef1 Fef3	
	Fef3J（低氢型、碱性）	E××15　E××16 E××18　E××48 E××15-×　E××16-× E××18-×　E××48-× E×××(×)-15 E×××(×)-16 E×××(×)-17	Fef1 Fef3 Fef3J	
奥氏体钢焊条、奥氏体与铁素体双相钢焊条	Fef4（钛型、钛钙型）	E×××(×)-16 E×××(×)-17	FefF4	NB/T 47018.1～47018.7—2011［GB/T 983—2012（奥氏体、奥氏体与铁素体双相钢焊条）］
	Fef4J（碱性）	E×××(×)-15 E×××(×)-16 E×××(×)-17	Fef4 Fef4J	
全部钢焊丝	FefS	全部实心焊丝和药芯焊丝	FefS	NB/T 47018.1～47018.7—2011

（4）试件位置及代号　焊缝位置基本上由试件位置决定。试件类别、位置与其代号见第一章表 1-4，相应的示意图见第一章图 1-59～图 1-63。

（5）衬垫　板材对接焊缝试件、管材对接焊缝试件和管板角接头试件，分为带衬垫和不带衬垫两种。试件的双面焊、角焊缝，不要求焊透的对接焊缝和管板角接头，均视为带衬垫。

（6）焊接工艺因素及代号　焊接工艺因素与代号见表 B-4。

3. 焊工操作技能考试项目代号示例说明

焊工操作技能考试项目代号，应当按照每个焊工、每种焊接方法分别表示。

（1）焊工操作技能考试项目表示方法

1）手工焊焊工操作技能考试项目表示为①-②-③-④-⑤-⑥-⑦，如果操作技能考试项目中不出现其中某项时，则不包括该项。项目具体含义如下：

①—焊接方法代号，见表 B-1；

②—金属材料类别代号，见表 B-2。试件为异类别金属材料用"×／×"表示；

表 B-4　焊接工艺因素及代号

机动化程度	焊接工艺因素		焊接工艺因素代号
手工焊	钨极气体保护焊用填充金属丝	无	01
		实心	02
		药芯	03
	钨极气体保护焊、熔化极气体保护焊时,背面保护气体	有	10
		无	11
	钨极气体保护焊电流类别与极性	直流正接	12
		直流反接	13
		交流	14
	熔化极气体保护焊	喷射弧、熔滴弧、脉冲弧	15
		短路弧	16
	各种焊接方法	目视观察、控制	19
		遥控	20
	各种焊接方法自动跟踪系统	有	06
		无	07
	各种焊接方法每面坡口内焊道	单道	08
		多道	09

③—试件位置代号,见第一章表 1-4,带衬垫加代号"K";

④—焊缝金属厚度（对于板材角焊缝试件,焊缝金属厚度为试件母材厚度 T）;

⑤—外径;

⑥—填充金属类别代号,见表 B-3;

⑦—焊接工艺因素代号,见表 B-4;

2）焊机操作工操作技能考试项目表示方法为①-②-③,项目具体含义如下:

①—焊接方法代号,见表 B-1;

②—试件位置代号,见第一章表 1-4,带衬垫加代号"K";

③—焊接工艺因素代号,见表 B-4。

（2）项目代号应用举例

1）厚度为 14mm 的 Q345R 钢板对接焊缝平焊试件带衬垫,使用 J507 焊条手工焊接,试件全焊透。项目代号为 SMAW-FeⅡ-1G（K）-14-Fef3J。

2）壁厚为 8mm、外径为 60mm 的 20 钢管对接焊缝水平固定试件,背面不加衬垫,用手工钨极氩弧焊打底,背面没有保护气体,填充金属为实心焊丝,采用直流电源,正接施焊,焊缝金属厚度为 3mm,然后采用 J427 焊条手工焊填满坡口。项目代号为 GTAW-FeⅠ-5G-3/60-FefS-02/11/13 和 SMAW-FeⅠ-5G（K）-5/

60-Fef3J。

3）板厚为10mm的Q345R钢板对接焊缝立焊试件无衬垫，采用半自动CO_2气体保护焊，填充金属为药芯焊丝，背面无气体保护，采用喷射弧施焊，试件全焊透。项目代号为FCAW-FeⅡ-3G-10-FefS-11/15。

4）管材对接焊缝无衬垫水平固定试件，壁厚为11mm，外径为508mm，钢号为X60，采用KOBE LB-52U（E7016）ϕ3.2mm焊条向上根焊＋伯乐FOX DVD 85（E8018-G）ϕ4.0mm焊条向下填充盖面焊，其中根焊层厚度为3mm，项目代号为SMAW-FeⅡ-5G-3/508-Fef3J和SMAW-FeⅡ-5GX（K）-8/508-Fef3J。

5）X60钢管外径为711mm，壁厚为12mm，水平固定位置，使用E××10焊条手工向下焊打底，背面没有衬垫，焊缝金属厚度为3mm，然后采用自保护药芯焊丝半自动焊完成向下填充盖面。项目代号为SMAW-FeⅡ-5GX-3/711-Fef2和FCAW-FeⅡ-5GX（K）-9/711-FefS-15。

6）管材对接焊缝无衬垫水平固定试件，壁厚为17.5mm，外径为1016mm，钢号为X70，采用多焊枪熔化极气体保护焊进行背面根焊（如管道用8焊枪内焊机），使用实心焊丝，短路熔滴过渡，实施遥控，填充盖面焊采用无自动跟踪的双焊枪熔化极气体保护焊完成，采用脉冲弧进行多道焊，试件全焊透，项目代号为GMAW-5GX（K）-07/08/11/16/20和GMAW-5GX（K）-07/09/15/20。

7）管材对接焊缝无衬垫水平固定试件，壁厚为21mm，外径为1219mm，钢号为X80，采用单焊枪熔化极气体保护焊进行正面根焊（如管道用GMAW-PWT自动外根焊机），背面无垫板，使用实心焊丝，采用脉冲弧电源，实施遥控，填充盖面焊采用无自动跟踪的双焊枪熔化极气体保护焊完成，采用脉冲弧进行多道焊，试件全焊透，项目代号为GMAW-5GX-07/08/11/15/20和GMAW-5GX（K）-07/09/15/20。

4. 焊接操作资格重新考试相关规定

这里仅结合长输管道工程的焊接操作，摘述焊接操作资格重新考试的相关规定。

（1）焊接方法　变更焊接方法，焊工需要重新进行焊接操作技能考试。

在同一种焊接方法中，当发生下列情况时，焊工也需重新进行焊接操作技能考试：

1）手工焊焊工变更为焊机操作工，或者焊机操作工变更为手工焊焊工。

2）自动焊焊工变更为机动焊焊工。

（2）金属材料的类别　焊工采用某类别任一钢号，经过焊接操作考试合格后，当发生下列情况时，不需重新进行焊接操作技能考试：

1）手工焊焊工焊接该类别其他钢号。

2）手工焊焊工焊接该类别钢号与类别号较低的钢号所组成的异种钢号焊接接头。

3）除FeⅣ类外，手工焊焊工焊接类别号较低的钢号。

4）焊机操作工焊接各类别中的钢号。

（3）填充金属的类别

1）手工焊焊工采用某类别填充金属材料，经焊接操作技能考试合格后，适用于焊接相应种类的填充金属材料类别范围，按照表 B-3 的规定。

2）焊机操作工采用某类别填充金属材料，经焊接操作技能考试合格后，适用于焊接相应种类的各类别填充金属材料。

（4）焊剂、保护气体、钨极　焊接操作技能考试合格的焊工，当变更焊剂型号、保护气体种类、钨极种类时，不需要重新进行焊接操作技能考试。

（5）试件位置

1）手工焊焊工或者焊机操作工，采用对接焊缝试件、角焊缝试件和管板角接头试件，经过焊接操作技能考试合格后，适用的工件和焊接位置见表 B-5。

表 B-5　试件适用的工件和焊接位置

试件		适用的范围			
		对接焊缝位置		角焊缝位置	管板角接头焊接位置
类别	代号	板材和外径大于600mm 的管材	外径小于或等于600mm 的管材		
板材对接焊缝试件	1G	平	平②	平	—
	2G	平、横	平、横②	平、横	—
	3G	平、立①	平②	平、横、立	—
	4G	平、仰	平②	平、横、仰	—
管材对接焊缝试件	1G	平	平	平	—
	2G	平、横	平、横	平、横	—
	5G	平、立、仰	平、立、仰	平、立、仰	—
	5GX	平、立向下、仰	平、立向下、仰	平、立向下、仰	—
	6G	平、横、立、仰	平、横、立、仰	平、横、立、仰	—
	6GX	平、立向下、横、仰	平、立向下、横、仰	平、立向下、横、仰	—
管板角接头试件	2FG	—	—	平、横	2FG
	2FRG	—	—	平、横	2FRG、2FG
	4FG	—	—	平、横、仰	4FG、2FG
	5FG	—	—	平、横、立、仰	5FG、2FRG、2FG
	6FG	—	—	平、横、立、仰	所有位置
板材角焊缝试件	1F	—	—	平③	—
	2F	—	—	平、横③	—
	3F	—	—	平、横、立③	—
	4F	—	—	平、横、仰③	—

（续）

试 件		适用的范围			
		对接焊缝位置		角焊缝位置	管板角接头焊接位置
类别	代号	板材和外径大于600mm 的管材	外径小于或等于600mm 的管材		
管材角焊缝试件	1F	—	—	平	—
	2F	—	—	平、横	—
	2FR	—	—	平、横	—
	4F	—	—	平、横、仰	—
	5F	—	—	平、立、横、仰	—

① 表中"立"表示向上立焊；向下立焊表示为"立向下"。
② 板材对接焊缝试件考试合格后，适用于管材对接焊缝时，管外径应大于或等于76mm。
③ 板材角焊缝试件考试合格后，适用于管材角焊缝时，管外径应大于或等于76mm。

2）手工焊焊工向下立焊试件考试合格后，不能免考向上立焊，反之也不可。

（6）衬垫 手工焊焊工或者焊机操作工采用不带衬垫对接焊缝试件或者管板角接头试件，经焊接操作技能考试合格后，分别适用于带衬垫对接焊缝工件或者管板角接头工件，反之不适用。

（7）焊缝金属厚度

1）手工焊焊工采用对接焊缝试件，经焊接操作技能考试合格后，适用的焊缝金属厚度范围见表 B-6，当某焊工用一种焊接方法考试且试件截面全焊透时，t 与试件母材厚度 T 相等。

表 B-6　手工焊对接焊缝试件适用的对接焊缝金属厚度范围（单位：mm）

试件母材厚度 T	适用的焊缝金属厚度	
	最小值	最大值
<12	不限	$2t$
≥12	不限	不限（t 不得小于 12mm，且焊缝不得少于 3 层）

注：t 为每名焊工、每种焊接方法在试件上的对接焊缝金属厚度（余高不计）。

2）手工焊焊工采用半自动熔化极气体保护焊（含药芯焊丝电弧焊 FCAW）短路过渡焊接的试件，焊缝金属厚度 $t<12mm$，经焊接操作技能考试合格后，适用的焊缝金属厚度为小于或者等于 $1.1t$；若当试件焊缝金属厚度 $t≥12mm$，且焊缝不少于 3 层时，经焊接操作技能考试合格后，适用的焊缝金属厚度不限。

3）焊机操作工采用对接焊缝试件或管板角接头试件考试时，管子壁厚 T 与试件板材厚度 S_0 由考试机构自定，经焊接操作技能考试合格后，适用的焊缝金属厚度不限。

（8）管材外径

1）对接焊缝：

① 手工焊焊工采用管材对接焊缝试件，经焊接操作技能考试合格后，适用的

管材对接焊缝工件外径范围见表 B-7，适用的焊缝金属厚度范围见表 B-6。

表 B-7　手工焊管材对接焊缝试件适用的对接焊缝工件外径范围

（单位：mm）

管材试件外径 D	适用于管材工件外径范围	
	最小值	最大值
< 25	D	不限
25 ≤ D < 76	25	不限
≥76	76	不限
≥300[①]	76	不限

① 管材向下焊试件。

② 手工焊焊工采用管板角接头试件，经焊接操作技能考试合格后，适用的管板角接头工件尺寸范围见表 B-8；当某焊工用一种焊接方法考试且试件截面全焊透时，t 与试件板材厚度 S_0 相等；当 $S_0 \geq 12$ 时，t 应不小于 12mm，且焊缝不得少于 3 层。

表 B-8　手工焊管板角接头试件适用的管板角接头工件尺寸范围

（单位：mm）

试件管外径 D	适用的管板角接头工件尺寸范围				
	管外径		管壁厚度	工件焊缝金属厚度	
	最小值	最大值		最小值	最大值
< 25	D	不限	不限	不限	当 $S_0 < 12$ 时，$2t$；当 $S_0 \geq 12$ 时不限
25 ≤ D < 76	25	不限	不限		
≥76	76	不限	不限		

③ 焊机操作工采用管材对接焊缝试件或者管板角接头试件考试时，管外径由考试机构自定，经焊接操作技能考试合格后，适用于管材对接焊缝工件外径或者管板角接头工件管外径不限。

2）角焊缝：

① 手工焊焊工或者焊机操作工采用对接焊缝试件或者管板角接头试件，经焊接操作技能考试合格后，除其他条款规定需要重新考试外，适用于角焊缝工件，且母材厚度和管径不限。

② 手工焊焊工或者焊机操作工采用管材角焊缝试件，经焊接操作技能考试合格后，除其他条款规定需要重新考试外，手工焊适用的管材角焊缝工件尺寸范围见表 B-9，焊机操作工不限。

③ 手工焊焊工或者焊机操作工采用板材角焊缝试件，经焊接操作技能考试合格后，除其他条款规定需要重新考试外，手工焊适用的角焊缝工件范围见表 B-10，焊机操作工不限。

表 B-9　手工焊管材角焊缝试件适用的管材角焊缝工件外径范围

（单位：mm）

管材试件外径 D	适用的管材工件尺寸范围		
	外径最小值	外径最大值	管壁厚度
< 25	D	不限	不限
$25 \leqslant D < 76$	25	不限	不限
$\geqslant 76$	76	不限	不限

表 B-10　手工焊板材角焊缝试件适用的角焊缝工件范围　（单位：mm）

试件母材厚度 T	适用的管材工件尺寸范围	
	母材厚度	焊件类别
5 ~ 10	不限	板材角焊缝 外径 $D \geqslant 76$ 管材角焊缝
< 5	$T \sim 2T$	

（9）焊接工艺因素　当表 B-4 中焊接工艺因素代号 01、02、03、04、06、08、10、12、13、14、15、16、19、20、21、22 中某一代号因素变更时，焊工需重新进行焊接操作技能考试。

5. 焊接操作技能考试方法及结果评定

焊接操作技能考试方法及考试结果评定见 TSG Z6002—2010《特种设备焊接操作人员考试细则》中 A4 和 A5 条相关条款规定，这里不再叙述。

6. 焊工资格考试档案要求

焊工资格考试档案应由焊工考试机构单独建档，保存至少 4 年。档案要求见 TSG Z6002—2010《特种设备焊接操作人员考试细则》中第三章规定，这里不再叙述。

四、焊工上岗考试

1. 一般规定

目前，国内外较大管道工程开工前，承包方参与相应工程建设的焊工都要进行焊工上岗考试。焊工上岗考试的目的是检验焊工能否使用经过评定合格的焊接工艺规程焊接出合格的对接或角接管焊缝。广义焊工上岗考试包括焊机操作工上岗考试。

关于焊工上岗考试，应以业主签发的焊工上岗考试要求为基准，这里仅介绍目前长输管道推行的、基本固化的焊工上岗考试模式（参照 GB/T 31032—2014 标准）。凡参加焊机操作工上岗考试的焊工应首先按照 TSG Z6002—2010《特种设备焊接操作人员考试细则》要求，获得质量技术监督部门核发的有效相应焊机操作工资格证并经业主或业主代表确认后，方可准许进行焊机操作工上岗考试。

焊工上岗考试由业主或业主代表下达指令并委托专门的考试单位组织考试。上岗考试过程中业主或业主代表全程跟踪和监督考试过程。焊工上岗考核合格方可从事相应工程的焊接施工。

焊工和焊机操作工上岗考试内容包括基本知识考试和操作技能考试，考试合格后由焊工考试机构对合格焊工核发相应工程的焊工上岗证。基本知识考试主要由工程用焊接工艺规程的相关知识、焊接质量控制相关知识、焊接安全与防护基本知识等组成，基本知识考试应不低于 60 分为合格。焊接操作技能考试应按照业主制定的考试办法并采用现场使用的设备进行考试，考试采用批准的焊接工艺规程。

在对焊工进行上岗考试时，可要求焊工独立、连续完成一个完整的管接头或管接头的扇形段全部焊道或扇形段的具体焊层。当焊接管接头扇形段时，应将其支承在具有典型的平焊、立焊和仰焊的位置。

通常直径 $\phi < 508\mathrm{mm}$ 的管对接接头可要求焊工焊接整道焊缝，直径 $\phi \geqslant 508\mathrm{mm}$ 的管对接接头可要求焊工焊接其周长的一半。

上岗资格分为主线路根焊、主线路热焊和填充焊、主线路盖面焊、连头焊和返修焊五种。焊工（操作工）应根据其将从事的焊接作业，使用业主批准的焊接工艺规程进行焊接操作考试，并取得相应的上岗资格。进行返修焊接作业资格认定时，应将射线检测合格的焊缝按 5G 管位置固定在考试工位上，去除 3 点至 6 点（包含 6 点）处约 330mm 长的全部焊缝，修出坡口和间隙，每名焊工应独立、连续完成焊接操作。

在上岗考试过程中，焊工应遵守依据相应评定报告而编制的焊接工艺规程中的所有要求，包括钢管类型与规格、采用的焊接设备与焊接材料、焊接参数与相关技术措施等。上岗资格考试用钢管宜与工程用钢管材质和规格相同。考试前，应给焊工（操作工）一定的时间熟悉考试用焊接设备、焊接工艺和焊接材料。用于手工焊和半自动焊考试的钢管长度应不小于 125mm。用于自动焊考试的钢管长度应根据满足焊接工艺规程所有要求的需要而具体确定。

所有考试焊缝均应进行外观检查和射线检测。考试委员会有权决定用破坏性试验替代无损检测。若考试委员会认为某个焊缝的无损检测结果不足以评价焊工的能力时，有权要求对其进行破坏性试验。

当上述检查内容均为合格时，则该焊工获得相应的焊工上岗资格证书。

从事焊工艺评定的焊工在其评定的焊接工艺被认定合格时，则该焊工此焊接工艺可免于参加上岗考试。

2. 上岗资格认定

取得上岗资格证书的焊工（操作工）可进行规定范围内的焊接作业。当焊接工艺规程有下列基本要素变更时，焊工（操作工）应重新进行上岗资格认定。

（1）焊接方法变更　由一种焊接方法变为另一种焊接方法或其他焊接方法的组合。应包括下列内容：

1）由一种焊接方法变更为另一种焊接方法。

2）改变焊接方法组合。焊工具有该组合工艺中各项焊接方法的上岗资格证书时，无须重新进行上岗资格认定。

3）焊接方向由向上焊变为向下焊，或反之。

（2）焊接材料的变更　主要是指填充金属类别的变更，如发生表 B-5 中纤维素型焊条变为低氢型焊条。

（3）钢管壁厚分组的变更　钢管壁厚分组如下：

1）小于 4.8mm。

2）大于或等于 4.8mm，且小于或等于 19.1mm。

3）大于 19.1mm。

（4）管外径分组的变换　从一种管外径分组变为另一种管外径分组，管外径的分组如下：

1）管外径小于 60.3mm。

2）管外径大于或等于 60.3mm，且小于或等于 323.9mm。

3）管外径大于 323.9mm。

（5）焊接位置的变更　如从垂直焊接位置（2G）变为水平焊接位置（5G），或反之。若焊工已取得倾斜 45°固定管焊接位置（6G）对接焊的上岗资格，则可进行任意位置对接焊和角焊的焊接操作。

（6）接头设计的变更　如去除垫板；或由 V 形坡口改为 U 形坡口等。

3. 外观检查要求

焊工（操作工）上岗考试焊缝表面不应打磨。焊缝外观应符合以下要求：

1）焊缝外观成形应均匀一致，焊缝宽度应比外表面坡口宽度每侧增加 0.5 ~ 2.0mm。错边量应满足相应规范要求。

2）焊缝余高应不低于母材表面，并与母材圆滑过渡。焊缝余高宜不大于 2mm，局部不大于 3mm 的连续长度宜不大于 50mm。

3）盖面焊缝为多道焊时，相邻焊道间的沟槽底部应高于母材，焊道间的沟槽深度（焊道与相邻沟槽的高度差）不应超过 1.0mm。焊缝表面鱼鳞纹的余高和深度应符合多道焊的沟槽要求。

4）焊缝及其附近表面上不应有裂纹、未熔合、气孔、夹渣、引弧痕迹、有害的焊瘤、凹坑及夹具焊点等缺陷。咬边深度不应超过 0.5mm。咬边深度小于 0.3mm 的任何长度均为合格。咬边深度在 0.3 ~ 0.5mm 之间的，单个长度不应超过 30mm，累计长度不应大于焊缝周长的 15%。

外观检查不合格的焊缝，相应的焊接操作人员不合格。

4. 无损检测要求

考试焊缝应按 SY/T 4109—2013 进行射线检测，并符合射线 Ⅱ 级的要求。如考试焊缝存在缺陷，且能够区分缺陷的具体位置，则焊接该位置的焊工（操作工）不合格。如果缺陷的位置不能区分，则相关焊层的焊工（操作工）不合格。

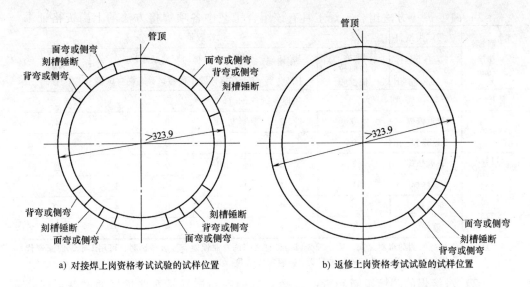

a) 对接焊上岗资格考试试验的试样位置　　　　b) 返修上岗资格考试试验的试样位置

图 B-1　上岗资格考试试验的试样位置

5. 破坏性试验要求

长输管道焊工上岗考试规定有破坏性试验时，应按下列要求进行取样和试验。

（1）取样　取样时不应用无损检测挑选取样位置。当考试焊缝是完整接头时，应按图 B-1 中所示的位置在每个考试焊缝上取样；当考试焊缝是管接头的扇形段时，应从每一扇形段上截取数量相等的试样。试验项目和试样数量要求见表 B-11。试样应空冷至室温后试验。

表 B-11　上岗考试的对接接头试样类型及数量　　　　（单位：个）

钢管外径/mm	考试类型	试样数量					
		焊接接头横向拉伸试验	刻槽锤断试验	横向弯曲试验[①]			总数
				背弯试验	面弯试验	侧弯试验	
壁厚≤12.7mm							
$DN \leqslant 60.3$	非返修焊	0	2	2	0	0	4
	返修焊	0	1	1	0	0	2
60.3 < DN ≤114.3	非返修焊	0	2	2	0	0	4
	返修焊	0	1	1	0	0	2
114.3 < DN ≤323.9	非返修焊	2	2	2	0	0	6
	返修焊	1	1	1	0	0	3
>323.9	非返修焊	4	4	2	2	0	12
	返修焊	1	1	1	1	0	4

（续）

钢管外径/mm	考试类型	试样数量					
		焊接接头横向拉伸试验	刻槽锤断试验	横向弯曲试验①			总数
				背弯试验	面弯试验	侧弯试验	
		壁厚 > 12.7mm					
DN≤114.3	非返修焊	0	2	0	0	2	4
	返修焊	0	1	0	0	1	2
114.3<DN≤323.9	非返修焊	2	2	0	0	2	6
	返修焊	1	1	0	0	1	3
>323.9	非返修焊	4	4	0	0	4	12
	返修焊	1	1	0	0	2	4

① 当试件焊缝两侧的母材之间，或焊缝金属与母材之间的弯曲性能有显著差别时，可用 1 个纵向面弯代替 2 个横向面弯，1 个纵向背弯代替 2 个横向背弯试验。

（2）对接焊的刻槽锤断和弯曲试验 刻槽锤断试样及弯曲试样的准备、试验及验收按相关标准规定进行。如只有一个弯曲试样不合格，可在原来试样相邻位置再切取两个试样进行补充试验。若两个试样均合格，则该焊工合格，否则该焊工不合格。

6. 补考和重新考试

如果焊工的焊接操作过程和完成试件没通过上述各项检查和试验，则准许其进行一次补考，通常需完成两个相同考试焊件并进行相应的检查和试验。只要两个考试焊件中有一个不合格，则可认为该焊工未通过考试，且该焊工必须通过再培训后，才有资格再次参加上岗考核。

下列情况下，可决定对焊工重新进行上岗考试：

1）该焊工中断焊接工作六个月以上。

2）焊接操作行为超出焊工上岗资格证书约定范围。

7. 有效期

取得上岗资格的焊工（操作工），若中断同类焊接方法的焊接工作超过六个月，应重新进行上岗资格认定。焊工的上岗资格在相应工程施工期间均有效。

附录 C　焊工基本知识考试样卷
（满分 100 分）

姓名：_____　　　　　　得分：_____

一、填空题（每空 1 分，共计 20 分）

1. 钢的热处理根据加热、冷却方法的不同可分为_____、_____、_____、_____等。

2. 电弧的偏吹有 ＿＿＿＿＿＿＿、＿＿＿＿＿＿＿、＿＿＿＿＿＿＿三种。

3. 熔滴过渡形式大体上可分为三种类型，即 ＿＿＿＿＿＿＿、＿＿＿＿＿＿＿和＿＿＿＿＿＿＿。

4. 纤维素焊条根焊时宜采用直流正接，其主要考虑的是获得 ＿＿＿＿＿＿＿和＿＿＿＿＿＿＿，进而获得良好的背面成形和一定的焊肉厚度以利于防止烧穿。

5. 焊条使用前应按使用说明书规定进行烘干，说明书规定不明确时，应参照下列要求进行烘干：纤维素焊条一般不要求烘干，但纤维素型焊条受潮时，其烘干温度为＿＿＿℃，保温时间 0.5 ~ 1.0h；低氢型焊条的烘干温度为＿＿＿℃，保温时间 1 ~ 2h。

6. 焊接材料选用主要有 ＿＿＿＿＿＿＿、＿＿＿＿＿＿＿、＿＿＿＿＿＿＿等三个原则。

7. 形成冷裂纹的基本条件是 ＿＿＿＿＿＿＿、＿＿＿＿＿＿＿、＿＿＿＿＿＿＿。

二、判断题（答对在括号内划"√"，答错划"×"。每题 1.5 分，共计 30 分）

1. 电弧是电荷通过两电极间气体空间的一种导电过程，是一种气体放电现象。电弧区域可划分为阴极区、阳极区、弧柱区。一般来讲，对于熔化极焊接方法，阴极区产热大于阳极区产热；而对于非熔化极焊接方法，阴极区产热小于阳极区产热。（　　）

2. 弧柱区的温度为 5000 ~ 30000K，其对应热能主要用于熔化工件和电极。（　　）

3. 其他条件不变，随着焊接电流的增大，焊丝的电阻热与电弧热增加，焊丝的熔化速度加快。（　　）

4. 焊接电流增大时（其他条件不变），焊缝的熔深和余高均增大，熔宽没多大变化。（　　）

5. 长输管道线路根焊选用的 AWS A5.1 E6010 型焊接材料，其中 60 表示此焊接材料的熔敷金属最小屈服强度是 60klbf/in^2，换算成国际单位即 420MPa。（　　）

6. 焊缝预热的主要目的是：①防止焊缝冷却过快形成淬硬的组织，导致焊接冷裂纹产生；②利于焊缝与母材熔合良好。但要注意的是，预热温度越高、预热宽度越大，形成焊缝的残余拉应力略增大。（　　）

7. 长输管道工程多采用 E71T8 型焊丝，这种焊丝全位置操作性能好，熔敷速度快，同时焊缝金属韧性好，但焊缝金属在焊态下粗大的柱状晶组织的出现，降低其焊缝金属冲击韧度，多层焊和单道焊之间有很大的差别。因此采用 E71T8 型自保护焊丝焊接时，应严格控制焊接参数、热输入、焊接道次以及每焊道的厚度等。推荐采用小的送丝速度进行薄层多道焊。（　　）

8. 电弧的偏吹有磁偏吹、焊条偏心偏吹、风偏吹三种。焊接时发现有较大的电弧偏吹，可以通过调整焊条角度的方法来予以解决。（　　）

9. 焊工安全操作考试包括基本知识考试和焊接操作技能考试两部分。考试内容应当与焊工所申请的项目范围相适应。基本知识考试采用计算机答题方法，焊工基本知识考试满分为 100 分，不低于 70 分为合格。（　　）

10. 焊接位置代号如 1G、2G、3G、4G、5G、6G 中数字 1、2、3、4、5、6 分别表示板平焊位或管水平转动焊位、板横焊位或管垂直固定焊位、板立焊位、板仰焊位、管水平固定位、管斜 45°固定位。符号"G"表示试件开坡口焊接，"G"是英文单词"Groove"的缩写。（　　）

11. 焊缝金属与母材之间，焊缝金属之间彼此没有完全熔合在一起的现象称为未熔合。热能过小，焊条、焊丝偏于坡口一侧，或焊条偏心、偏弧，使电弧偏于一侧，使母材或前一层焊缝金属未得到充分熔化就被填充金属敷盖。当母材坡口或前一层焊缝表面有铁锈或污物，焊接时由于温度不够，未能将其熔化而盖上填充金属也会形成边缘及层间未熔合。（　　）

12. 焊工资格证中项目代号 SMAW-Ⅱ-5GX-3.0/1016-F2 和 FCAW-Ⅱ-5GX（K）-14.5/1016 隐含的意思是本焊工采用 $\phi1016mm \times 17.5mm$ 的低合金钢类钢管进行焊接资格考试，根焊时采用纤维素焊条进行向下外根焊，背面不加垫板，完成的根焊层厚度为 3.0mm；填充、盖面焊为自保护药芯焊丝半自动焊，焊接方向下向，填充盖面焊层厚度为 14.5mm。取得该项资格可允许进行纤维素焊条根焊，根焊层焊接厚度≤6.0mm；允许采用自保护药芯半自动焊方法进行填充盖面焊，焊缝金属允许厚度为 29mm；可焊母材材质为碳素钢类和低合金钢类钢，允许的钢管外径为≥300mm。（　　）

13. 自保护药芯焊丝半自动向下盖面焊时，为保证仰焊位焊缝余高不超过 2mm，可在最后一遍填充完成后宜打磨仰焊位焊道使其离管外表面 1~2mm，而后进行仰焊位盖面时，焊枪角度宜采用前倾的措施。（　　）

14. 焊缝中的气孔主要表现为 H_2 气孔、N_2 气孔和 CO 气孔。H_2 气孔因铁锈、油、水分、焊材受潮、湿度大、焊速快引起，多出现在表面，表面呈喇叭形；N_2 气孔是保护不良引起，多出现在表面，呈蜂窝状；CO 气孔多为反应气孔，多出现在内部，呈条虫状，焊丝脱氧能力不足时，多出现在表面。（　　）

15. 管道施工用焊接材料的选用主要考虑以下几个方面：①焊缝金属与母材的强韧性配合；②形成焊缝缺欠率；③焊材熔敷率；④焊接材料全位置焊接工艺性能；⑤熔合比对焊缝质量的影响；⑥焊接材料性价比；⑦特殊性能要求；⑧该焊材适用的场合等。（　　）

16. 通过人体的心脏、肺部或中枢神经系统的电流越大，危险性越大，因此人体从右手到左脚的触电事故最危险。（　　）

17. 焊接发生的有害因素与所采用的焊接方法、工艺规范、焊接材料及焊件材料等有关，大致有弧光辐射、有毒气体、电焊烟尘、高频电磁场、射线和噪声六大有害因素。　　　　　　　　　　　　　　　　　　　　　　　　　　（　　）

18. 电焊烟尘和有毒气体防护措施主要有四个方面：一是通风技术措施；二是改革焊接工艺；三是改进焊接材料；四是个人防护。　　　　　　　（　　）

19. 重力对熔滴的作用取决于焊缝的空间位置。　　　　　　　　　　（　　）

20. 一般情况下，实心焊丝和药芯焊丝对水分的影响不敏感，不需作烘干处理。　　　　　　　　　　　　　　　　　　　　　　　　　　　　　（　　）

三、单项选择（将正确的答案对应字母填入横线中。每题 2 分，共计 20 分）

1. 焊接时，留钝边的主要目的是_____；留间隙的主要目的是_____。
A. 防止烧穿；利于焊缝更好地熔合和焊透
B. 减少焊材；保证背面成形良好
C. 便于根焊焊道成形；便于更好地进行焊接操作

2. 电源的外特性是指在稳定状态下弧焊电源的输出电压与输出电流之间的关系。焊条电弧焊时其电源的外特性是_____，自保护药芯焊丝半自动焊时，其电源外特性是_____。
A. 下降外特性；平外特性
B. 下降外特性；下降外特性
C. 平外特性；平外特性

3. 长输管道工程若使用超低氢钠型焊条时，使用前应进行焊条烘干处理，推荐的烘干制度为_____，烘干完成后应置于_____℃恒温箱内，随用随取。
A. 350℃ 1~2h；100~150
B. 400℃ 1~2h；100~150
C. 400℃ 0.5~1h；100~150

4. 自保护药芯焊丝半自动焊时，焊丝与电源负输出端相关联，出发点在于：_____。
A. 降低焊缝氢含量
B. 焊丝熔敷速度快，焊接效率高
C. 电弧燃烧较稳定，电弧挺直性较好

5. 用低氢型焊条填充盖面焊时，要求焊条与电源正输出端相关联，出发点在于：_____。
A. 引弧和再引弧容易
B. 焊条熔敷速度快，电弧燃烧较稳定、焊缝氢含量低
C. 电弧燃烧较稳定、焊缝氢含量低

6. 长输管道厚壁钢管焊接时，宜采用多层多道焊，规定每层不能焊得太厚，焊缝金属厚度控制在 3mm 左右，其目的是：_____。
A. 提高焊接效率

B. 减小焊接热影响区，并利用后焊焊道对前道焊道较好的回火效应，来提高焊缝的低温韧性，即焊接接头的抗裂性能

C. 提高焊接接头的强度

7. 熔化焊条（焊丝）或工件的热量主要来自于：_____。

A. 阴极区或阳极区电场能转化和弧柱区高温热辐射

B. 弧柱区高温热辐射

C. 阴极区或阳极区电场能转化

8. 其他条件不变，电弧电压对成形的影响是：_____。

A. 电弧电压增加，熔深略有减小而熔宽增大，余高减小。

B. 电弧电压增加，焊缝熔深增大，焊缝高度和焊缝熔宽基本不变。

C. 电弧电压增加，焊缝熔深、焊缝熔宽增大，焊缝高度基本不变。

9. API 5L X65 钢，其 "X65" 具体含义为：①该材质为管线钢。②该材质的_____为65klbf/in^2，换算成国际单位即 450MPa。其相当于 GB/T 9711—2011 中 L450 管线钢。

A. 屈服强度 $R_{t0.5}$ B. 抗拉强度 R_m C. 屈服强度 $R_{t0.2}$

10. 长输管道对接接头射线检测底片评定执行 SY/T 4109—2013 标准且要求 Ⅱ 级合格时，_____缺陷不允许存在。

A. 裂纹和未熔合

B. 裂纹和外表面未熔合

C. 裂纹和未焊透

四、简答（每题 5 分，共计 30 分）

1. 何为热处理？简述退火的目的。

2. 简述常用焊接方法的直流极性选择原则。

3. 简述自保护药芯焊丝特点及应用场合。

4. 简述中国焊材规范焊材型号 "E4310" "E491T8-Ni1J" "E5518" "ER50-G" 字母、数字的含义。

5. 简述表面张力过渡技术根焊时需调整的参数及作用。针对目前长输管道的焊接，参数一般设定为多少？

6. 简述冷裂纹的形成条件及防止措施。

参 考 文 献

[1] 李颂宏，等. 实用长输管道焊接技术 [M]. 北京：化学工业出版社，2008.

[2] 李建军，等. 管道焊接技术 [M]. 北京：石油工业出版社，2007.

[3] 姜焕中，等. 电弧焊及电渣焊 [M]. 2版. 北京：机械工业出版社，1992.

[4] 张文钺，等. 焊接冶金学：基本原理 [M]. 北京：机械工业出版社，1996.

[5] 崔忠圻，覃耀春，等. 金属学与热处理 [M]. 2版. 北京：机械工业出版社，2007.

[6] 田志凌，等. 药芯焊丝 [M]. 北京：冶金工业出版社，1999.

[7] 郑宜庭，黄石生，等. 弧焊电源 [M]. 北京：机械工业出版社，2004.

[8] 辛希贤，等. 管线钢与管线钢管 [M]. 北京：中国石化出版社，2012.

[9] 张胜华，等. 管道工程施工与监理 [M]. 北京：化学工业出版社，2007.

[10] John Norrish. 先进焊接方法与技术 [M]. 史清宇，等译. 北京：机械工业出版社，2010.

[11] 全国电焊机标准化技术委员会. GB/T 10249—2010 电焊机型号编制方法 [S]. 北京：中国标准出版社，2011.

[12] 全国石油天然气标准化技术委员会. GB/T 9711—2011 石油天然气工业 管线输送系统用钢管 [S]. 北京：中国标准出版社，2011.

[13] American Petroleum Institute. Specification for Line Pipe [S]. 45 Edition. Washington：API，2012.

[14] 全国焊接标准化技术委员会. GB/T 8110—2008. 气体保护电弧焊用碳钢、低合金钢焊丝 [S]. 北京：中国标准出版社，2008.

[15] 全国焊接标准化技术委员会. GB/T 5117—2012. 非合金钢级细晶粒钢焊条 [S]. 北京：中国标准出版社，2012.

[16] 全国焊接标准化技术委员会. GB/T 17493—2008. 低合金钢药芯焊丝 [S]. 北京：中国标准出版社，2008.

[17] 全国石油天然气标准化技术委员会. GB/T 31032—2014. 钢质管道焊接及验收 [S]. 北京：中国标准出版社，2007.

[18] 国家质量监督检验检疫总局. TSG Z6002—2010. 特种设备焊接人员考核细则 [S]. 北京：新华出版社，2010.